Legend and Topics on Tama New Town

多摩ニュータウン物語

オールドタウンと呼ばせない

上野 淳・松本真澄 著
UENO Jun　MATSUMOTO Masumi

鹿島出版会

目次

まえがき

勤務先の大学（首都大学東京：旧・東京都立大学）の多摩ニュータウンへの移転（1991年：東京・八王子市）を機に、自らも住居を都区内から多摩ニュータウンに移して（1990年：東京・多摩市）四半世紀が経とうとしている。適正な居住密度、職住近接、色濃く育った緑のネットワーク、きれいな空気、健全な都市インフラ、副都心・新宿へ30分の時間距離などの特性を享受し、爾来、ニュータウン生活を愉しんできた。今では、ここを永住の地と定めることにしている。

多摩ニュータウンを住生活と研究生活の拠点と定めて活動していると、ここは筆者の専門である建築計画・都市計画にとって、研究テーマの宝庫であることに気付くことになった。

一つは、住宅都市の賦活・更新の可能性についてである。多摩ニュータウンの新住宅市街地開発事業による住宅開発は終焉を迎え、ストックマネージメントの段階に入っている。初期開発が実現してから40年が経過しており、住民の高齢化、住宅ストックの老朽化など、幾つかの課題が見え始めている。無責任に「オールドタウン」と揶揄する声も聞かれるようになっていることは事実である。しかし、地域住民による自立的な高齢者支援の仕組みが定着を始め、緑のネットワークを舞台に子ども達が健全に育っていく環境が整っていること、などは優れて先進的であり、我が国の将来を構想するにあたって示唆に富むモデルを提示していると考えることができる。多摩ニュータウンを典型事例とする「団地住宅」は全国に普遍的に存在する。こうした居住の場が、高齢化や老朽化に抗して、健全に、しかも生き生きと機能し続けることが可能か否か、は普遍の課題であるといえる。多摩ニュータウンの賦活・更新は今後の我が国の将来に繋がる重要課題と認識するに至ったのである。

次に、半世紀にわたって開発・建設を続けてきた多摩ニュータウンは、街づくり、住宅地開発、集合住宅形式、住戸計画、学校をはじめとする地域公共施設計画など、都市計画、建築計画、住宅計画について約半世紀かけて壮大な実験を繰り返してきた極めてユニークな‘都市’と考えることができる。戦後の住宅計画史、建築計画史、都市計画史の実物標本が実際に住み続けられ、使い続けられながら全て揃っている希有な街、とも表現できる。戦後半世紀の計画学の成果を検証すべき場が身近に整っていると認識できるのである。

このような問題意識に基づき、研究室の学生諸君と多摩ニュータウンをフィールドとした様々な調査・研究を繰り返してきた。そのテーマやフィールドは多岐に渡るが、おぼろげながら多摩ニュータウンの全貌を理解するところまで辿り着いたと感じるようになった。これらを集大成して、ここに一冊を上梓する次第である。

（上野淳）

第1章
多摩ニュータウンの成り立ちと系譜

1.1 多摩ニュータウンの成り立ち

東京西部の多摩丘陵に広がる多摩ニュータウンは計画人口34万人の我が国最大のニュータウンであり、多摩市、八王子市、町田市、稲城市の4市にまたがる（図1.1、表1.1）。戦後の高度経済成長による東京都区部の深刻な住宅難および首都圏郊外への無秩序な宅地スプロールに対応する必要が生じ、居住環境の良好な宅地・住宅を大量に供給することを目的として多摩ニュータウンが構想されたのである。

開発主体は日本住宅公団（当時。その後、住宅・都市整備公団→現：都市再生機構）、東京都および東京都住宅供給公社で、開発面積は約3000ヘクタール、東西14km、南北1～3kmに及ぶ広大な街、ニュータウンである。首都圏における多摩ニュータウンの位置について触れておくと、東京都心から西方約25kmにあり、巨大副都心・新宿から私鉄の特急や急行を乗り継いで多摩ニュータウンの‘都市センター’と位置づけられる「多摩センター駅」まで約30分という時間距離にある。ニュータウンの初期入居（1971年）から遅れること数年で、新規鉄道開発によって私鉄の京王電鉄と小田急が都心から乗り入れている。

当初は開発主体が全域を全面買収する新住宅市街地開発事業によって進めることが想定されていたが、既存住民の土地を土地区画整理事業によって整備・開発する手法があわせて用いられることになった。したがって、新住宅市街地開発事業区域（約2200ヘクタール）は造成後の更地に集合住宅団地と地域公共施設、地区センターなどを新規に計画・開発する計画住宅地、土地区画整理事業地（約670ヘクタール）は対照的に店舗や戸建て住宅、民間マンションなどが混在する街並みである。異なった要素が混じり合うものの、多摩ニュータウンの街全体としては一定の多様性を含む結果ともなった。

多摩ニュータウン計画は、1965年に都市計画決定されて事業がスタートし、1971年3月26日に多摩市諏訪・永山地区において最初の入居が実現している。開発着手後、約半世紀の歴史を刻んでいることになる。その後、新住宅市街地開発事

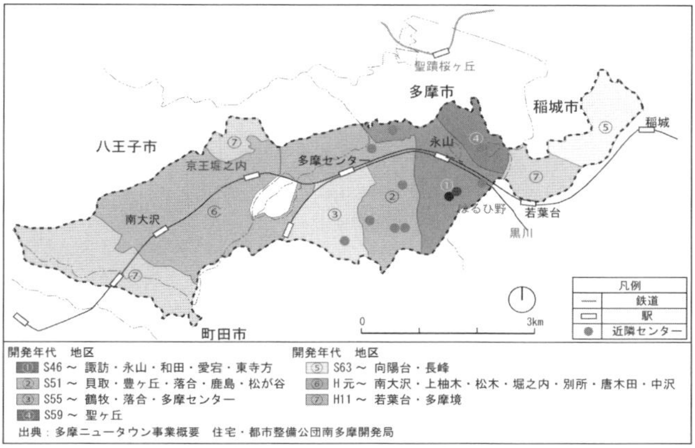

図1.1　多摩ニュータウンの概要

表1.1　多摩ニュータウンの概要

開発面積	2984ha	
人口	22万人*（計画人口：342,200人）	
行政区域	多摩市・八王子市・稲城市・町田市	
施工者	東京都・住都公団・東京都住宅供給会社	
開発手法	新住宅市街地開発事業・土地区画事業	
事業期間	1966年～2005年	
入居開始	1971年（昭和46年）３月26日	
初期入居地域	諏訪・永山	
都心距離	25Km（ＪＲ東京駅まで）	
土地利用	住居	30%
	道路	19.5%
	公園	19.4%
	公共施設	26.8%
地区構成	センター地区・サブセンター地区２・住居21	

*：平成21年住民基本台帳

業は2006年に終了し、現在はストックマネージメントのステージに入っていると理解できるが、一方で約240ヘクタールの未開発地を残しており、これらの民間売却による高層高密度マンション開発が街並みの変質を起こすなどの新たな課題も生んでいる。現時点（2012年）での多摩ニュータウン居住人口は約22万人といわれている（写真1.1～5）。

ちなみに、多摩ニュータウンの先輩にあたる我が国のニュータウン計画として、関西圏の千里ニュータウン、泉北ニュータウン、名古屋圏の高蔵寺ニュータウンなどがある。千里ニュータウンの開発主体は大阪府企業局、開発面積1160ヘクタール、計画人口15万人であり、1962年に初期入居が実現し、1970年に新住宅市街地開発事業が終了している。泉北ニュータウンも同じ

写真1.1　入居開始当初の永山団地（高層棟）

写真1.2　緑が育った現在の永山団地（高層棟）

写真1.3　入居開始当初の永山団地（中層棟）

写真1.4　緑が育った現在の永山団地（中層棟）

写真1.5　多摩ニュータウンの典型的な団地風景

く大阪府により、開発面積1560ヘクタール、1967年初期入居開始で、現在は14万人ほどの人口となっている。高蔵寺ニュータウンも黎明期のニュータウン計画の典型事例の一つで、日本住宅公団による土地区画整理事業によっており、開発規模約700ヘクタール、計画人口8万人、1968年に初期入居が実現し、1981年に事業終了している。現人口は5万人弱となっている。

こうしてみてみると、あらためて多摩ニュータウンの開発規模の大きさ、その開発期間の長さが群を抜いていることに気づかされる。

蛇足ながら、「日本列島改造論」が1972年6月に出版され、著者・田中角栄は同年7月に自民党総裁選に勝利し、首相に就任している。当時、日本列島はまさしく開発ブームに沸き立っていた時期といえる。

多摩ニュータウンの約8割の面積を占める新住宅市街地開発事業地の街のつくりには、一般の街の構造とは異なる二つの大きな特徴がある。その一つは近隣住区論による計画的な街の構成であり、二つ目は完全な歩車道分離によるペデストリアンデッキ（歩行者専用道）のネットワークである。いずれも希有な街の構造といえるが、多摩ニュータウンを理解するにあたって前提となる事項なので、まずこの二つについて概説しておきたい。

1.1.1 「近隣住区論」と多摩ニュータウンの住区構成

(1) C.A.ペリーの「近隣住区論」

多摩ニュータウンの住区構成の基本理念となった「近隣住区論 Neighborhood Unit」とは、そもそも20世紀初頭にアメリカの社会学者クラレンス・ペリーが唱えた都市計画の理論である[*1]。建築・都市を学ぶ学生が初期に教えられるもっとも基本的な概念といえる。たとえば、多摩ニュータウンの先輩である千里ニュータウンなども近隣住区（ユニット）を基本に構築されている（図1.2）。

近隣住区はまず幹線道路で囲まれており、住区内には通過交通が入り込まないように計画される。多摩ニュータウンでも実際にそうなっているが、住区内道路は通過交通が入り込むの

*1 クラレンス・ペリー著、倉田和四生訳「近隣住区論」鹿島出版会、1975

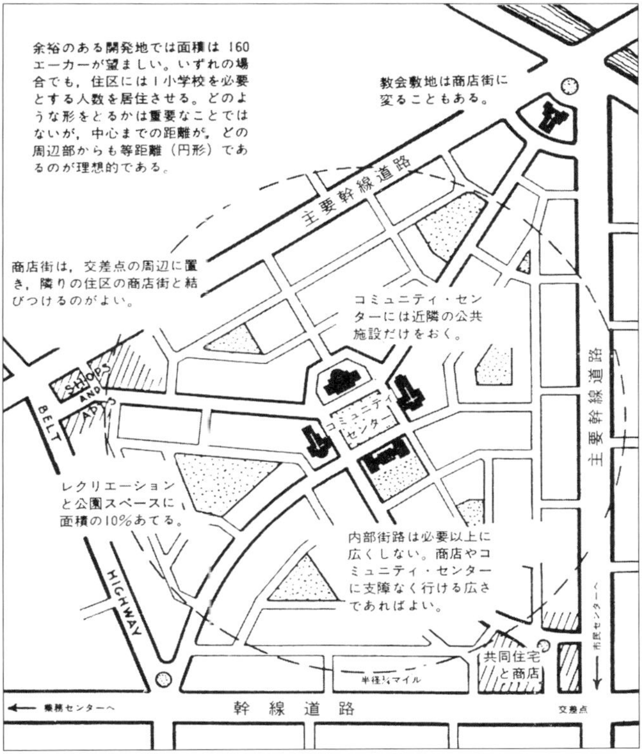

図1.2　C.A.ペリーによる近隣住区の原則

を防ぐためにわざわざ道を曲げたり、団地内道路などではクルドサック状（袋小路状）に設けられたりする。

ペリーの理論によれば、住区の大きさは半径約400 m、広さ約64ヘクタールとされる。ちなみに半径400 m・直径800 mという距離は、人がそこまで歩いていこうとするのに抵抗感を覚えることのない距離（徒歩圏）であり、地域内の情景がおおむね意識の中に入る人間的なスケールとされている。C.A.ペリーの著作を紐解いてみると、たとえば児童公園や街のスーパーマーケットなどに、幼児・児童や主婦が徒歩によって集まってくる距離の限界値などについての分析などがあざやかに読み解かれており、こうした徒歩圏利用を前提とした街づくりの構想が基本におかれていることに気づかされる。

この居住圏において、戸建てを基本とした通常の居住密度を想定すると人口は6000人内外となり、ちょうど小学校が１校成立する程度の地域の大きさである。ペリーによると、この住区の中に小学校、教会、コミュニティーセンター、公園などが配され、商店は幹線道路沿いに配置される。すなわち、徒歩圏内でほとんどの生活が完結する人間的なスケールの街を目指すものである。巨大かつ高密度な大都市の匿名性を排し、地域コミュニティーが形成されやすい環境と地域の単位を構築することを意図しているといえる。

(2) 多摩ニュータウンの「住区」

このC.A.ペリーの近隣住区論の基本理念をベースにしつつ、多摩ニュータウンの新住宅市街地開発事業における「住区」の大きさは、1中学校・2小学校程度を基本単位としている（図1.3、4）。面積約100ヘクタール、住戸数5000戸内外、人口は1万2000～2万人となっているので、ペリーの近隣住区の約2倍かまたはそれ以上の大きさということになる。距離的な広がりも、諏訪・永山の住区の場合、東西約500 m、南北約2 ㎞程度とペリーの近隣住区と比べて大きいが、それでも図1.5に示すように諏訪・永山の中心点から半径800 m（徒歩圏）の円を描くとほぼ全域がすっぽり収まることがみてとれるように、街の構造や構成要素が素直に頭の中にイメージできる程度のスケールの街であるといえる。

多摩ニュータウンの住区の場合、後に詳述するように徹底した歩車道分離がなされており、住区内の街区公園、近隣公園などの豊かな緑をペデストリアンデッキで繋ぐ‘緑のネットワーク’を特徴としている。さらにこれに加え、食料品・日用品の商店街、交番、郵便局、診療所街、コミュニティーセンターなどが集まった「近隣センター」が住区中央に整備されることが多摩ニュータウンの街の基本的な成り立ちとなっている。

多摩ニュータウンでは、最初に開発・入居が実現した諏訪・永山住区（第5・6住区）からスタートして順に住区単位に開発・入居が実現されてきており、結果として合計21の住区によって成り立っている。

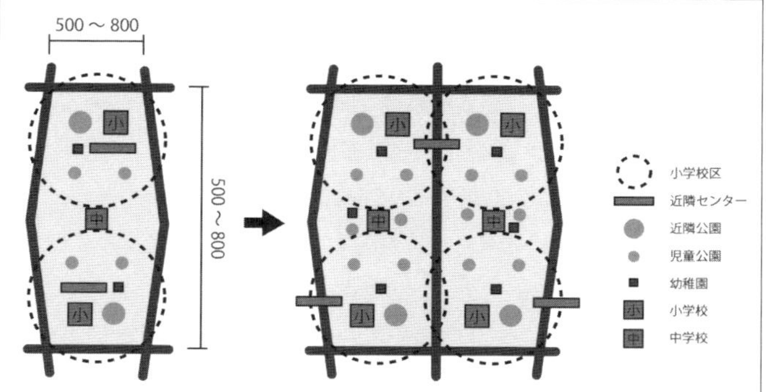

出典：多摩ニュータウン事業概要　多摩ニュータウンの構成概念図

図1.3　多摩ニュータウンの住区構成の概念図

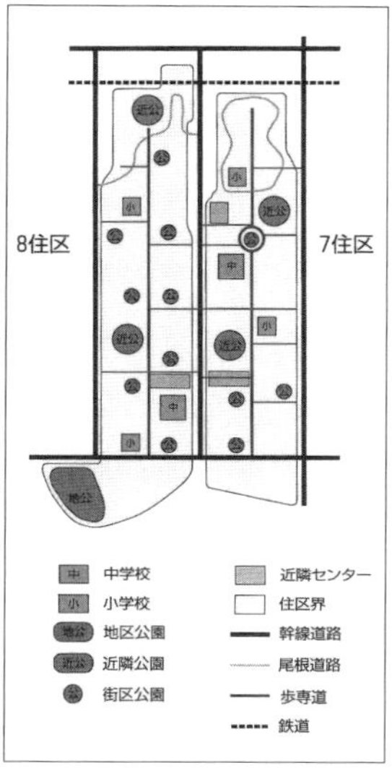

図1.4　多摩ニュータウンの住区の成り立ち
出典：多摩ニュータウン事業概要

多摩ニュータウン開発事業誌　市域編Ⅰより作成

図1.5　諏訪・永山住区の地域公共施設の立地

1.1.2　ペデストリアンデッキの緑のネットワーク

多摩ニュータウンのもう一つの大きな特徴は、ニュータウン全体にわたって、特に初期開発の諏訪・永山（5・6住区）から貝取・豊ヶ丘・落合（7・8・9住区）にかけての地域には、徹底した歩車道分離のペデストリアンデッキが網の目のように張り巡らされているところにある。

まず、多摩ニュータウンの車道の構成についてみてみると、東西方向には北側に‘多摩ニュータウン通り’、南側に‘尾根幹線’（南多摩尾根幹線）が、多摩ニュータウンを東西に貫く幹線として走っている。南北方向には各住区の間に、たとえば鶴川街道、鎌倉街道などの幹線が走っている。これらが多摩ニュータウンの通過交通を捌く主要幹線（大動脈）となっているのである（図1.6）。前述のように、住区内には通過交通が入り込まないように近隣住区論の基本に則って住区内車道はわざと入り組んで直線状にはならないように構成されている。

一方住民の歩く道は、これらの幹線道路や住区内の主要道路とは完全に立体交差するかたちで、ペデストリアンデッキが網の目状に張り巡らされている（写真1.6～8）。住区の住民が住区センターや駅に向かう経路は、すべてこのペデストリアン

写真1.6　多摩ニュータウンのペデストリアンデッキ

写真1.7　人の行き交うペデストリアンデッキ

写真1.8　道路と立体交差するペデストリアンデッキ

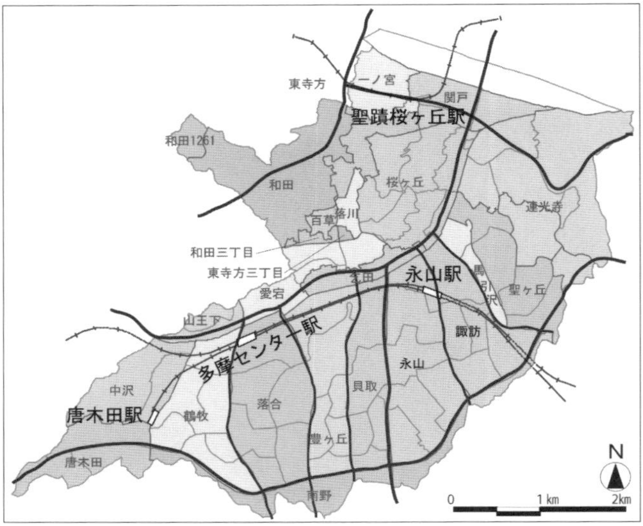

図1.6　多摩ニュータウンの幹線道路

デッキに乗ることによって、車道と交差することなく徒歩もしくは自転車（場合によっては電動カート）で辿ることができる。現実に多摩市聖ヶ丘（第４住区）に住む上野は、自宅近くのペデストリアンデッキにいったん乗れば、約６km先の多摩センター駅（第９住区）まで一度も車道に降りることなく辿り着くことができる。徒歩移動を原則とする近隣住区論の思想の根幹が貫かれているといえる。

この網の目状のペデストリアンデッキは住区センターや学校、郵便局などのコミュニティー施設、そして駅などを繋いでいることに加え、大小様々な公園（近隣公園、街区公園や住棟に

資料：多摩ニュータウン開発事業誌　市域編 I

図1.7　諏訪・永山住区のペデストリアンデッキと緑のネットワーク

写真1.9　色濃い緑の中の団地風景

写真1.10　緑のネットワークの中の多摩ニュータウン

近接した小規模な公園・プレイロット）の緑を繋いでいる点も多摩ニュータウンの特色の一つである（図1.7）。多摩ニュータウンは公園・緑地率でも全国的にみて高い水準にあり（多摩ニュータウン全体の公園緑地率は19％）、一度も車道を経由することなくペデストリアンデッキによってこれら公園・緑地を巡ることができる‘緑のネットワーク’が大きな特色といえる（写真1.9、10）。

なお、駅や住区外へ向かうバスなどの利用は、このペデストリアンデッキから下の住区内の主要道路の停留所に階段やスロープなどで降りる仕組みになっているが、場所によってこのレベル差が10 m程度に及ぶこともある。多摩ニュータウンは多摩丘陵を切り拓いてつくった街であり、こうした高低差、階段やスロープがもたらすバリアが、人口高齢化が進行する現在、今日的課題として顕在化していることも確かである（写真1.11～14）。

蛇足になるが、この多摩ニュータウンの一大特徴ともいえる‘ペデストリアンデッキによる緑のネットワーク’は、新住宅市街地開発事業地区である計画住区に限られたことであり、土地区画整理事業地にはこうした仕組みが採り入れられていない。多摩ニュータウンを歩いていて、計画住区から土地区画整理事業地に入ろうとすると、そこでペデストリアンデッキの連続が途切れてしまうなどの場面にしばしば遭遇することになる。

写真1.11　住棟前の階段

写真1.12　駅から住宅地に向かう道。階段、坂道

写真1.13　永山駅の階段

写真1.14　改造工事で整備された永山駅のエレベータ、エスカレータ

1.2　多摩ニュータウン開発と発展の系譜

多摩ニュータウンの住宅開発の系譜を辿ってみると、階段室型5階建て（エレベータなし）2DK、3DKの規格型住宅の大量供給から始まり（1971年、諏訪・永山団地など）、3LDK、4LDKへの大型化（1970代後半、豊ヶ丘団地など）、テラスハウス・タウンハウス（1979年、タウンハウス諏訪など）、コーポラティブ方式・メニュー方式（1983年、グリーンメゾン鶴牧）、フリースペース（＋α）付住宅（1987年、プロムナード多摩中央）、マスターアーキテクト方式（1989年、ベルコリーヌ南大沢）などの意欲的な実験を体現してきている。その20世紀後半の歴史はそのまま我が国の建築計画・都市計画の系譜といえる。

初期入居の諏訪・永山地区についていうと、当初入居から継続居住をしている世帯を想定すると現在は完全にリタイア世代ということになる。高齢化、そして住戸の老朽化は必然の成り行きであり、‘オールドタウン’と無責任に揶揄する声があることも事実ではある。しかし高齢化は我が国普遍の現象であり、老朽化が忍び寄る集合住宅についても広く我が国に実存する団地住宅、都市集合住宅のストックマネージメントにとって普遍の課題といえる。すなわち、この多摩ニュータウンを再生・活性化させることができるか否かの命題は、我が国の都市住宅、そして街の再生にとって普遍・共通の課題を突きつけているものと認識される。老朽化といっても、多摩ニュータウンの道路・上下水道などの都市インフラは優良であり、緑地と公園をペデストリアンで繋ぐ緑のネットワークの環境は優れて先端的といえる。

多摩ニュータウンの街づくりとその発展の過程を年表（図1.8）にまとめ、以下にその街づくりの系譜を概観してみる。多摩ニュータウンの系譜は4期に分けて捉えることができると考えられるので、この区分にしたがって概要を記しておく。

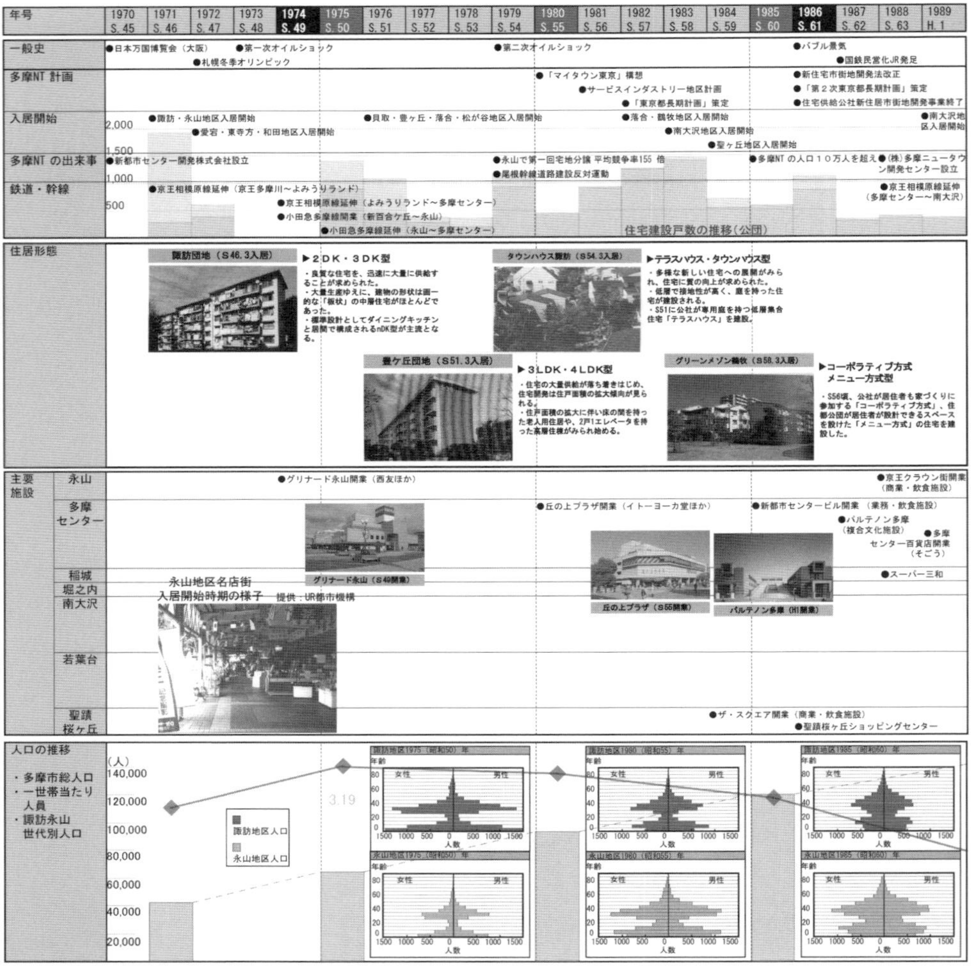

図1.8　多摩ニュータウンの開発と発展の系譜（1）

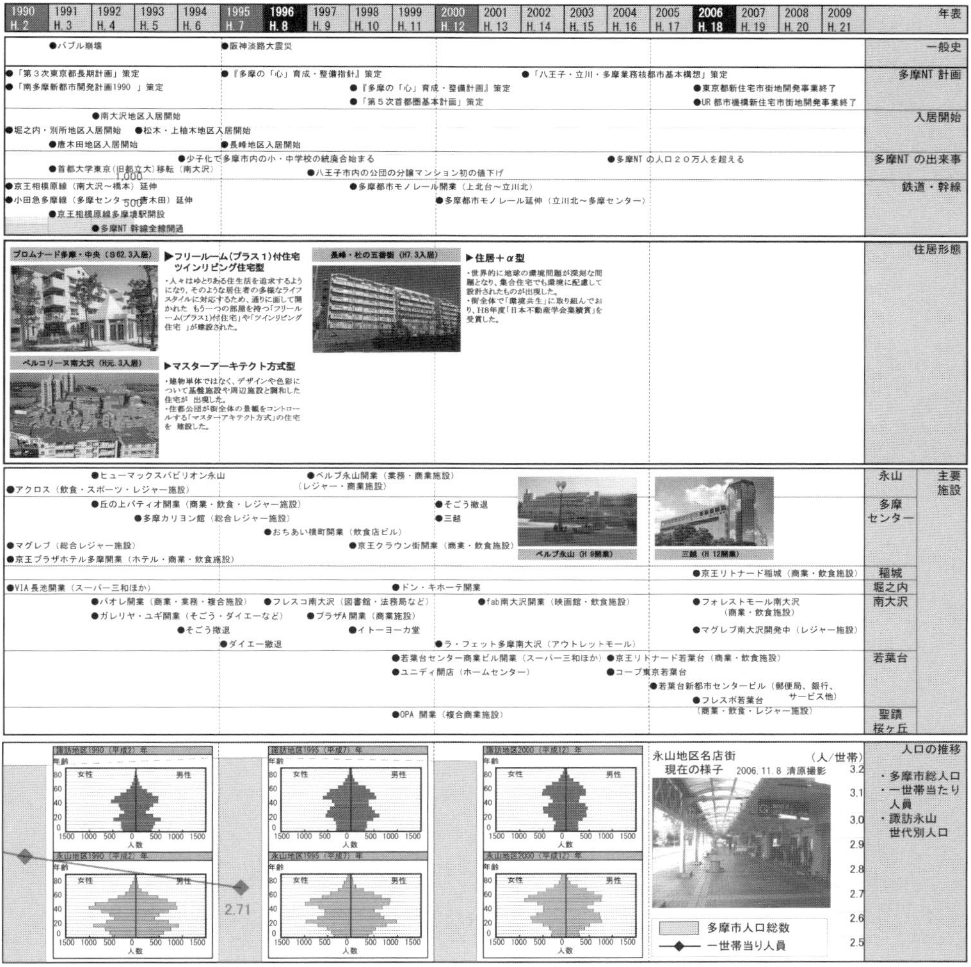

図1.8　多摩ニュータウンの開発と発展の系譜 (2)

写真1.15　諏訪団地

写真1.16　豊ヶ丘団地

1.2.1　始動・大量供給：1970～79年

前述のように、多摩ニュータウン開発は1965年に都市計画決定されている。前年には東京オリンピックの開催と東海道新幹線の開通が実現しており、まさに日本の高度成長期の真っ直中にあった時期といえる。多摩ニュータウンの始動は1971年の諏訪・永山地区の入居開始で始まったが、前年には大阪万博が開催されている。この時期、供給された主な住戸型は2DK、3DKであり住戸面積は50㎡内外である。そのほとんどはエレベータのない階段室型5階建て住棟である。今日的な水準からみると狭い住戸と映るかもしれないが、当時は一般庶民の憧れの的の住宅環境であった。事実、当時まだ大学で建築を学びはじめた貧しい学生であった上野は、この多摩ニュータウン初期団地を見学に訪れた際、「はたして自分も将来、こんな家に住むことができるようになるのだろうか？」との感慨をもったことを覚えている。以降、住戸は3LDK、4LDKと大型化しつつ、1980年代まで大量の規格型団地住宅の新規供給が続く（写真1.15、16）。

都心からの鉄道路線は、京王線（よみうりランド～多摩センター）、小田急線（新百合ヶ丘～永山）が延伸し、1974年に永山駅が開業している。諏訪・永山団地の初期入居時には鉄道路線はまだ永山駅までは延びておらず，都心に向かうサラリーマンは舗装が行き届いていない凸凹道を聖蹟桜ヶ丘駅（京王線本線）までバスに揺られて通ったと聞く。

駅前複合商業施設の‘グリナード永山’もこの年に開店している。

1.2.2　骨格成立・展開：1980～89年

1980年代に入って多摩ニュータウンは、落合・鶴牧（多摩センター駅周辺）、南大沢（南大沢駅周辺）へと拡大をみせる。1985年には多摩ニュータウン人口が10万人を超えたとの記録があり、落合・鶴牧、南大沢、聖ヶ丘などが次々と街開きをして、まさに多摩ニュータウンの骨格が成立した時期といえる。鉄道も京王線が延伸し、多摩センター～南大沢間が1988年に開業している。

前述の規格型住宅の大量供給と並行して、入居者が間取りを選択できる‘コーポラティブ方式・メニュー方式’や、街並みに変化と表情を与え居住者の多様なライフスタイルを演出する‘フリースペース（＋α）付住宅’、街全体の景観をコントロールする‘マスターアーキテクト方式’など、意欲的な実践が試みられたのもこのステージの特徴といえる。このステージでは規格型住棟の大量供給は続けられつつも、階段室型住棟の平行配置が街全体を覆う均質的な景観からの脱却を目指し、住戸構成や街並みの変化・多様性などを求めた「量から質への転換」が意図されたと理解できる（写真1.17～21）。

我が国は1986年頃からバブル景気に突入したとされるが、このことは多摩ニュータウン開発にも一定の影響を与えたと考えられる。多摩センター駅前の大型商業複合施設‘丘の上プラザ’1980年開業、同駅前の大型総合文化施設‘パルテノン多摩’1987年開設、百貨店‘そごう’1989年開店などが相次ぐ。なお、そごうデパートは地域購買力の低下や商業構造のそもそもの変化によってその後2000年に撤退したことは象徴的な出来事であった。また、この時期に集中的に整備された数多くの公共文化施設の膨大なストックも、その後維持管理の継続に苦労する時代に直面することになる。

1.2.3　成熟・変貌と高齢化：1990～2004年

再三にわたって私事に及び恐縮ではあるが、上野・松本の勤務先である首都大学東京は1991年に都区部から南大沢の地に全面移転をしてきた。多摩ニュータウンにはこのほか、中央大学、帝京大学、国士舘大学、大妻女子大学など多くの大学が立地しているが、このことも多摩ニュータウンの特徴としてあげておいてよいのかもしれない。

職住近接を一つのテーゼとした欧米のニュータウンとは異なり、日本のニュータウンは住民のほとんどが都心の勤務地に通う‘ベッドタウン’であるとされる。多摩ニュータウンもその例外ではないが、このステージ以降、ベネッセコーポレーション東京本社、ミツミ電機本社、CSK研究所などの大型企業本社を誘致することに成功している。また、屋内型テーマパークで

写真1.17　団地風景。中層住棟の平行配置

写真1.18　タウンハウス諏訪

写真1.19　グリーンメゾン鶴牧

写真1.20　プロムナード多摩中央

写真1.21　ベルコリーヌ南大沢

あるサンリオピューローランドが1990年に開業し、現在でも国内外から多くの観光客を集めている。

鉄道路線についてみると、京王線は調布～橋本駅までが1992年に全線開通し、多摩地域の大きな課題であった南北方向の路線確保の切り札として、多摩モノレール（第三セクター）が2000年に多摩センター～立川北間で開通している。

こうしてみてくると、このステージでは多摩ニュータウンの全貌が完成に近づき、成熟期に入ってきたことが実感されるが、一方で順調に伸びてきた人口が頭打ちに近づき、児童生徒数が減少に転じるなどの人口高齢化の予兆もみられるようになってきている。現実に初期入居の諏訪・永山住区は、1990年代に入って人口が減少に転じるなど徐々に状況が変化しはじめている。1994年には、少子化によって多摩市内の小中学校の統廃合が始まる。このことは第8章でやや詳しく触れることになる。

1.2.4　開発の終焉とストックマネージメント：2005年～

21世紀に入り、当初のマスタープランに基づく都市基盤整備は完成の域に達することになる。前述の‘ペデストリアンデッキによる緑のネットワーク’に加え、上下水道や道路網など都市インフラはすべて完成し、現在でも優れた水準を維持している。

2006年には東京都施行の新住宅市街地開発事業が終了し、UR都市再生機構施行の開発事業も終了した。新規開発は終焉を迎え、ストックマネージメントの時代に入ったのである。ただし、未開発用地244㌶は民間に売却されることになり、高密度開発の民間分譲マンションが低・中密度で整備されてきた多摩ニュータウンの街並みに変節を起こすという新しい課題にも遭遇することになった。

なお、この間十数年の永きにわたって検討が進められてきた諏訪2丁目の分譲団地の全面建替え計画が2010年にやっとまとまって議決され、2011年秋から工事が始まったことも多摩ニュータウンにとって象徴的な出来事であった。1971年に入居が実現した階段室型5階建て23住棟全640戸が全面建替えされ、11～14階建て7住棟1250戸に生まれ替わる計画で、国内最大級の団地の丸ごと建替え事業である。

1.3　開発年代別にみた分譲住宅団地の居住実態と居住環境評価

これまでみてきたように我が国最大のニュータウンである多摩ニュータウンは、街の成り立ちにおいて他にみることのできないいくつかの特徴を有するが、その系譜でみてきたように半世紀の永きにわたって計画・建設が続けられてきたということも希有の特徴といえる。このことは、我が国の他のニュータウンや大規模住宅団地にはない特徴である。

約40年前に入居が実現した2DK・3DKを主体とした規格型住宅から出発し、現在でも民間売却用地への新しいマンション建設と入居が続いているが、その時々の住宅開発のコンセプトは時代とともに変化し、様々な形式の住宅が供給されてきているのである。また結果として、永い年数を経た住宅団地と最近になって入居が実現した団地では、居住者の構成や住宅や居住地への意識・評価も様々に異なっていることが想像される。

そこで以下では、多摩ニュータウンの開発年代別に典型的な団地を抽出し、

①その居住階層がどのような構成になっているか

②そこに現在住んでいる人々の居住環境に対する意識・評価がどのようになっているか

などを比較分析し、多摩ニュータウン居住の全体像を把握することを試みてみたい。

ここで、多摩ニュータウン新住宅市街地開発事業エリアの住宅供給主体別の構成を整理しておく（図1.9）。新住宅市街地開発事業エリアでは、まず集合住宅：戸建て住宅が90%：10%の内訳となっている。戸建て住宅を主体とする欧米のニュータウン開発とは様相を異にし、我が国のニュータウン開発はあくまでも集合住宅団地開発を主体としてきたことが確認できる。集合住宅開発では、日本住宅公団（当時）と東京都住宅供給

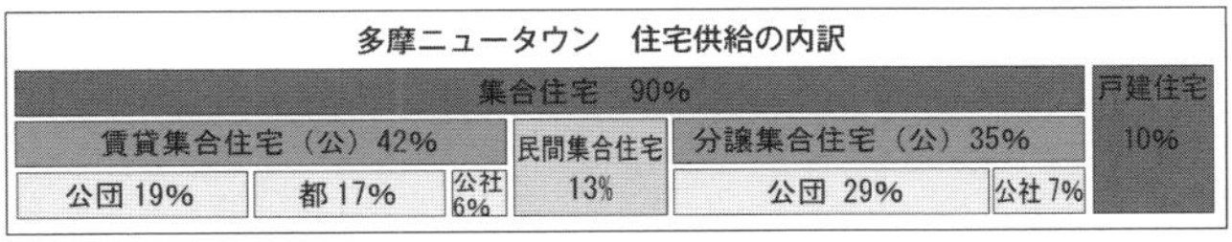

図1.9　多摩ニュータウンの住宅供給の内訳

公社による公的な分譲集合住宅が35%、民間集合住宅が13%となっており、両者で約半数を占めている。残りが公団・公社・都営の賃貸集合住宅であり、全体の42%を占める。

こうした多摩ニュータウンのバックグラウンドを確認しつつ、ここでは以下の考察の対象を分譲集合住宅に設定することにする。持家の分譲と借家の賃貸では、居住者の意識や住環境への評価に微妙なずれがあることが予想されるので、混在して扱わないほうがよいと判断した。また、分譲集合住宅においては住民が管理主体であり、今後の住宅の老朽化や高齢化などの課題に対して住民自らが対応を迫られることになるので、その住環境等に対する意識の現況等をしっかり捉えておきたいと考えたのである。

1.3.1　開発年代別の団地の抽出とその特徴

(1) 時代の変遷と多摩ニュータウンにおける住宅デザインへの挑戦

ここではまず、開発年代別に考察の対象とする典型的な団地を抽出することから始める。

前節の［始動・大量供給］期からは、1971年入居開始の永山3丁目分譲住宅団地（以下、永山団地と略称）と、これから5年後に入居が開始された豊ヶ丘5丁目分譲住宅団地（以下、豊ヶ丘団地）を抽出する。これらを以下では‘初期団地’と表記する。{永山団地}はエレベータのない階段室型5階建て住棟で3DK（約50㎡）住宅を主体とし、多摩ニュータウン開発開始当初のもっとも典型的な住棟・住戸形式といえる。{豊ヶ丘団地}はこれより住戸面積が大きくなり3LDK（約80㎡）を主体とする。いずれも多摩ニュータウン始動期の典型事例といえる。

［骨格成立・展開］期からは、1980年入居の永山5丁目タウンハウス（以下、永山タウンハウス）、1983年入居のコーポラティブ方式・メニュー方式の鶴牧3丁目団地（以下、鶴牧団地）、団地内に様々な住戸プランタイプを供給した1988年入居の向陽台5丁目団地（以下、向陽台団地）の3団地を抽出する。これらを以下では‘中期団地’と表記する。{永山タウンハウス}は、2階建てで一部が専用庭をもつタウンハウスで、住戸面積の平均は100㎡となっている。コモンアクセス方式の団地レイアウト

で、当時としては斬新な低層集合住宅団地計画である。｛鶴牧団地｝は居住者が住戸プランを選択できる当時としては画期的な試みの住宅団地で、3～5LDKの構成となっている。｛向陽台団地｝は一部メゾネット住戸を含む2～5LDKのバラエティーに富む住戸供給を特徴としている。いずれも、多様な住宅・住棟デザインが試みられた多摩ニュータウン中期の典型事例といえる。

［成熟・変貌］期からは、街全体が環境共生をテーマとした1993年入居の別所5丁目団地（以下、長池団地）と民間デベロッパーの開発建設による若葉台3丁目マンション（以下、若葉台マンション）を抽出した。これらを以下では‘後期団地’と表記する。いずれも、多摩ニュータウン後期における多様な住戸プランの供給、豊かな共有オープンスペース、充実した共有施設の保有などを特徴とした典型事例といえる。

以上の合計7団地を以下での考察対象とするが、その各団地の成り立ちの概要を図1.10にまとめた。これを一覧しただけでも、多摩ニュータウンにおける住宅供給の考え方が時代を追って変化し、様々な計画的・デザイン的挑戦を経てきていることが理解できる。

(2) 各団地の人口構成の推移

各団地の入居開始時から5年ごとの所在町丁目の人口構成の推移を図1.11にまとめた。

各団地において、入居開始当初は30～40代前半と10歳以下の子どもに人口構成が強く偏っており、主として子育て世代が入居していることがわかる。このことは全国の団地住宅で普遍的に繰り返されている現象といえる。ただし｛若葉台マンション｝では、入居開始当初にも60歳代以上の入居が一定程度みられ、鉄道駅に近く利便性のよいことに加え住戸供給にバリエーションがあることが高齢層も呼び込み、多世代居住が実現していることを示している。

経年とともに世代間の人口構成の偏りは次第に平準化し、全体的に年齢層が上昇するプロセスが確認できる。分譲住宅では賃貸に比べて当初入居の階層が継続居住する傾向が強く、

	A団地	B団地	C団地	D団地	E団地	F団地	G団地
入居開始年	1971年（昭和46年）5月	1976年（昭和51年）3月	1980年（昭和55年）3月	1983年（昭和58年）3月	1988年（昭和63年）8月	1993年（平成5年）3月	2000年（平成12年）3月
住宅形式	階段室型5階・3DK型	階段室型5階・LDK型	2階建・タウンハウス型	中高層・プランメニュー型	中層・バラエティプラン型	低中高層・簡易型コーポラティブ型	中高層・バリアフリー+共用施設充実型

外観

間取り

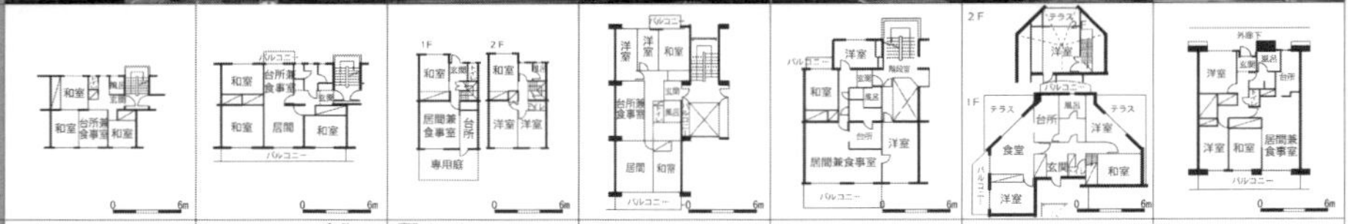

住棟配置

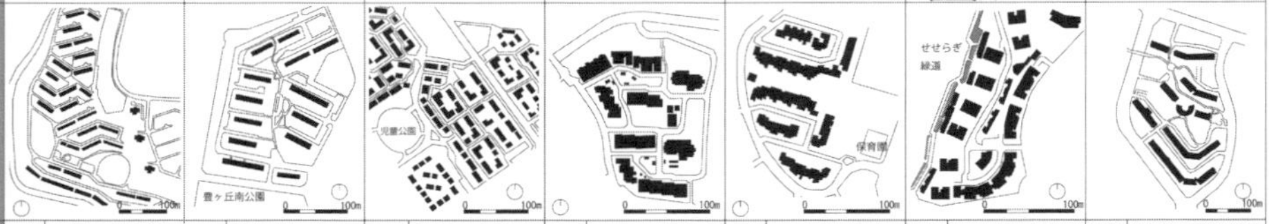

	A団地	B団地	C団地	D団地	E団地	F団地	G団地
供給元／所在地区	公団／多摩市・永山地区	公団／多摩市・豊ヶ丘地区	公団／多摩市・永山地区	公団／多摩市・鶴牧地区	公団／稲城市・向陽台地区	公社／八王子市・ライブ長池地区	民間／稲城市・若葉台地区
戸数／EVの有無	884戸／高層棟のみ有り	890戸／無し	391戸／無し	246戸／高層棟のみ有り	205戸／一部有り	252戸／低層棟一部無し	845戸／有り
容積率／建蔽率	66.5%／12.7%	52.5%／11.5%	52.34%／28.7%	92.3%／18.3%	112.67%／30.51%	136%／33%	200%／60%
専有面積（平均）	48.85～66.17㎡（55.62）	54.37～91.07㎡（75.81）	89.50～118.67㎡（101.89）	78.32～118.52㎡（88.59）	62.37～141.70㎡（97.63）	71.37～113.22㎡（94.35）	70.64～104.78㎡（84.98）
住戸型	3DK：590戸 （1次・2次） 3LDK：294戸 （3次）	3DK：130戸（2次） 3LDK：440戸 （1次、2次） 4LDK：320戸（1次）	3LDK：148戸 4LDK：243戸	3LDK：177戸 4LDK：63戸 5LDK：6戸	2DK～2LDK：31戸、3LDK：68戸 3LDK+S：6戸、4DK～5K：6戸 4LDK～4LLDK：50戸 2LDK+2K～4LDK+S：10戸 3LDK～3LDK+Sメゾネット15戸 4LDK～4LDK+Sメゾネット：15戸 4LDK～5LDK+Sメゾネット：4戸	2LDK：1戸 3LDK：114戸 3LDK+α：12戸 4LDK、4LDKメゾネット：101戸 5LDK：24戸	3LDK 4LDK 5LDK
住棟形式・棟数	フラット5階建：22棟 （1次・2次） フラット11階建：5棟（3次）	フラット5階建：37棟	タウンハウス2階建：126棟	3階建（一部2階建）：1棟 4階建（一部3階建）：3棟 5階建（一部4階建）：3棟 フラット11階建：2棟	一部メゾネット3～4階建：1棟 一部メゾネット3～5階建：1棟 一部メゾネット4～5階建：3棟 一部メゾネット4～6階建：2棟	2階建：6棟、3階建：1棟 6階建：2棟、7階建：5棟 9階建：4棟、 10階建：1棟	5階建：1棟、6階建：1棟 7階建：1棟、13階建：1棟 14階建：5棟
価格	336～1,578万円	1,203～1,591万円	2,530～4,210万円	2,720～4,770万円	2,900～5,620万円	4,985～7,998万円	
駅からの距離	永山駅より徒歩約10分（直線距離829m）	多摩センター駅より徒歩16分（直線距離1.1km）	永山駅よ徒歩約20分（直線距1.3km）	多摩センター駅より徒歩12分（直線距離1017m）	稲城駅よりバスで5分　徒歩1分（直線距離1137m）	堀之内駅より徒歩10分（直線距離634m）	若葉台駅より徒歩5分（直線距離480m）
特徴	・多摩NTの初期開発団地。 ・3DKが中心（1次、2次）	・広いフロンテージ ・住棟の外装デザイン（外装一部タイル貼、北側バルコニー）	・コモンアクセス方式 ・3次供給住戸には専用庭あり	・水廻りの位置の変更も可能 ・1階の住宅は専用庭と大型バルコニーあり	・38タイプの個性的かつ多様なプラン	・間取り・仕上げ・部品などが選べ、プランを多様化 ・一部、αルーム付き住宅	・バリアフリー設計 ・ゆとりあるオープンスペースと充実した共有施設 ・ワイドスパンアウトフレーム構造

図1.10　各団地の成り立ちと概要
（図1.10～14、表1.2の団地名は以下参照。A団地→永山団地、B団地→豊ヶ丘団地、C団地→永山タウンハウス、D団地→鶴牧団地、E団地→向陽台団地、F団地→長池団地、G団地→若葉台マンション）

一部転居・入替え入居があるものの経年的な人口高齢化が賃貸住宅に比べて強くなる傾向がある。

多摩ニュータウン初期・中期団地である｛永山団地｝｛豊ヶ丘団地｝｛永山タウンハウス｝では、すでに高齢化率が全国平均を上回っており、特に｛豊ヶ丘団地｝｛永山タウンハウス｝ではそれぞれ42%、33%と著しく高くなっている。住戸面積等の関係からこれら団地では2世代居住が難しく、子ども世代の成長による転出と親夫婦の継続居住によって人口高齢化に拍車がかかる現象である。このことも全国の団地住宅、特に分譲住宅団地で普遍的に繰り返されている、または今後進行していく現象であり、裏返せば全国のどこの団地でも急速な高齢化が今後顕在化していくと予兆される。

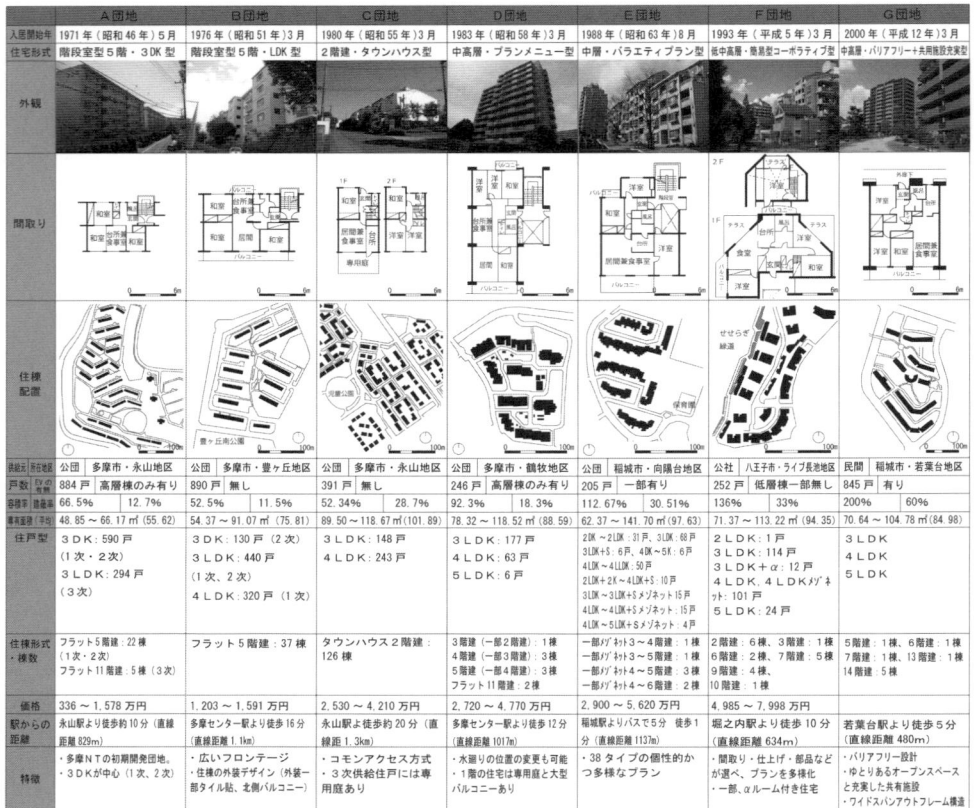

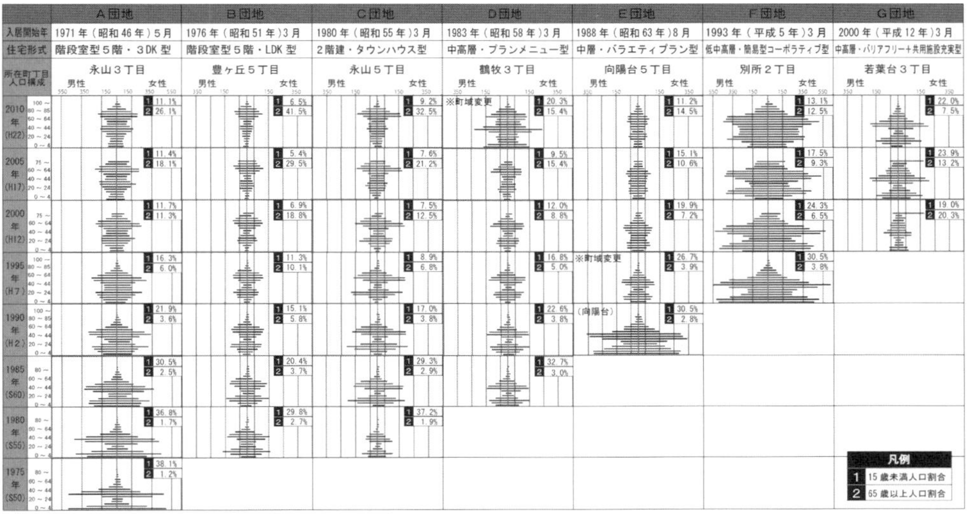

図1.11　各団地所在丁目の人口構成の推移

1.3.2　開発年代別分譲住宅団地の居住の実態

(1) 居住実態に関するアンケート調査の概要

こうして抽出した7団地の居住の様子や住環境への評価・意識の実態を探るため、やや大規模な住民アンケート調査を実施した（2011年10月）。調査内容は、①各団地居住者の基本属性、②居住の実態、③住戸、団地などに対する環境評価、④近隣交流の実態、⑤多摩ニュータウンの環境に対する意識・評価、などである。郵送による配布・回収（2886票配布：1005票有効回収）であるが、平均35%の回収率を得ることができた（表1.2）。

(2) 開発年代別にみた分譲集合住宅団地の居住実態（図1.12）

i 基本属性と居住様態

アンケート回答者は各団地で大半が世帯主、配偶者によっており、男女比はほぼ半数である。{永山団地}・{豊ヶ丘団地}

表1.2　アンケート調査概要

	A団地	B団地	C団地	D団地	E団地	F団地	G団地	合計
供給年	1971年	1976年	1980年	1983年	1988年	1993年	2000年	—
対象	1, 2次供給住戸	1次供給住戸	全住戸	全住戸	全住戸	全住戸	14階建高層棟	—
方式	空き住戸を除く全対象住戸へ郵送配布.　郵送回収.							
期間	配布：2011年10月12日　締切 2011年10月30日							
配布数	564	615	385	240	205	248	629	2886
回収数	185	252	168	91	76	87	146	1005
回収率	32.8%	40.9%	43.6%	43.6%	37.0%	35.0%	23.2%	34.8%

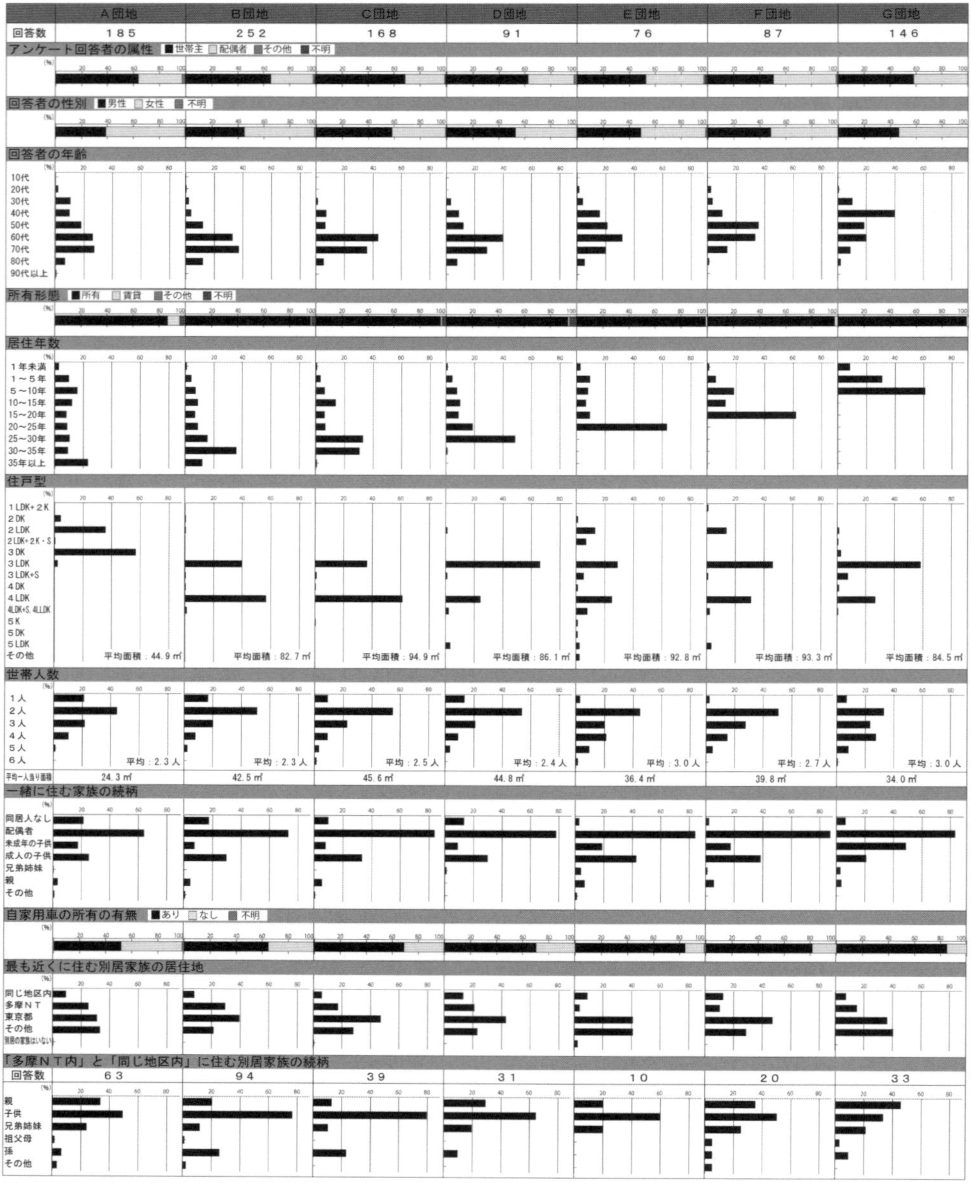

図1.12　各団地居住者の基本属性と居住の実態

の回答者（すなわちほとんどが世帯主かその配偶者）は70代、｛永山タウンハウス｝｛鶴牧団地｝｛向陽台団地｝は60代、｛長池団地｝は50代、｛若葉台マンション｝は40代がもっとも多く、当然ながら開発年代が新しいほど世帯主またはその配偶者の年齢階層は若くなっている。しかし、もっとも古い｛永山団地｝では30代、40代の割合が2割程度と比較的高く、年齢の偏りがやや少なくなっている。このことは、この分譲団地では一定の［転居→譲渡→入居者の入替え］が作用していることを示唆しているといえる。

ii 所有形態

賃貸とするものは永山団地で9％と若干高いが、その他の団地では2％前後と低い。いわゆる「分譲住戸の賃貸貸し」は多摩ニュータウンでは多くないことがわかる。以下の考察でも回答者のほとんどが、分譲所有の居住者と考えてよいことになる。

iii 住戸型

｛永山団地｝では2LDK、3LDKが多く、その他の団地では3LDKと4LDKが中心である。｛向陽台団地｝では2DK～5LDKまで幅広い住戸型があり、｛鶴牧団地｝以降では3LDKと4LDKを中心としながらも住戸型が多様化していることがわかる。平均住戸面積は後期団地の｛長池団地｝｛若葉台マンション｝で約93㎡ともっとも広くなっている。時代を追うごとに多摩ニュータウン分譲住宅団地の住戸面積は大型化していることがここでも確認できる。

iv 世帯人数・同居家族

すべての団地において2人世帯（すなわち夫婦のみ居住が中心と考えられる）がもっとも多い。｛永山団地｝では1人世帯（その多くは高齢単身）が2割と他団地に比べ高くなっている。初期から中期の4団地では1～3人世帯で80％を占めているのに対し、後期の3団地では4～5人世帯も一定程度いる。中期以降で住戸面積は拡大しているが、後期団地では平均世帯人数が約3人と多いため、1人当たり住戸面積は中期団地よりも小さくなっている。

同居家族をみると「配偶者」と「成人の子ども」の割合が多いが、開発年代の新しい{若葉台マンション}では「未成年の子ども」の割合が高く、子育て世代が多く入居していることがわかる。

v 自家用車所有の有無

いずれの団地も自家用車を所有している世帯が半数以上であるが、開発年代が新しいほど車の所有率が高い傾向にある。初期の2団地では‘高齢になり免許を返還した’という回答があり、高齢期に移行すると自家用車を手放す傾向があることは覚えておきたい。

vi 近くに住む別居家族

初期の{永山団地}・{豊ヶ丘団地}では、同じ住区を含め多摩ニュータウン内に別居家族がいる割合が4割程度となっている。加えて初期・中期の4団地では、後期団地に比べて多摩ニュータウン内に別居家族がいる割合が高いことから、経年に伴い親子世帯の近居が進むことが示唆される。

同じ住区を含めた多摩ニュータウン内に居住する別居家族がいる場合のその続柄をみると、初期・中期の5団地で「子ども」が6割以上で割合が高く、開発年代の新しい後期団地では「親」が4割前後となっている。つまり、(多摩ニュータウン内に親族が住んでいる場合は)初期・中期団地には親世代が、後期団地には子ども世代が住んでいると理解できる。後に述べるように多摩ニュータウン内での居住移動は比較的割合が高く、‘初期・中期団地で育った子ども世帯が成人になって親の住居から独立し多摩ニュータウン内の後期団地に移り住む’ことも一定の割合で起きていることが示唆される。

1.3.3 住民による住戸環境の評価

以下ではそれぞれの分譲住宅団地居住者の住戸、地域、団地に対する意識・評価の実態についてみていく(図1.13)。アンケート調査では住環境の各性能について、‘満足’‘やや満足’‘やや不満’‘不満’の4段階で回答を求めているが、以下では各項目の‘満足’‘やや満足’の合計を[満足度]と表記する。

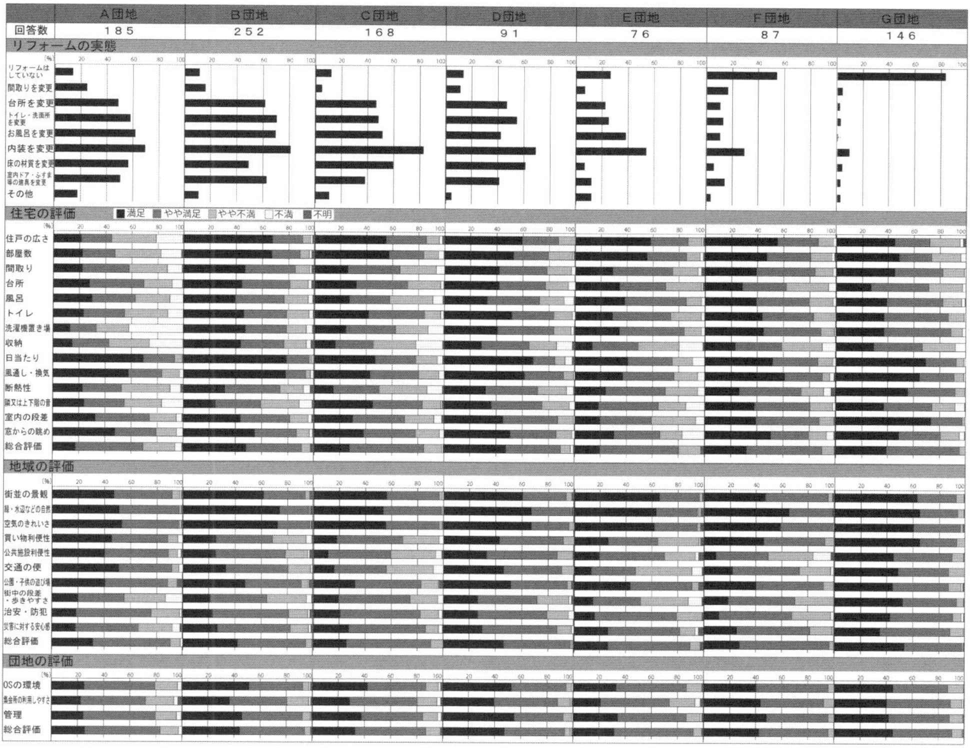

図 1.13　各団地における居住者の環境評価

(1) 住戸リフォームの実態

自宅住戸のリフォームをしている割合は、初期・中期団地で約9割と高い。その後、新しい団地になるほどその割合は徐々に低下し、｛向陽台団地｝で74%、｛長池団地｝で46%、｛若葉台マンション｝で17%となる。築後約20年でリフォームをする割合が5割程度となるようである。

リフォーム内容については、各団地でもっとも多いのが‘内装の変更’である。初期の｛永山団地｝・｛豊ヶ丘団地｝では‘台所・トイレ・洗面所・お風呂の変更’といった水廻りリフォームが5～6割程度ある。経年による水廻り設備の老朽化・陳腐化はどの団地でも大きな課題であり、逆にこうした部分の更新を行いやすいように設計しておくことの重要性を示唆しているといえる。また｛永山団地｝では‘間取りの変更’が2割を超え、他団地に比べて多い。この団地では家族人数の縮小が他に比べて顕著といえ、これに対応するように間仕切りの変更が比較的多く行われているためと考えられる。

(2) 住民による住戸の環境評価

i 住宅の広さ・部屋数

一番初期の{永山団地}で満足度が5割以下と低いのに対し、住戸面積が拡大した{豊ヶ丘団地}以降では約8割と高い。{永山}と{豊ヶ丘}の供給の間に平均住戸面積が55.6㎡から75.8㎡に広がったことと、同時に高齢化による世帯規模の縮小が広さに関する満足度をさらに上げていると考えられる。

ii 間取り

{豊ヶ丘}{長池}{若葉台マンション}の各団地で満足度が80%と高く、{永山}{永山タウンハウス}の2団地では6割前後と低い。{永山タウンハウス}はメゾネット・2階建てで、‘お風呂が2階にあり高齢になると大変’‘内部間取りの変更が困難’という意見があげられている。{向陽台団地}では多様な住戸プラン提供を特徴としているが、間取りに関しての満足度はさほど高くない。

iii 洗濯機置き場

{永山団地}で不満が42%と多い。これには‘洗濯機置き場に排水口がない’や‘パンが小さい’という意見が多く、初期開発団地の多くに共通する問題であり、生活の利便性を損ねているといえる。

iv 日当たり・風通し

全体的に満足度が高く、特に{豊ヶ丘団地}では9割となっている。‘3部屋が南側に面していることが気に入っている’という意見が多くあり、立地や住棟間隔の広さに加え、ワイドフロンテージであることから満足度が高くなっていると類推される。なお、{若葉台マンション}では14階高層棟であるため、‘風が強すぎる’という意見もあった。

v 音環境

初期開発の2団地で満足度が50～60%と比較的低い。上下階、隣接住戸からの音の伝播が問題にされているようで、当時の住戸性能、住戸間の遮音性能の貧弱さが顕れているものと解釈できる。{永山タウンハウス} では満足度が8割を超えており、上下階に他の住戸がない低層タウンハウスの住戸形式の性能が寄与していると考えられる。

vi 室内の段差

バリアフリー設計が徹底されている {若葉台マンション} では満足度が9割と高い。{向陽台団地} ではメゾネット型住戸があることも影響すると考えられるが、満足度は2割を下回っている。

vii 窓からの眺め

満足度は {向陽台団地} で66%とやや低いが、その他の団地では約8割と高くなっている。各団地で‘緑が多く眺めがよい’や‘窓から富士山がみえて気に入っている’という意見があり、これらは多摩ニュータウンの住環境の特徴の一つであるといえる。

viii 総合評価

満足度は初期開発の {永山団地} で7割、その他で8割以上、特に {若葉台マンション} では95%と極めて高く、全体的に総合的な満足度は非常に高いといえる。

(3) 住民による地域環境の評価

i 街並みの景観・自然環境・空気のきれいさ

全団地で満足度が9割を超えている。‘緑・自然の多さが気に入っている’という意見が多く、自然環境が生かされた多摩ニュータウンの魅力であるといえる。一方で初期から中期の4団地では‘緑が多く管理費がかかる’や‘高齢になり緑の手入れが大変’という意見もあり、維持管理面でのコストや住民の高齢化による課題があることがわかった。

景観に関しては、{鶴牧団地} で低層の街並みを気に入っている居住者が多く、‘駅前の高層マンションの景観に不満’という指摘もあった。多摩ニュータウンの団地居住者にとって街並みの景観が魅力の一つになっていると考えられ、今後も景観を意識した維持管理および再開発をすることで多摩ニュータウンの価値の向上に繋げうると考えられる。

ii　買い物の利便性

駅から徒歩15分以上かかる｛豊ヶ丘団地｝｛タウンハウス永山｝｛向陽台団地｝の各団地で満足度が比較的低い。また、初期・中期の4団地では‘高齢になり駅前まで買い物に行くことが負担’という意見が多くあった。第7章で詳述するように、駅前に大型商業施設が充実した影響で近隣センター商店街が衰退していることが影響しており、車のない居住者にとっては特に負担が大きいと考えられる。また、地区全体が開発途上である後期開発の3団地では‘駅前に商店が充実していない’という意見が多く、今後将来的な高齢化にも対応できる買い物環境の整備が必要と考えられる。

iii　公園・子どものあそび場の充実

全団地で満足度が8割以上と高い。‘公園が多く満足’や‘歩車分離で安心して子どもをあそばせられる’という意見が多くあげられている。

iv　街中の段差・歩きやすさ

｛若葉台マンション｝では満足度が高い。これは他地区と異なってコンパクトでバリアが少ない若葉台地区の都市構造が要因と考えられる。その他の6団地の満足度は5～7割で他項目に比べて満足度が低く、‘坂や階段が多く大変’や‘石畳の道が歩きにくい’という意見が多くあげられている。前述したように丘陵地を切り拓いてつくった多摩ニュータウン独特の街の成り立ちが影響している。高齢者が自立して安心して暮らせる街づくりに向けて、街のバリアフリー化は多摩ニュータウンの今後にとって大きな課題といえる。また、階段室型住棟が主体の初期・中期4団地では‘団地にエレベータがなく不便’という意見が非常に多く、これも今後の大きな課題といえる。

v　治安・防犯

もっとも新しい｛若葉台マンション｝で満足度が9割を超えている。‘ファミリータイプなので不審者が侵入しにくく安心’という意見があげられた。また、初期・中期の5団地では‘樹木が育ち過ぎて夜暗く怖い’という意見があり、樹木の管理が治安・防犯意識に影響していることがわかった。

vi 地域の総合評価

各団地で満足度が9割以上で、地域の総合的な満足度は極めて高いことがわかった。

(4) 住民による団地環境の評価

i 団地構内のオープンスペースの環境

全団地で満足度は高い。多くの団地で緑の多さに加え、建蔽率の低さや住棟間隔の広さが満足点としてあげられている。{タウンハウス永山} では専用庭が満足点としてあげられているが、'高齢になり玄関前の段差が厳しい' という意見もあり、敷地内のバリアが課題となっていることがわかった。全体として、敷地にゆとりがあり専用庭やオープンスペースが確保されていることに満足している居住者が多く、多摩ニュータウンの集合住宅環境の特徴であるといえる。

ii 集会所の利用しやすさ

{鶴牧団地} {長池団地} {若葉台マンション} の3団地で満足度が約9割と特に高い。{若葉台マンション} では敷地内の管理棟に打合せなどに使用できるコミュニティースペースやゲストルーム、宅配便の取次ぎのサービスなどがあり、共用部の充実が満足度の高さに繋がっていると考えられる。

1.3.4 住民の多摩ニュータウンに対する意識・評価(図1.14)

(1) 多摩ニュータウン内の転居

アンケートで '現在の住宅に入居する直前の居住地' を尋ね

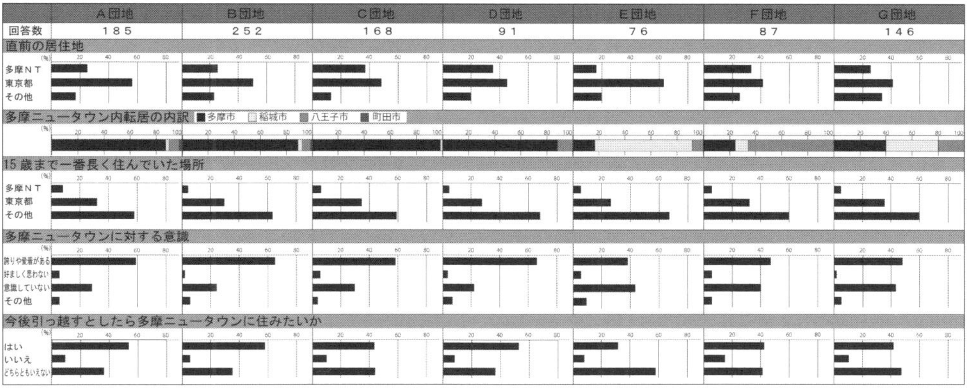

図1.14 各団地居住者の多摩ニュータウンに対する意識・評価

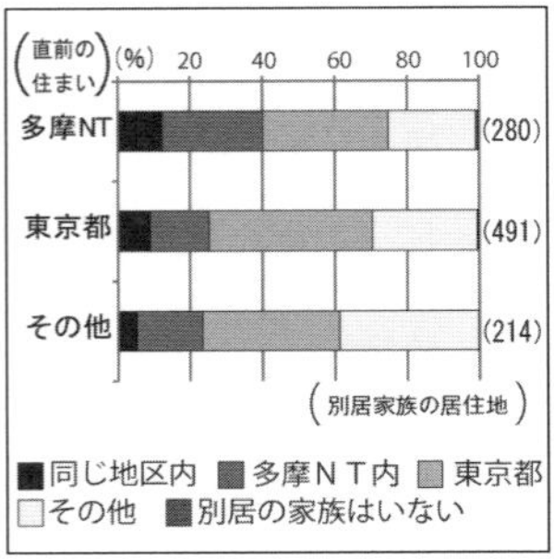

図 1.15　直前の居住地と別居家族の居住地との関係

た結果をみると、どの団地でもおおむね２～４割が‘多摩ニュータウン内からの転居’と答えている。多摩ニュータウン内での転居・住替えが相当程度の頻度で起こっていることがここでも把握できる。その多摩ニュータウン内での前居住地の内訳をみると同一市内での移住が多いが、稲城市の｛若葉台マンション｝では他市（多摩市や八王子市）から移住してきている割合が高い。なお、多摩ニュータウン内に別居家族がいる人は、その他の人に比べてニュータウン内転居の割合が高い傾向があり、ニュータウン内での家族の近居が一定程度の割合で起こっていることがうかがえる（図1.15）。

‘15歳までに一番長く住んだ場所はどこですか’という設問に対し‘多摩ニュータウン’と回答した人を‘多摩ニュータウン育ち’と定義することにしてその割合についてみてみると、多摩ニュータウン育ちはすべての団地で３～９％存在していることがわかった。年齢は30～40代が多く、多摩ニュータウン初期開発の団地で子ども時代を過ごした人々が成年して独立し、ニュータウン内の別の団地に入居した人々がどの団地でも一定の割合で存在しているのである。

(2) 多摩ニュータウンに対する意識・評価

｛永山団地｝から｛鶴牧団地｝の初期・中期の４団地の居住者は、後期の３団地の居住者に比べて多摩ニュータウンに対して誇りや愛着をもっている人の割合が高い。継続居住を重ねていく過程で、多摩ニュータウンに対する帰属意識が高まる結果かもしれない。逆にもっとも新しい｛若葉台マンション｝では‘多摩ニュータウンに住んでいる’という意識が薄い傾向にあることがわかった。また、近所付合いの程度が高いほど、ニュータウンに対して愛着や誇りをもつ割合が高い傾向にあり、密な近隣交流の形成も居住者が愛着や誇りをもって住むことに寄与すると考えられる（図1.16）。

(3) 多摩ニュータウンでの定住意識

‘今後引っ越すとしたら多摩ニュータウンに住みたい’と答える人の割合はおしなべて高いが、特に初期・中期の｛永山団地｝｛豊ヶ丘団地｝｛鶴牧団地｝では５割を超している。また、多

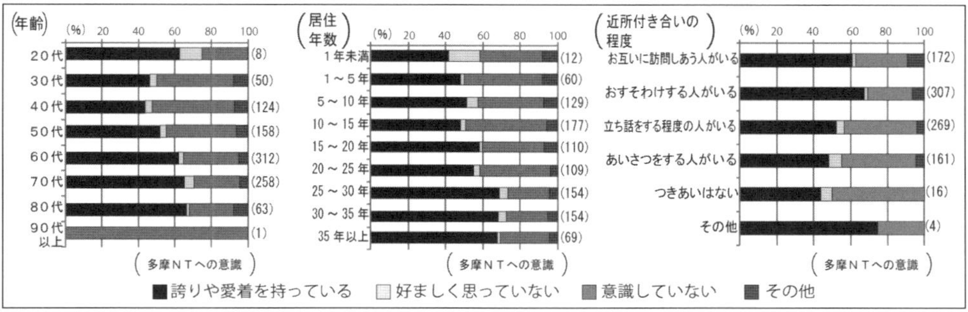

図1.16　多摩ニュータウンに対する意識と近所付合いの程度の関係

摩ニュータウン内に別居家族がいる人は、それ以外の人に比べ‘引っ越すとしても多摩ニュータウンに住みたい’と答える割合が高く、その定住意識にはニュータウン内に住む別居家族の存在も影響していると考えられる（図1.17）。

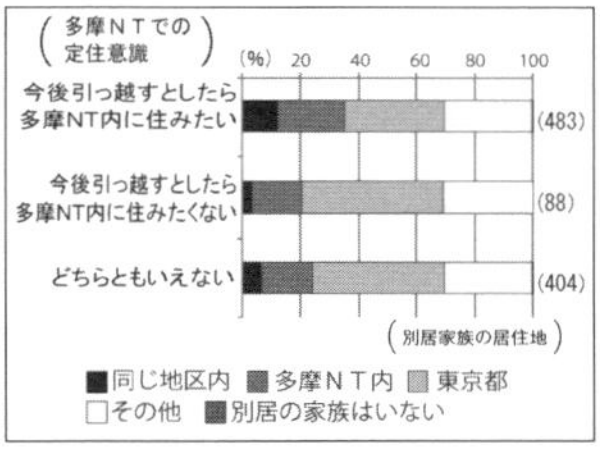

図1.17　定住意識と別居家族の居住地との関係

1.3.5　小括

以上、永い期間をかけて開発され発展してきた多摩ニュータウン団地の時代ごとの居住概要と住民の意識についてみてきた。簡単なまとめを行うと以下のようになる。

①多摩ニュータウンは時代ごとに様々な住形式が意欲的、挑戦的に試みられてきた街である。

②居住者の構成、高齢化の度合いなどは開発年代によって異なる。

③多摩ニュータウンで育ち、成年の後、親の家から出てニュータウン内の住宅に移り住む、いわゆる‘近居’が一定の割合で存在する。

④初期団地などでは、水廻りなどの設備部門に老朽化の問題が起きはじめている。

⑤間取りや広さに関する評価には開発年代による特徴が現れるが、日当たり・風通し、窓からの眺望などはおしなべて高い評価を得ている。

⑥多摩ニュータウンでは、街並み、自然環境、空気のきれいさなどでどの団地でも高く評価されているが、丘陵地を切り拓いてつくられた街の必然による街中の段差、階段、スロープなどのバリアが住民から強く指摘されている。居住世代が

若かった開発当初は、あまり気づかれなかったか、または強くは意識されていなかったこうしたバリアが、高齢化の進行とともに大きな課題となりつつある。

⑦初期・中期の団地居住者を中心として、多摩ニュータウンに対する誇りや愛着の意識は高い。‘次に移り住むとしたら多摩ニュータウン内にしたい’という声も強い。

1.4　まとめと展望

「多摩ニュータウン」は、街づくり、住宅地開発、集合住宅形式、住戸計画など都市計画、建築計画、住宅計画について約半世紀かけて壮大な実験を繰り返してきた極めてユニークな‘都市’であることがあらためて実感される。戦後の住宅計画史、都市計画史の実物標本が実際に住み続けられながらすべて揃っている希有な街、とも表現できる。

高齢化が進行する街から若い子育て世代が入居している街まで開発年代によって多様ではあるが、後者は何年か先には前者の後を追う存在であることも強く認識しておく必要がある。

課題は、初期・中期団地で顕在化しはじめている‘高齢化と老朽化’である。これをいかに克服し、新しい再生の道を探ることができるか、大きな挑戦が続けられるべきであるとあらためて実感する。

参考文献

1）都市再生機構「多摩ニュータウン開発事業誌―市域編Ⅰ・Ⅱ―」
2）住宅・都市整備公団南多摩開発局「多摩ニュータウン事業概要」
3）東京都統計局「国勢調査　東京都区市町村町丁別報告　昭和50年～平成17年」

図版出典

図1.1、3、6～8、表1.1／余錦芳「多摩ニュータウンの高齢者支援スペースと利用者の地域生活様態に関する研究」首都大学東京・博士論文：2012年度
図1.2／クラレンス・ペリー著、倉田和四生訳「近隣住区論」鹿島出版会、1975
図1.9～17、表1.2／鈴木麻耶「開発年代別にみた多摩ニュータウン分譲集合住宅の居住実態と環境評価に関する研究」首都大学東京・修士論文：2011年度

第2章

多摩ニュータウン団地居住高齢者の生活像と居住環境整備の課題

前章では、約半世紀にわたって開発され発展してきた多摩ニュータウンの全体像についてみてきた。初期入居から40年以上にわたって継続居住している人々もいれば、つい最近建設された民間マンションに入居してきた若い世代も居住しているのが、多摩ニュータウンの姿である。つまり、まだ若い街もあれば相当の年数を経た街もあり、これらが共存しているのが多摩ニュータウンという街といえる。

ここで気になるのが、高齢化が進行し、住居環境も老朽化を始めた地域の将来像である。後の章で詳述することになるが、初期入居の諏訪・永山地区の一部街区では高齢化率がすでに30%を超え、場所によっては40%に近づきつつあるところもある。たとえば、初期入居から40年同じ団地で継続居住している人を想像すると、入居当初30代半ばであったとするとすでに後期高齢のステージに入っていることになる。当時の住戸型は2DKか3DKで、住戸面積は50㎡またはそれ以下、水廻りを中心として住環境は老朽化していることが想像される。つまり、高齢化と老朽化は表裏一体の関係にあることになる。住環境の老朽化が高齢期に入った人々にとっての住生活上のバリアになっていないかが、強く懸念される。

しかし、繰り返しになるが、人口高齢化は多摩ニュータウンに限ったことではなく我が国（または世界）普遍の課題であり、老朽化の影が忍び寄るのも我が国の団地住宅・都市集合住宅の普遍の課題といえる。

本章では、多摩ニュータウンの団地に住む高齢者の生活像を把握し、その居住環境整備における課題について考えていきたい。

2.1　多摩ニュータウン団地高齢者の居住実態

2.1.1　調査の概要

本章では、（やや以前の調査で恐縮ではあるが）多摩ニュータウン団地居住高齢者の生活実態を調べたやや大がかりな調査（2004年）によってその生活像を明らかにしておきたい。

調査は多摩市域の諏訪、永山、愛宕、貝取、落合、豊ヶ丘の6住区を対象としたアンケート調査と訪問ヒアリング調査によっており、首都大学東京、上野・松本研究室と多摩市住宅課の協同で行われた。アンケート調査による量的なデータ分析から全体像を把握し、ついで単身高齢者・夫婦居住高齢者に対して行った訪問ヒアリング調査の個別事例の分析によって団地居住高齢者の生活様態を詳細に考察し、今後の住環境整備上の課題を明らかにしていきたい（表2.1）。

アンケート調査は、前述の6住区の高齢者全9864名から無作為に抽出した2500名に対して郵送による配布・回収の方法で行った。多摩市との協同の調査であったので回収率はこの種の調査としては高く42%となり、1058名の高齢者からの回答を得ることができた。訪問ヒアリング調査は、アンケート調査で同意・承諾が得られた単身者8名+夫婦居住6組の計14組に対して実施し、対象者の自宅にうかがい住戸の間取りの使いこなし方や日常生活の様子をヒアリングし、あわせて住まい方マッピング調査を行った。

2.1.2　多摩ニュータウン団地居住高齢者の基本属性

ここではアンケート調査の分析によって、多摩ニュータウン団地居住高齢者の基本属性や住環境に関する概要を把握する。

(1) 性別・年齢・居住歴（図2.1）

アンケート回答者の性別内訳は男性540名、女性511名で、

表2.1　調査概要

アンケート調査	名称	多摩市にお住まいの高齢者の方々の住まいと生活に関する調査
	目的	対象地域における高齢者全体の基本属性，居住様態，生活上のニーズを把握すること（多摩市住宅課と協同）
	対象	諏訪，永山，愛宕，貝取，落合，豊ヶ丘に住む高齢者9864名（2004.6.1付）の中から2500人を無作為抽出
	方式	郵送式アンケート（A4×4枚）
	調査期間	発送2004年8月2日，回収締切2004年8月20日
	調査内容	基本属性：年齢，性別，要介護度，家族構成，居住歴など 住居　　：住居形式，所有形態，間取り，使い方，不便点など 生活　　：食事，入浴，買い物，外出，趣味など 継続居住：継続居住意志，転居先，転居希望理由など
	回収	回収数1058名，回収率42.3%
訪問調査	目的	対象地域における高齢者の住まい方やニーズを把握すること
	対象	アンケート回答者のうち団地に居住し訪問調査を承諾していただいた方
	方式	対象者の自宅にてヒアリングとマッピング調査 （調査時間：約2時間，調査員：2～3名）
	調査内容	ヒアリング：アンケート内容をより詳細に把握する為の聞き取り マッピング：対象者宅の実測（必要な場合のみ），家具の配置の記録，写真撮影など
	調査期間と事例数	第1回　2004年09月25日～2004年12月10日　14事例（単身8名，夫婦6組） 第2回　2006年07月13日～2006年07月15日　7事例（単身4名，夫婦3組）

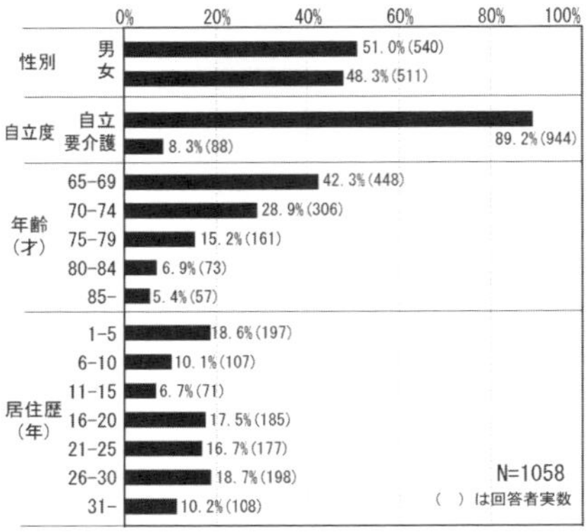

図2.1　アンケート回答者の基本属性

男女ほぼ拮抗している。前期高齢者754名（72％）、後期高齢者291名（28％）であり、多摩ニュータウンではこの時点ではまだ前期高齢者のほうが多い。要介護認定を受けている人はこの段階ではまだ８％程度であり、自立した生活が可能な高齢者が90％程度となっている。居住歴についてみてみると、ニュータウン開発初期からの居住と思われる26年以上の人が20％ともっとも多く、ついで５年以下19％、16～20年が18％となっている。最近になって多摩ニュータウンに転居してきた高齢者も少なくないことは覚えておきたい。

(2) 家族構成（図2.2）

男性ではどの年齢階層でも‘夫婦居住’がもっとも多く、75歳以上で‘単身’の割合が高くなる。女性では男性に比べて‘単身’の割合がどの年齢階層でも高く、年齢が上がるにつれ‘夫婦居住’が減少して‘子と同居’が高くなる。

(3) 住居形式（図2.3）

エレベータのない５階建て以下の集合住宅居住が過半を占める。

(4) 継続居住意思（図2.4）

‘現在の住居に住み続けたいか’の設問に対する回答の分布をみると、全体としては継続居住希望が67％と高く、転居を希望している人は14％となっている。こうした全体的な傾向に対し、1974年以前の建設（すなわち多摩ニュータウンの初期団地）でエレベータのない団地の居住者では転居希望が19％

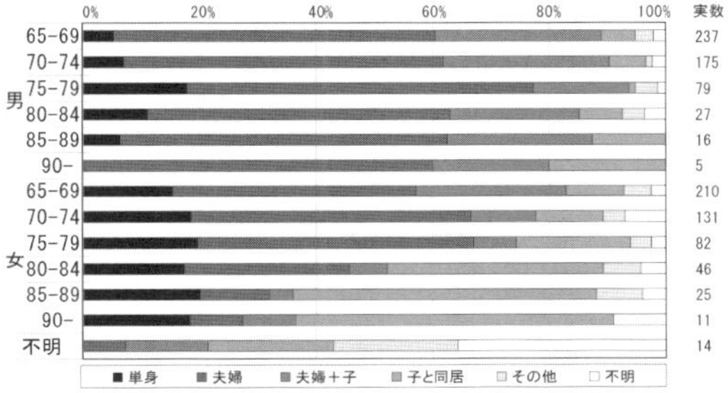

図2.2　男女・年齢階層別家族構成

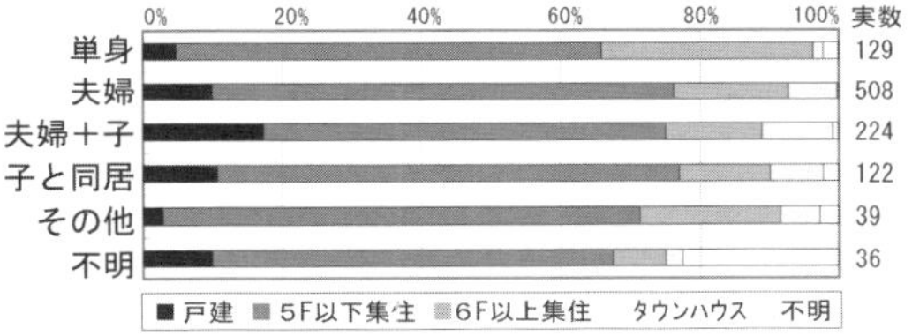

図2.3　家族構成別住居形式

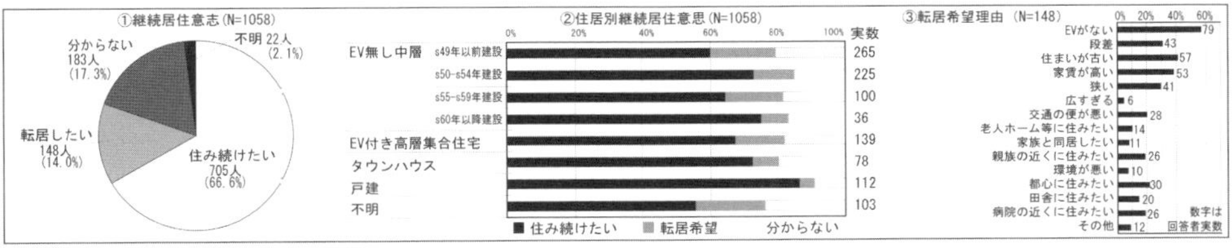

図2.4　継続居住意思と転居希望理由

とやや高くなっている。

転居希望者をとりだしてその理由をみてみると、①エレベータがない:39%、②住まいが古い:39%、③家賃が高い:36%、④室内の段差等のバリア：29%などとなっている。これらから多摩ニュータウンの団地居住高齢者にとって、エレベータがないことや室内のレベル差などによる室内外のバリアに加え、住居の老朽化が一定程度の障害になっていることが想像される。

(5) 小括

以上を縦覧してみると、多摩ニュータウン団地居住高齢者の場合、全体としてはまだ前期高齢者が多く、大半が自立した生活が可能な高齢者、ということになる。ただし、多摩ニュータウンの団地に継続して居住していく過程で、子ども世代が成長とともに家から出て行き、夫婦のみ居住、そして高齢単身へと家族人数が縮小していくプロセスもうかがい知ることができる。また、住宅の老朽化や室内外のバリアが、そろそろ高齢期居住の障害になりはじめている実態も浮き彫りにされてきている。

2.1.3 多摩ニュータウン高齢化・老朽化の住区ごとの特徴

前章で詳しくみてきたように、多摩ニュータウンでは開発年代ごとに供給されている住宅の間取り・広さなどが異なる。また、入居開始の年代が異なれば当然、高齢化の進行度合いも異なることになる。以下に、アンケート調査の結果から各地区の高齢化からみた特徴等について概観しておく。各住区の特徴を図2.5に整理して示した。

{諏訪}{愛宕}の住区では、1970年代初頭に建設された住宅に居住している高齢者が多く、単身高齢者、後期高齢者、要介護認定者の割合が他住区に比べて高い。もっとも高齢化が進行している住区といえる。都営住宅居住者の割合が他住区に比べて高く、間取りは2DK、3DKが中心となっている。全体的に住宅内の不便点の指摘が多く、加えて住棟周辺の階段、坂道のバリアについても半数以上の人が不便を指摘している。

{永山}は6住区の中でもっとも人口が多く、高齢者の数も多い。1970年代初頭に建設された住戸に住む高齢者が半数を占めるが、1975年以降の住戸の居住者も3割程度いる。夫婦のみ居住が50%を占め、公団賃貸住宅居住者が45%となっている。住宅内不便点として‘古い’‘狭い’の回答割合が高い。

{貝取}{落合}は1975年以降に街開きをした住区であり、前期高齢者が7割を超える。3LDK以上の広い間取りが多く、{諏訪}{愛宕}{永山}に比べて建設年代が新しいことから、住宅内不便点についての指摘は少ない。

これらに対し{豊ヶ丘}では夫婦居住が半数以上を占め、3～4LDKの分譲住宅に住む人が8割となっている。{貝取}{落合}と同様に住宅内不便点についての指摘は少ないが、住

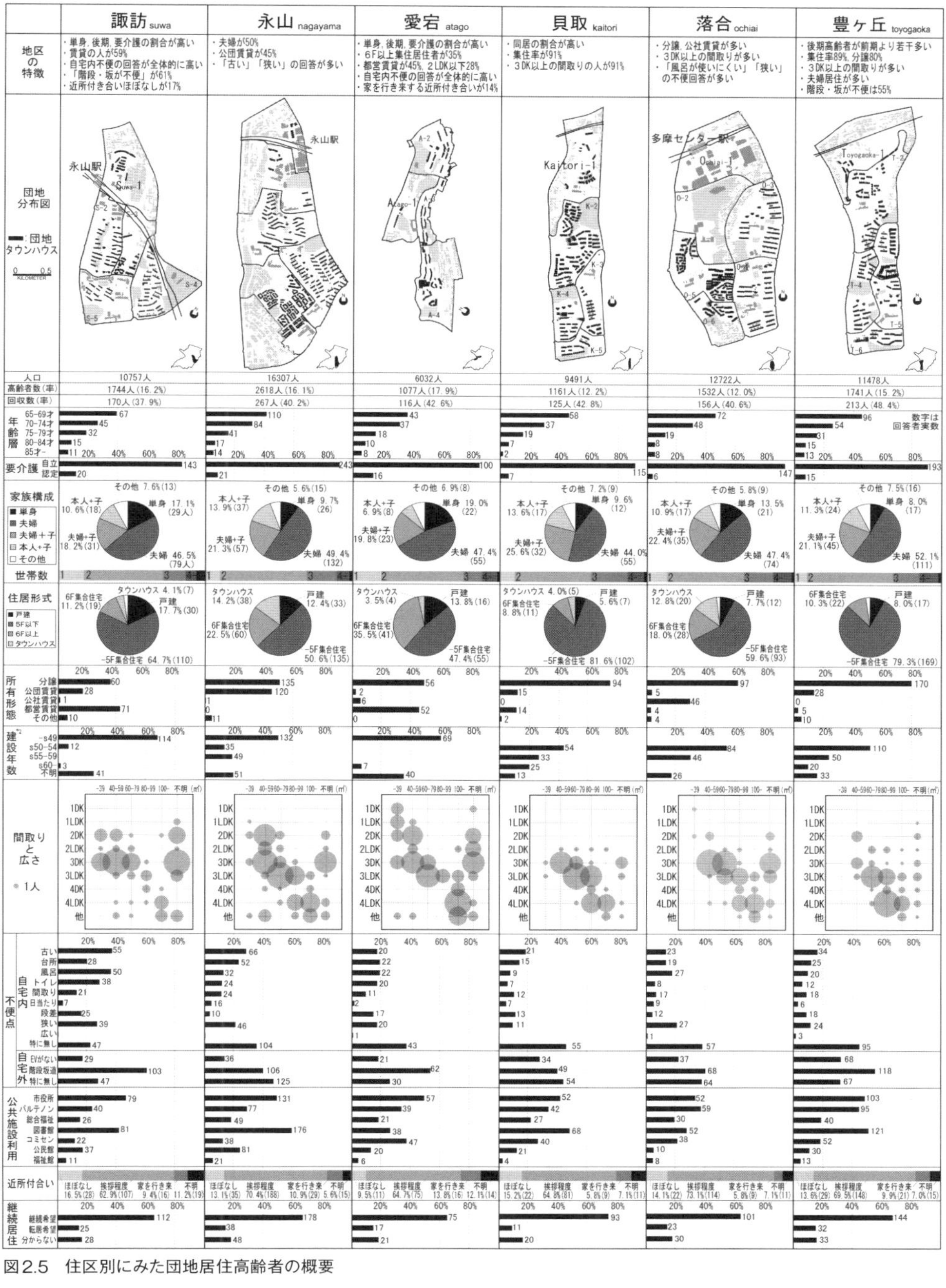

図2.5　住区別にみた団地居住高齢者の概要

棟近辺の階段や坂道について55％の人が不便を指摘している。

以上、多摩ニュータウンでは住区によってその高齢化・老朽化の進行度合いが異なることが確認できる。{諏訪}{愛宕}、ついで {永山} の順に高齢化が進行しており、住宅内不便点（すなわち老朽化）についての指摘もこの順に多い。ただし、{貝取} {豊ヶ丘} {落合} の各住区も５～10年のタイムラグで前者を追っているわけで、住居の広さは別として、高齢化・老朽化は着実に進行していくものと理解しておくべきことは当然である。

なお、住棟を一歩出ると街の階段や坂道がバリアになっていることはどの住区でも指摘されていることであり、多摩ニュータウン普遍の課題と考えることができる。

2.2 多摩ニュータウン団地居住高齢者の生活様態と住環境上の課題

以上のアンケート調査の分析による団地居住高齢者の全体像をふまえたうえで、以下では訪問ヒアリング調査による考察結果を加えて、団地に暮らす高齢者の生活様態と住環境上の問題点について考えていく。

2.2.1 訪問ヒアリング対象者の住生活・日常生活の様子

訪問ヒアリングを行わせていただいた対象者は、単身居住８名（男性２名、女性６名）と夫婦のみ居住６組の計14組であり、対象者の選定では住区、住宅形式、所有形態等に偏りがないように配慮した。この14名の方々の基本属性、住宅の間取りの使いこなし、基本的生活行為の自立度等の概要を図2.6にまとめた。

なお、このヒアリング調査の対象は、単身または夫婦のみ居住の高齢者に限定している。子どもまたは子ども家族と高齢者が同居しているケースでは、子どもに生活サポートを依存することもあるが、単身および夫婦のみ居住の場合では高齢者自身で生活全般を賄う必要があり、地域環境も含めた広い意味での住環境が生活様態に与える影響が鮮明になると考えられるからである。

2.2.2 基本的生活行為からみた自立度と居住様態の関係

高齢期の在宅継続居住を考えるにあたって、排泄や入浴、食事、買い物などの基本的な生活行為を自力で行えるかどうかが重要なポイントになってくる。この場合、本人の基本的なADLによって‘できる・できない’が決まってしまう場合と、住宅内や地域環境でのバリアの有無とその程度で影響を受ける場合とがあると考えられる。ここではこの二つの視点を統合し、この排泄・入浴・食事・買い物の四つの基本的生活行為それぞれについて、図2.7に示すように、

Ⅰ 自立で行うことができる

Ⅱ 住環境に不便や苦労を感じつつも、時間をかければ自力で行うことができる

Ⅲ 自分だけでは行えない

の3段階にヒアリング対象者の自立度を判定した。この判定結果は図2.8に記してある。そのうえで、個々人の基本的生活行為全般の自立度を、

［支障あり］：基本的生活行為のうち一つでもⅢがある場合

［不便あり］：Ⅲはないが、基本的生活4行為のうちに一つでもⅡがある場合

［問題なし］：基本的生活4行為のすべてを自力で行える場合

と判定した。この結果のまとめは図2.8に示すとおりである。以下にそれぞれの典型事例について生活の様子を記してみる。

［支障あり］は14名中4名が該当し、4名とも要介護認定を受けている。そのうちの1人［Sw1］は要介護1の単身女性で、入浴と買い物を自分だけでは行えない。自宅で入浴を自立でできない理由は住宅内のバリアが主たる原因であり、①風呂場が老朽化している、②脱衣所と風呂場の間に高さ20㎝ほどの段差がある、③風呂場の床に浴槽が直置きされており70㎝ほどの浴槽の立ち上がりを跨ぐことができない、④単身居住であり1人で入浴することに不安がある、などがその理由である。この方はデイサービスで入浴を行っているが、住戸内バリアが原因で自宅内での自力入浴ができなくなっているケースである。買い物行為自体は自力で行うことができ、また、買い物は日常

ID		C5	Sw1	C2	Sw3	C1	Sm1	C3
基本属性	住居データ	地区 貝取2丁目 建設年代 昭和53年 所有形態 都営賃貸 住居形式 EV付片廊下型5階建 居住階 3F/5F 間取り 3DK 広さ 53㎡ リフォーム 風呂の扉，手すり 設備 間取り変更をしたい 室内段差 風呂の段差 屋外段差 道路までの段差	地区 愛宕1丁目 建設年代 昭和47年 所有形態 都営賃貸(高齢者優待) 住居形式 EV無階段室型5階建 居住階 1F/5F 間取り 3DK 広さ 37㎡ リフォーム 未 設備 非常に古く不便 室内段差 風呂の段差に苦労 屋外段差 バス停までの階段	地区 愛宕4丁目 建設年代 昭和47年 所有形態 都営賃貸 住居形式 EV無階段室型5階建 居住階 1F/5F 間取り 2DK 広さ 40㎡ リフォーム 未 設備 問題なし 室内段差 慣れている 屋外段差 慣れている	地区 豊ヶ丘4丁目 建設年代 昭和51年 所有形態 公団賃貸 住居形式 EV付片廊下型8階建 居住階 4F/8F 間取り 2DK 広さ 44㎡ リフォーム 風呂・トイレ済 設備 問題なし 室内段差 慣れている 屋外段差 慣れている	地区 諏訪2丁目 建設年代 昭和46年 所有形態 公社賃貸 住居形式 EV付片廊下型12階建 居住階 1F/12F 間取り 2DK 広さ 50㎡ リフォーム 入居前に内装は済 設備 風呂設備に不便 室内段差 風呂入口の段差 屋外段差 1Fまでの階段が辛い	地区 諏訪2丁目 建設年代 昭和46年 所有形態 公団分譲 住居形式 EV無階段室型5階建 居住階 1F/5F 間取り 3LDK 広さ 48㎡ リフォーム 風呂・トイレ(2004) 設備 問題なし 室内段差 風呂場の段差 屋外段差 駅までの階段	地区 愛宕2丁目 建設年代 昭和47年 所有形態 公社分譲 住居形式 EV無階段室型5階建 居住階 4F/5F 間取り 3DK 広さ 51㎡ リフォーム 未 設備 現在は問題ない 室内段差 風呂入口の段差 屋外段差 現在は問題ない
	個人データ	家族構成 夫婦 性別 男性（回答者） 年齢 71歳 要介護 要介護4 サポート デイサービス：週2 訪問看護：週1 ショートステイ：年数回 身体状況 排泄･入浴･歩行に介助 家族居住 多摩市外 家族関係 月に1回来る 居住歴 2年	家族構成 単身 性別 女性 年齢 85歳 要介護 要介護1 サポート ヘルパー：週2 デイサービス：週2 訪問リハ：週2 身体状況 歩行が不自由 家族居住 身よりはほぼなし 家族関係 交流なし 居住歴 4年	家族構成 夫婦 性別 女性（回答者） 年齢 70歳 要介護 要支援 サポート ヘルパー：週1回 障害者援助 身体状況 妻は足，夫は目が不自由 家族居住 多摩市外（大森） 家族関係 行事で訪問 居住歴 6年	家族構成 単身 性別 女性 年齢 84歳 要介護 要介護3 サポート ヘルパー：週3回 身体状況 歩行不自由，認知症 家族居住 隣住棟に娘家族 家族関係 日常生活サポート 居住歴 4年	家族構成 夫婦 性別 女性（回答者） 年齢 77歳 要介護 自立 サポート なし 身体状況 妻は腰が弱い，夫は疾患あり 家族居住 多摩市外 家族関係 娘を訪問 居住歴 半年	家族構成 単身 性別 男性 年齢 72歳 要介護 要介護1 サポート ヘルパー：月2回 身体状況 歩行が不自由 家族居住 隣住棟に弟家族 家族関係 資金援助のみ 居住歴 13年	家族構成 夫婦 性別 男性（回答者） 年齢 73歳 要介護 自立 サポート なし 身体状況 心身ともに健康 家族居住 多摩市外 家族関係 娘が訪問 居住歴 30年
住居								
要介護度		要介護4	要介護1	要支援	要介護3	自立	自立	自立
排泄	自立度	全介助	自力で可能	自力で可能	自力で可能	自力で可能	自力で可能	自力で可能
	移動	介助で可能	時間をかければ自力で可能	時間をかければ自力で可能	時間をかければ自力で可能	自力で可能	時間をかければ自力で可能	自力で可能
	様態	ポータブルトイレを自室で使用	段差に苦労しつつも時間をかけ自力で行う	段差に苦労しつつも時間をかけ自力で行う	時間をかけ自力で行う	自力で行う	時間をかけ自力で行う	自力で行う
入浴	自立度	一部介助で可能	時間をかければ自力で可能	自力で可能	自力で可能	自力で可能	自力で可能	自力で可能
	移動	一部介助で可能	段差のため困難	時間をかければ自力で可能	時間をかければ自力で可能	時間をかければ自力で可能	時間をかければ自力で可能	自力で可能
	様態	自宅＋デイ週2日 段差に苦労しつつ時間をかけて	デイサービスを利用	段差に苦労しつつも時間をかけ自力で行う	段差に苦労しつつも時間をかけ自力で行う	段差に苦労しつつも時間をかけ自力で行う	段差に苦労しつつも時間をかけ自力で行う	段差に苦労しつつも時間をかけ自力で行う
食事	自立度	一部介助で可能	自力で可能	自力で可能	自力で可能	自力で可能	自力で可能	自力で可能
	移動	移動無し	時間をかければ自力で可能	時間をかければ自力で可能	時間をかければ自力で可能	自力で可能	自力で可能	自力で可能
	様態	妻が用意したものをベッドで	自力＋外食	自力で行う	自力で行う，たまに購入	自力で可能	自力で行う	妻と分担して行う
買物	自立度	全介助	自力で可能	時間をかければ自力で可能	自力で可能	自力で可能	時間をかければ自力で可能	自力で可能
	移動	全介助	一部介助で可能	一部介助で可能	一部介助で可能	時間をかければ自力で可能	時間をかければ自力で可能	自力で可能
	様態	妻が行う＋宅配	住棟前から店までタクシーを利用	外階段の上り下りが大変なので普段は夫に頼む	ヘルパーに車椅子を押してもらって行く	外部階段に苦労しつつも時間をかけ自力で行う	外部階段に苦労しつつも時間をかけ自力で行う＋ヘルパー	自力で行う
基本的生活行為全般の自立度		支障あり	支障あり	支障あり	支障あり	不便あり	不便あり	不便あり
継続居住意志		住み続けないといけないと考えている． 買物と医療施設が不便	住み続けたいが，風呂が使えず，シルバーピア等への転居も考えている．	住み続けたい （贅沢は言えない）	住み続けたい	設備と間取りに不満があり転居を希望している	住み続けたい	住み続けたいが，できれば1階に移りたい．

図2.6　訪問ヒアリング調査対象者の生活様態の概要（1）

※網掛けのかかった様態は，物や人のサポートなど特に工夫が見られる場合

生活上の愉しみの一つでもあると感じているが、歩行が不自由なためバス停までの階段を昇降することができず、住棟前までタクシーを呼んで出かけている。この場合は、街のバリアが買い物などの自力生活を妨げているケースといえる。

［不便あり］は6名が該当する。このうちの1人［Sw6］は、要介護1の単身女性で脳梗塞後遺症の右片麻痺があり、食事が［Ⅱ 不便を感じつつ自力で行う］となっている。歩行も不自由で、室内は杖に頼るかまたはつかまり立ち、屋外での移動には電動カートを利用している。こうしたADL上の不自由さの反面、住んでいる住居は屋内が完全にバリアフリー化された「シルバーピア」で、入浴、排泄などの基本行為は自力で行えている。［支障あり：Sw1］とは異なり、住戸内のバリアフリーが自立生活を助けている事例といえる。なお、この人は買い物に出

ID		Sw4	Sw6	Sw2	C6	Sm2	Sw5	C4
基本属性 住居データ	地区	落合5丁目	愛宕3丁目	永山2丁目	豊ヶ丘2丁目	貝取1丁目	豊ヶ丘3丁目	永山2丁目
	建設年代	昭和60年	昭和?年	昭和46年	昭和53年	昭和61年	昭和63年	昭和51年
	所有形態	公団分譲	都営賃貸(シルバーピア)	公団賃貸	公団分譲	公団分譲	公団分譲	公団賃貸
	住居形式	EV付片廊下型4階建	EV付片廊下8階建	EV無階段室型5階建	EV無階段室型5階建	EV無階段室型4階建	EV付階段室型8階建	EV付片廊下8階建
	居住階	4F/4F	5F/8F	1F/5F	3F/5F	3F/4F	5F/8F	5F/11F
	間取り	4LDK	1DK	3DK	3DK	3LDK	3LDK	2DK
	広さ	95㎡	30㎡	48㎡	79㎡	80㎡	70㎡	49㎡
	リフォーム	未	未(入居前に済み)	風呂・トイレ済	未	未	設備・間取り済	風呂の扉
	設備	問題なし	問題なし	サッシが古いのが不満	問題なし	問題なし	問題なし	浴槽を低くしたい
	室内段差	問題なし	なし	気にならない	問題なし	問題なし	なし	問題なし
	屋外段差	外部階段に苦労	問題なし	気にならない	問題なし	問題なし	問題なし	EVからの階段に苦労
基本属性 個人データ	家族構成	単身	単身	単身	夫婦	単身	単身	夫婦
	性別	女性	女性	女性（回答者）	男性（回答者）	男性	女性	男性（回答者）
	年齢	75歳	70歳	77歳	70歳	73歳	77歳	82歳
	要介護	自立	要介護1	自立	自立	自立	自立	自立
	サポート	なし	ヘルパー週2 訪問リハ週2	特になし	特になし	特になし	特になし	なし
	身体状況	リハビリ中（脳梗塞）	右片麻痺	心身ともに健康	心身ともに健康	心身ともに健康	心身ともに健康	心身ともに健康
	家族居住	隣住棟に息子家族	他地区	隣接地区に娘家族	多摩市外	多摩市外	住棟内に娘家族	多摩市外
	家族関係	日常生活サポート	交流のみ	日常生活サポート	年に数回訪問	月に数回電話	日常生活サポート	月に数回交流
	居住歴	19年	2年	33年	28年	18年	5年	13年

住居

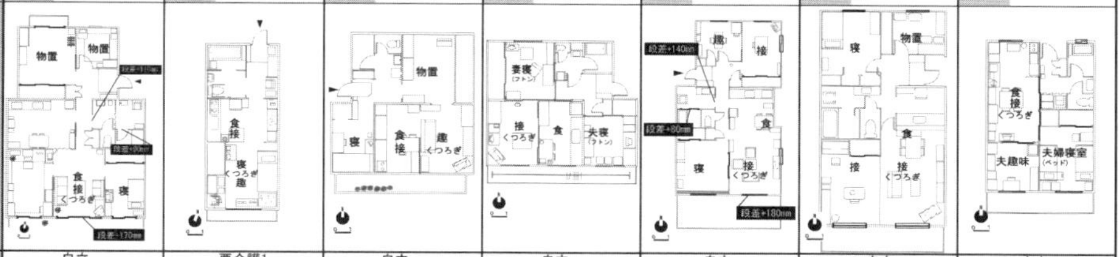

		Sw4	Sw6	Sw2	C6	Sm2	Sw5	C4
要介護度		自立	要介護1	自立	自立	自立	自立	自立
排泄	自立度	自力で可能	自力で可能	自力で可能	自力で可能	自力で可能	自力で可能	自力で可能
	移動	自力で可能	時間をかければ自力で可能	自力で可能	自力で可能	自力で可能	自力で可能	自力で可能
	様態	自力で行う	手すりをつたい自力で行う	自力で行う	自力で行う	自力で行う	自力で行う	自力で行う
入浴	自立度	自力で可能	時間をかければ自力で可能	自力で可能	自力で可能	自力で可能	自力で可能	自力で可能
	移動	自力で可能	時間をかければ自力で可能	自力で可能	自力で可能	自力で可能	自力で可能	自力で可能
	様態	自力で行う	補助器具を使って自力で行う	自力で行う	自力で行う	自力で行う	自力で行う	自力で行う
食事	自立度	自力で可能	一部介助で可能	自力で可能	自力で可能	自力で可能	自力で可能	自力で可能
	移動	自力で可能	時間をかければ自力で可能	自力で可能	自力で可能	自力で可能	自力で可能	自力で可能
	様態	自力で行う	一部ヘルパーに手伝ってもらい自力で行う	自力で行う	妻が行う	自力で行う	自力で行う	自力で行う
買物	自立度	自力で可能	一部介助で可能	自力で可能	自力で可能	自力で可能	自力で可能	自力で可能
	移動	時間をかければ自力で可能	電動カートで１人で行く	時間をかければ自力で可能	自力で可能	自力で可能	時間をかければ自力で可能	自力で可能
	様態	外部階段に苦労しつつも時間をかけ自力で行う	電動カートで利用できる店に1人で行く	外部階段に苦労しつつも時間をかけ自力で行う	自力で行う	自力で行う	自力+家族のサポート	自力で行う
基本的生活行為全般の自立度		不便あり	不便あり	不便あり	問題なし	問題なし	問題なし	問題なし
継続居住意志		家族が近くに住んでいて環境も良いので住み続けたいが，住棟の階段が不安	できる限り住み続けないといけないと考えいている.	家族が近くに住んでおり近所ともよい関係を築いているので住み続けたい	住み続けたい	住み続けたい（購入した家なので）	家族が近くに住んでおり住み続けたい	住み続けたい 緑が多く買物にも便利で気に入っている

図2.6　訪問ヒアリング調査対象者の生活様態の概要（2）

※網掛けのかかった様態は，物や人のサポートなど特に工夫が見られる場合

かける際には、電動カートのまま店内に入ることができる店を選択しているという。

［問題なし］は14名中４名が該当する。住宅内外のバリアの有無やその程度は［支障あり］［不便あり］の人たちと変わらないが、現時点ではADL上の問題がないので何とか乗り切っている人たち、とも解釈できる。

以上みてきたように、

①そもそも個々人のADL上の問題で、一部もしくはすべての基本的生活行為において自力生活が困難になっている場合

②ADL上の問題はないかもしくは少ないが、住戸内外のバリアによって生活に支障が出ている場合

③ADL上の問題はあるが、住戸内バリアフリーに助けられ一定の自立生活が可能になっている場合

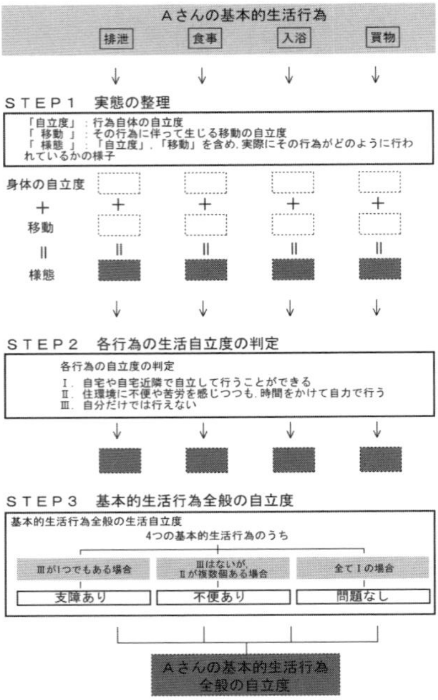

図2.7　基本的生活行為の自立度の判定

	C5	Sw1	C2	Sw3	C1	Sm1	C3	Sw4	Sw6	Sw2	C6	Sm2	Sw5	C4
要介護度	要介護4	要介護1	要支援	要介護3	自立	要介護1	自立	自立	要介護1	自立	自立	自立	自立	自立
排泄	Ⅲ	Ⅱ	Ⅱ	Ⅱ	Ⅰ	Ⅱ	Ⅰ	Ⅰ	Ⅰ	Ⅰ	Ⅰ	Ⅰ	Ⅰ	Ⅰ
入浴	Ⅲ	Ⅲ	Ⅱ	Ⅱ	Ⅱ	Ⅱ	Ⅱ	Ⅰ	Ⅰ	Ⅰ	Ⅰ	Ⅰ	Ⅰ	Ⅰ
食事	Ⅲ	Ⅱ	Ⅱ	Ⅱ	Ⅰ	Ⅰ	Ⅰ	Ⅰ	Ⅱ	Ⅰ	Ⅰ	Ⅰ	Ⅰ	Ⅰ
買物	Ⅲ	Ⅲ	Ⅲ	Ⅲ	Ⅱ	Ⅱ	Ⅰ	Ⅱ	Ⅰ	Ⅱ	Ⅰ	Ⅰ	Ⅰ	Ⅰ
基本的生活行為全般の自立度	支障あり	支障あり	支障あり	支障あり	不便あり	不便あり	不便あり	不便あり	不便あり	不便あり	問題なし	問題なし	問題なし	問題なし

図2.8　訪問ヒアリング調査対象者の基本的生活行為の自立度

④住戸内外にバリアはあるものの、ADLがしっかりしているので何とか乗り切っている場合

など様々なケースがあることが理解できる。基本的生活行為上の自立度と介護度は必ずしも一対一の関係にあるわけでなく、居住環境によって自立度が左右される側面があることは重要といえる。

2.2.3　多摩ニュータウンの居住環境上の課題

ここまでの考察で、多摩ニュータウンでは団地居住における環境上の課題がいくつかあることが浮かび上がってきた。また、高齢者の基本的生活上の自立度は個々人のADLだけではなく、

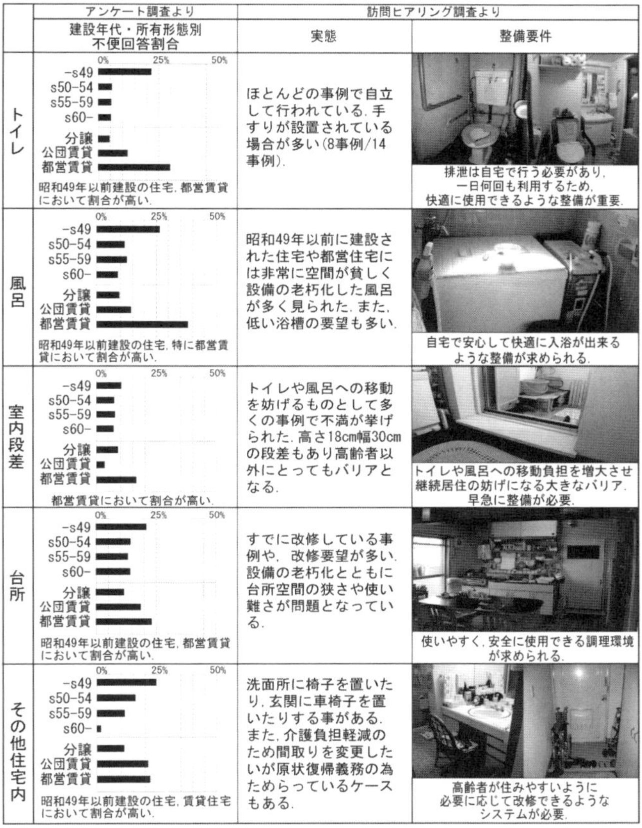

	アンケート調査より 建設年代・所有形態別 不便回答割合	訪問ヒアリング調査より	
		実態	整備要件
トイレ	-s49 s50-54 s55-59 s60- 分譲 公団賃貸 都営賃貸 昭和49年以前建設の住宅、都営賃貸において割合が高い。	ほとんどの事例で自立して行われている。手すりが設置されている場合が多い(8事例/14事例)。	排泄は自宅で行う必要があり、一日何回も利用するため、快適に使用できるような整備が重要。
風呂	-s49 s50-54 s55-59 s60- 分譲 公団賃貸 都営賃貸 昭和49年以前建設の住宅。特に都営賃貸において割合が高い。	昭和49年以前に建設された住宅や都営住宅には非常に空間が貧しく設備の老朽化した風呂が多く見られた。また、低い浴槽の要望も多い。	自宅で安心して快適に入浴が出来るような整備が求められる。
室内段差	-s49 s50-54 s55-59 s60- 分譲 公団賃貸 都営賃貸 都営賃貸において割合が高い。	トイレや風呂への移動を妨げるものとして多くの事例で不満が挙げられた。高さ18cm幅30cmの段差もあり高齢者以外にとってもバリアとなる。	トイレや風呂への移動負担を増大させ継続居住の妨げになる大きなバリア。早急に整備が必要。
台所	-s49 s50-54 s55-59 s60- 分譲 公団賃貸 都営賃貸 昭和49年以前建設の住宅、都営賃貸において割合が高い。	すでに改修している事例や、改修要望が多い。設備の老朽化とともに台所空間の狭さや使い難さが問題となっている。	使いやすく、安全に使用できる調理環境が求められる。
その他住宅内	-s49 s50-54 s55-59 s60- 分譲 公団賃貸 都営賃貸 昭和49年以前建設の住宅、賃貸住宅において割合が高い。	洗面所に椅子を置いたり、玄関に車椅子を置いたりする事がある。また、介護負担軽減のため間取りを変更したいが原状復帰義務の為ためらっているケースもある。	高齢者が住みやすいように必要に応じて改修できるようなシステムが必要。

図2.9　基本的生活行為からみた団地住宅の住居環境

住環境上のバリアの有無によっても影響を受けることもわかってきた。

ここでは、アンケート調査と訪問ヒアリング調査の結果を統合して、多摩ニュータウン団地居住高齢者にとっての住環境上の個々の課題を整理しておく。概要を図2.9にまとめた。

(1) トイレ

排泄はもっとも基本的な生活行為であり、トイレは自立的な生活を営めるか否かを制する極めて重要な空間・設備といえる。個別事例では、手摺りを設置しているケースが訪問調査14件中８事例でみられ、トイレ空間全体をリフォームしているケースが４例みられた。高齢期居住においてトイレへの手摺りの設置は必須要件と考えられる。アンケート結果では、初期入居団地の23%、都営団地の30%がトイレ設備の不便を指摘しており、現実に訪問させていただくと設備の老朽化や空間の貧しさが目立つ。

(2) 風呂

トイレと同様に初期入居団地の27%、都営団地の39%の高齢居住者が風呂設備に不便を指摘しており、訪問させていただくと設備の老朽化には目を覆うものがある。特に初期団地では浴室の床に浴槽が直置きされている形式が多く、立ち上がり70㎝ほどを跨ぐのは高齢者ならずとも入浴は極めて困難であると感じる。

(3) 室内の段差

排泄、入浴にはトイレ・風呂の設備の使いやすさが大切な要件となるのはもちろんだが、同時にその場所に至るまでの移動を妨げる段差解消も重要な課題となる。初期団地では風呂・トイレに入るところで大きな立ち上がりがある場合があり、そのために自宅での入浴をあきらめているケースもある。また、部屋と部屋の間に数センチ単位以上の段差があるケースが多く、高齢期には躓き・転倒の引き金になりやすく、杖歩行・車椅子移動には完全なバリアになってしまう。室内段差解消も基本的な課題である。

(4) 台所設備

台所にも不便点・不満の指摘が多い。設備の老朽化とともに、台所空間の狭さや使いにくさに強い不満の指摘がある。

(5) 住戸の間取り

間取りの使い難さに関する指摘も多い。入居当初、フルファミリーであった家族構成が経年居住の過程で家族人数が縮小するようなケースでは、そのライフスタイルに合わせる間取り変更のニーズも少なくないと考えられる。8章で述べるように多摩ニュータウンの分譲住宅では自力での住戸リフォームがある程度進行しているが、賃貸住宅では現状復帰義務があるため改修をためらうケースが多いと聞く。

(6) 住棟外の階段・坂道とエレベータのない階段室型住棟

各住区別に居住者評価をまとめた図2.5からもわかるように、

どの住区でも‘一歩街へ出た場合の階段・坂道が不便’と指摘する声は強く全体で38％、{諏訪}で61％、{豊ヶ丘}で51％にのぼる。エレベータがない階段室型住棟はともかく、エレベータがある住棟でも１階フロアと道路面の間に数メートルのギャップがある場合も多く、さらにペデストリアンデッキ下の道路のバス停までの坂道や階段が、高齢者の外出行動に大きな影響を与えていることが懸念される。多摩ニュータウン地域全体の課題である。

住宅外部のバリアは地域全体の問題であるが、トイレ、風呂、台所などの住戸内のバリアは住戸ごとに個別改修、リモデル、住宅リファインなどの手法で順次、もしくは逐次、改善していく手段を模索していくことが求められる。今後高齢化が急速に進展していくと想定される多摩ニュータウンの愁眉の課題といえる。ただし、大量の規格型集合住宅が供給されているニュータウンであるから、それぞれの規格ごとに対応した改修技術や更新設備または設備ユニットを開発すれば、総括的・一括的な対処が可能になるとも考えることができる。新たな産業やコミュニティービジネス、または雇用に結びつくとも想定することができ、今後の多摩ニュータウンの再生・活性化に向けての大切な課題であることをあらためて強調しておきたい。

2.3　団地居住高齢者の生活スタイルの類型と住まい方

アンケート調査と訪問ヒアリング調査によって団地居住高齢者の生活実態や住環境上の課題について考えてきたが、これらに基づき以下では団地居住高齢者の生活スタイルの類型を見出し、このそれぞれに沿った住まい方について考察してみたい。

2.3.1　趣味活動と外出行動からみた団地居住高齢者の生活様態

訪問ヒアリング調査対象14事例計17名についての個々の生活様態をあらためて表2.2に整理する。

ここでは、団地居住高齢者の趣味活動と外出行動に注目してみる。多くの余暇時間をもつ高齢者にとって、豊かで活発な趣味活動を有しているか、頻度高く外出できているか、などは日常生活・地域生活の活性度を測るバロメータになると考えるからである。

個々人の趣味活動について、詳しいヒアリングの過程で、

①［施設・サークルでの活動が主たるもの］：地域公共施設を利用したサークル組織に所属するなどして趣味活動を行うことが主のもの

②［家でも外でも］：サークル組織での活動に加え、自宅でも活発に趣味活動を行うもの

③［自宅で時々］：施設や組織に属した活動は行わず、自宅で時々行うもの

の３タイプに分類できると考えた。

また、外出行動については、

①［医療福祉中心］：通院・通所など医療福祉施設に関する外出行動が中心で、全体的に頻度が高いもの

②［趣味活動を中心に頻繁］：サークル活動や散歩、知人宅訪問などの趣味活動を中心にして全体的に外出頻度が高いもの

③［全体的に少ない］：外出は日常品の買い物程度に限定され、全体的に頻度が低いもの

の３タイプに分類することにした。

この趣味活動、外出行動を加え、17名の日常生活の様子に

表2.2　訪問ヒアリング調査対象者の生活様態のまとめ

ID	a) 基本属性				b基本的生活行為の様子					c) 福祉支援への依存			d) 医療ニーズ		e) 趣味活動の内容					《趣味活動のまとめ》		《外出行動のまとめ》		《趣味活動のまとめ》	《外出行動のまとめ》
	家族構成	性別	年齢	要介護認定度	排泄	食事	入浴	買物	基本生活行為全般の自立度	デイ	リハビリ	ヘルパー	通院	訪問看護	サークル教室	個人で施設利用	散歩	おしゃべり	自宅で	活動を行う場所	頻度	活動を行う場所	頻度		
Sw1	単身	女	85	要介護1	○	○	△	×	支障あり	■2	□1	□2	■1		■2*				◎	家でも外でも	2	医療福祉中心	5	家でも外でも	医療福祉中心
Sw2	単身	女	77	自立	○	○	○	△	不便あり						■2			■1	◎	家でも外でも	3	趣味活動中心に頻繁	3	家でも外でも	趣味活動中心に頻繁
Sw3	単身	女	84	要介護3	○	○	○	×	支障あり			□3	■2						○	自宅中心	0	全体的に少ない	2	自宅時々	全体的に少ない
Sw4	単身	女	75	自立	○	○	○	△	不便あり				■1		■1			■3	◎	家でも外でも	4	趣味活動中心に頻繁	5	家でも外でも	趣味活動中心に頻繁
Sw5	単身	女	77	自立	○	○	○	○	問題なし				■0.5		■1			■0.5		施設・サークル	1.5	全体的に少ない	2	施設・サークルが主	全体的に少ない
Sw6	単身	女	70	要介護1	○	△	△	△	不便あり		□2	□2			■3				◎	家でも外でも	3	趣味活動中心に頻繁	3	家でも外でも	趣味活動中心に頻繁
Sm1	単身	男	72	要介護1	○	○	○	△	不便あり			□0.5	■2						○	自宅中心	0	全体的に少ない	2	自宅で時々	全体的に少ない
Sm2	単身	男	73	自立	○	○	○	○	問題なし						■0.5				○	施設・サークル	0.5	全体的に少ない	0.5	施設・サークルが主	全体的に少ない
C1m	夫婦	男	不明	不明	○	○	○	○	問題なし							■2				施設・サークル	2	全体的に少ない	2	施設・サークルが主	全体的に少ない
C1w	夫婦	女	77	自立	○	○	○	△	不便あり				■0.5		■1.5			■3	◎	家でも外でも	4.5	趣味活動中心に頻繁	5	家でも外でも	趣味活動中心に頻繁
C2w	夫婦	女	70	要支援	○	○	○	×	支障あり			□1	■1						○	自宅中心	0	全体的に少ない	1	自宅時々	全体的に少ない
C3m	夫婦	男	73	自立	○	○	△	○	不便あり				■1			■4			◎	家でも外でも	4	趣味活動中心に頻繁	5	家でも外でも	趣味活動中心に頻繁
C3w	夫婦	女	不明	自立	○	○	○	○	問題なし						■2	■1			◎	家でも外でも	3	趣味活動中心に頻繁	3	家でも外でも	趣味活動中心に頻繁
C4m	夫婦	男	82	自立	○	○	○	○	問題なし				■0.5		■1	■2	■7		◎	家でも外でも	10	趣味活動中心に頻繁	10.5	家でも外でも	趣味活動中心に頻繁
C5m	夫婦	男	71	要介護4	△	△	△	×	支障あり	■2				□1	■2*					施設・サークル	2	医療福祉中心	4	施設・サークルが主	医療福祉中心
C5w	夫婦	女	71	自立	○	○	○	○	問題なし						■0.5				○	施設・サークル	0.5	全体的に少ない	0.5	施設・サークルが主	全体的に少ない
C6m	夫婦	男	70	自立	○	○	○	○	問題なし						■3	■5	■7		◎	家でも外でも	15	趣味活動中心に頻繁	15	家でも外でも	趣味活動中心に頻繁

凡例

b) 基本的生活行為の自立度
○ :自立して行うことができる
△ :時間をかけて自力で行う
× :自分だけでは行えない

支障あり :排泄、入浴、食事、買物に「×」がひとつ以上ある
不便あり :排泄、入浴、食事、買物に「×」はないが「△」がある
問題なし :排泄、入浴、食事、買物のすべてが「○」

c〜e) 外出頻度
□1 :自宅内で行う（数字は1週間中に行為を行う回数）
■1 :自宅外で行う（数字は1週間中に行為を行う回数）

e) 趣味活動　自宅で
◎ :自宅で趣味活動を頻繁に行う
○ :自宅で趣味活動を時々行う

* Sw1とC5mの「サークル, 教室」はデイサービスでのプログラム参加を意味する

《趣味活動のまとめ》
施設・サークルが主 :サークルや教室で行う趣味活動がほとんど
家でも外でも :サークルなどに参加しつつ, 自宅でも個人で活動する
自宅で時々 :サークルなどには参加せず, 自宅で時々行う

《外出行動のまとめ》
医療福祉中心 :通院やデイサービスなど医療・福祉が中心
趣味活動中心に頻繁 :サークル参加などを中心に頻繁
全体的に少ない :全体的に外出が少ない

ついて、a）基本属性、b）基本的生活行為の自立度、c）福祉支援への依存の有無、d）医療ニーズ、e）趣味活動の内容などの実態を整理したものが表2.2である。

こうした整理をしたうえで、17名の趣味活動と外出行動のそれぞれの3タイプの相互関係をみてみると図2.10に示すようになる。趣味活動を‘家でも外でも’行う人は外出が趣味活動を中心に頻繁であることが多く、サークル活動には参加しているが自宅では趣味活動を行わない人、サークルなどには所属せず趣味活動は‘自宅で時々’などの人は外出頻度が少ない傾向にある、など一定の相関があることが読み取れる。

さらに、個々人の自立：依存の様子とあわせて考察すると、［外出行動：全体的に少ない］×［趣味活動：自宅で時々］の図2.10中のC群は、該当する3名全員が要介護認定を受けており、逆に［外出行動：趣味活動を中心に頻繁］×［趣味活動：家でも外でも］のA群に属する人は、1名を除いて基本的生活行為がすべて自立している‘元気高齢者’である。すなわち、外出行動・趣味活動と日常基本生活の自立・依存との間にも一定の相関性があることが理解できる。

2.3.2 自立度と外出頻度からみた団地居住高齢者の生活スタイルの類型

こうしてみてくると、たとえば要介護認定で要支援とされている高齢者でも、デイサービスセンターへの通所などで比較的外出頻度が高い人もおり、逆に要介護状態にはなく生活が自立していても外出は少なく自宅内での生活が主となっている人

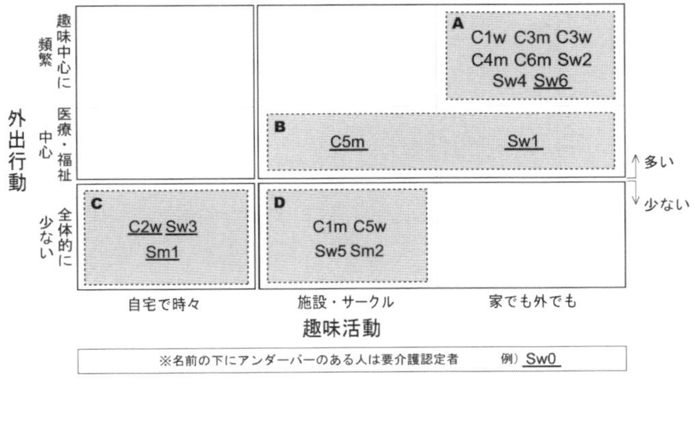

図2.10　団地居住高齢者の趣味活動と外出行動の関係

もいる、など状況は多様であることがわかる。

こうした考察をふまえ、個々人を生活の［自立：依存］と外出頻度の［多い：少ない］の２軸で位置づけてみると、結果は図2.11に示すようになる。ここでは、各事例の住戸の間取りの住みこなしの様子も図示し、あわせて個々人の趣味活動の特徴も記述してある。

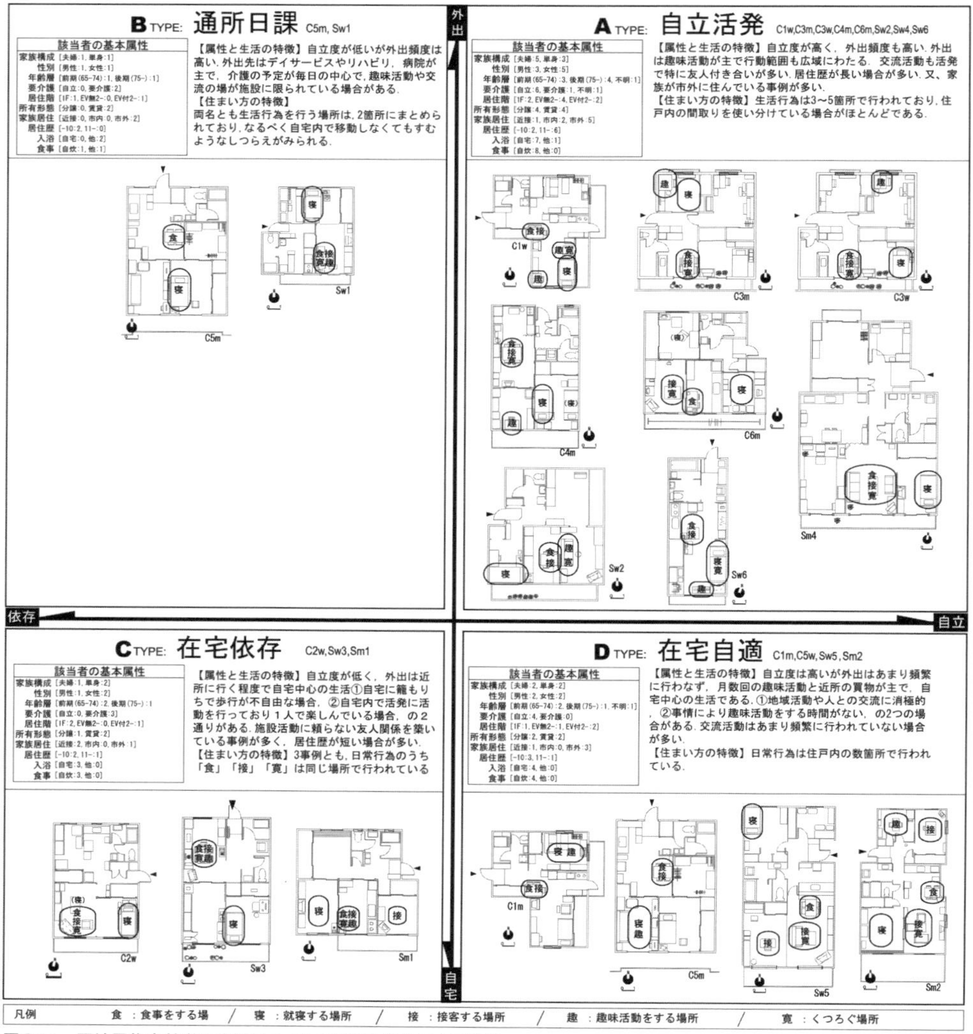

図2.11 団地居住高齢者の生活スタイルの類型と住まい方の特徴

以下に4類型に分類した生活スタイルの特徴と住まい方の傾向をまとめておく。

［自立活発］A群：自立度が高く、外出頻度も高い生活スタイルで、17名中8名が該当する。外出先はサークル活動、地域活動への参加、個人の趣味活動など、目的や活動場所も多様で行動範囲は広域にわたる。いわゆる‘元気高齢者’の方々といえる。このタイプには友人が多い、多摩ニュータウンでの居住歴が永い、などの共通点がみられる。

外出が多いので自宅で過ごす時間は相対的に短いが、住戸内における食事、就寝、趣味活動、接客などの日常生活行為は、その行為ごとに3〜5カ所の場所を使い分けている傾向が読み取れる。積極的な日々を送っておられる方々といえる。

［通所日課］B群：自立度は低いが、デイサービスへの通所などで外出頻度が高いタイプで2名が該当する。いずれも要介護認定を受けており、福祉サポートへの依存度が高いことが特徴である。趣味活動の場や社会との接点は福祉施設や介護スタッフに偏っている可能性がある。

この2人の住戸の住みこなしをみてみると、就寝場所は別として食事・趣味・接客の場を1カ所に集中させる住まい方が共通していることに気づく。ADLが低下しており、住戸内でもできるだけ移動を少なくすませる住まい方に自然と変化していった結果と類推できる。

［在宅依存］C群：自立度が低く、外出頻度も低いタイプで3名が該当する。外出は近所への買い物程度で、自宅中心の生活スタイルである。このタイプでは、

①自宅に籠もりがちで、趣味活動などを活発に行っているわけでもない場合

②自宅内で活発な趣味活動を行い、毎日の生活を愉しんでいる場合

の二つに分かれるようである。

住戸の住みこなしは［通所日課］と類似しており、住戸内の1〜2カ所に基本的な生活行為の場を集中させている傾向がある。

［在宅自適］D群：自立度は高いが外出はあまり頻繁には行わないタイプで、4名が該当する。外出の内容は、月数回程度の趣味活動に加えた近所への買い物であり、自宅中心の生活を送っている人々と解釈できる。自立度が高いにもかかわらず外出が少ない理由として、

①地域活動や他人との交流に消極的であり、性格的に1人で過ごすのが好きな場合

②配偶者の介護などの事情によって頻度高く外出できない場合

などがある。

このタイプの住戸内の場の使い分けは［自立活発］と類似しているが、趣味活動や接客が行われる頻度は低く、実際にそれらの場が明確に形成されることは少ない。

以上から、団地居住高齢者の生活スタイル類型と住戸の住みこなし方には一定の関係性があることが理解できた。

2.3.3　高齢者の生活スタイルからみた住宅環境のあり方

以上の考察に基づき、生活スタイルからみた高齢期居住のための住宅環境のあり方について考えてみる。

［通所日課］タイプの方々の住まい方は、住宅内でなるべく動かないですむように日中の居場所を1カ所に集約していることが特徴であり、就寝の部屋は別として食事や接客、くつろぎや趣味活動などの日中の生活行為の大部分を固定の一つの場所で行う傾向がある。こうした住まい方は、個々人の嗜好というよりは身体機能の低下によるところが大きいと考えられ、なるべく住宅内で移動をしなくても生活できるように自然としつらえられてきた結果と理解できる。これらよりADLが低下した高齢者の住宅環境として、室内の段差解消を前提としつつ、台所・食堂を中心に食事、接客、くつろぎ、趣味活動などを1カ所で行えるコンパクトな居場所の設定が必要であると考えられる。そのダイアグラムの例を図2.12に示した。

［在宅依存］タイプは、①自宅に籠もりがちなタイプと、②自宅内で比較的活発に趣味活動を愉しんでいるタイプとがあり、前者では［通所日課］と同様にコンパクトな居場所設定が必要な群といえる。こうした人たちにとって、外部空間のバリアが

B:通所日課タイプ

住まい方の特徴

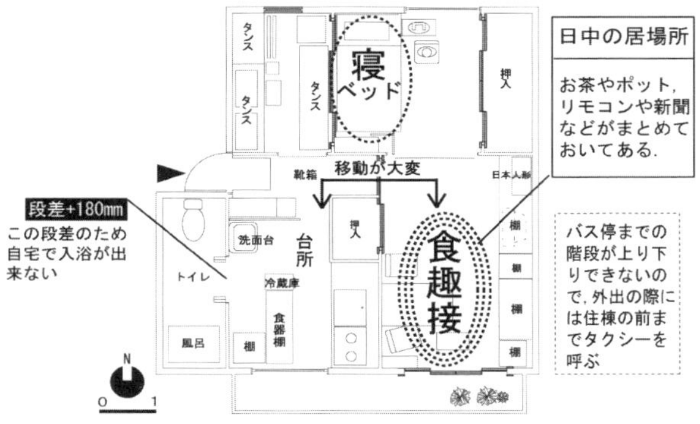

Sw2［単身女性　要介護 1　都営賃貸　通所日課タイプ］

基本的には寝室は確保されており, その他の行為を一箇所で済ましている場合がほとんどで, なるべく動かなくてすむように, 日中の居場所の周りに色々な道具が置かれている.

住戸改善

なるべく動かず日常行為が行えるような,
食堂を中心にしたコンパクトな配置

自宅内での座が食事の場所を中心に固定されており, 食/接/趣が同じ場所で行われる. 台所を中心に, リビング化した食堂を自宅内の中心にしたコンパクトな居場所が必要.

図2.12　通所日課タイプの住まい方の特徴と住戸改善の提案

A:自立活発タイプ

住まい方の特徴

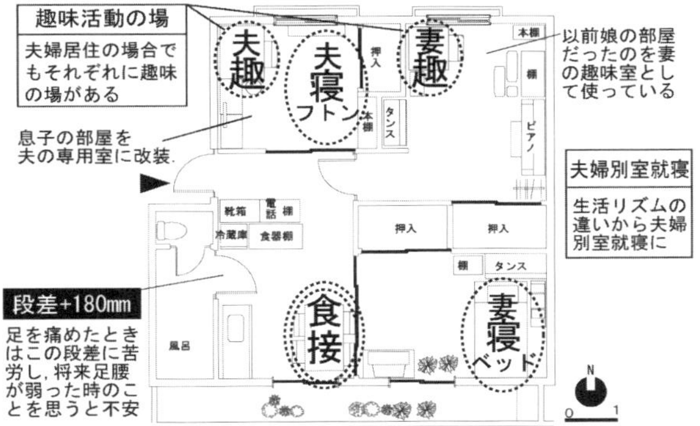

C3［夫婦　自立　公社分譲　自立活発タイプ］

自立歩行に問題が無い場合が多いので, 自宅内の各部屋を使い分けており, 自宅内で趣味活動を行う場合には趣味を行う場所がしつらえられている.

住戸改善

趣味活動を行う場所
夫婦それぞれの居場所の確保

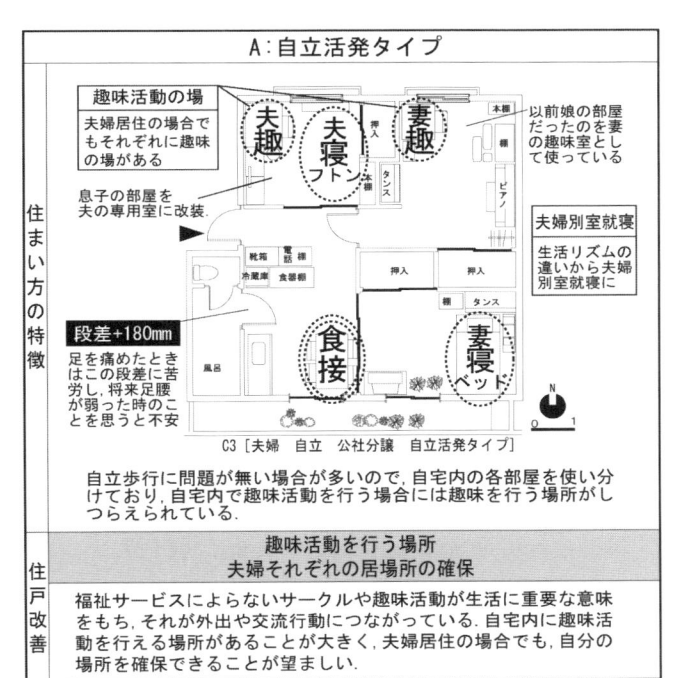

福祉サービスによらないサークルや趣味活動が生活に重要な意味をもち, それが外出や交流行動につながっている. 自宅内に趣味活動を行える場所があることが大きく, 夫婦居住の場合でも, 自分の場所を確保できることが望ましい.

図2.13　自立活発タイプの住まい方の特徴と住戸改善の提案

外出を忌避させている可能性があり、第3章や第4章で記すような地域社会に誘い出す様々な働きかけや社会的仕組みを考えていきたい。

［在宅自適］タイプは、基本的生活行為が自立している高齢者がほとんどで、住環境が日常生活にとってバリアになっているわけではない。しかし、地域社会との接点が少なくなりがちで、万一ADLが低下すると‘引きこもり’‘孤立化’などが懸念される予備軍ともいえる。前述と同様、地域社会との接点をもてる仕組みを考えていきたい。

［自立活発］タイプでは、サークル活動への参加や活発な趣味活動が日常生活上大きな意味をもっており、これにともなって外出行動が活発になり生活の質の向上に繋がっていると考えられる。こうした方々の住宅環境にとって、自宅内で趣味活動を行える場の設定が重要であり、夫婦居住の場合では夫婦それぞれにそうした場が設定されることが望ましい。

こうした方々の実際の住みこなしの事例を参考にして、その住宅環境のあり方をダイアグラムとして図2.13に示した。

2.4　まとめと展望

多摩ニュータウンの初期開発地区である諏訪・永山住区、そして愛宕住区では高齢化が進行しつつあり、その他の住区も5～10年のタイムラグでこれを追っているものと理解できる。団地居住の高齢者は、現時点ではその多くが在宅自立可能な‘元気高齢者’と理解したいが、住居の老朽化や丘陵地を切り拓いた多摩ニュータウンの特性による住戸内外の様々なバリアが、在宅自立の継続を妨げる要因になりはじめていることは憂慮される。しかし繰り返しになるが‘人口高齢化’と‘住宅ストックの老朽化’は、広く我が国普遍の課題である。本章で述べたような［自立活発］や［在宅依存］などの生活類型ごとに対応した既存住戸の間取り改善や徹底したバリアフリー改修が愁眉の課題といえる。

図版出典

図2.1〜9、表2.1／団地住宅における高齢者居住の様態と居住環境整備条件について　―多摩ニュータウン団地居住高齢者の生活像と居住環境整備条件に関する研究　その1：加藤田歌、松本真澄、上野淳：日本建築学会計画系論文集、No.600, 2006.02., pp9-16

図2.10〜13、表2.2／生活スタイルと住まい方からみた団地居住高齢者の環境整備に関する考察　―多摩ニュータウン団地居住高齢者の生活像と居住環境整備に関する研究　その2：加藤田歌、上野淳：日本建築学会計画系論文集、No.617, 2007.07., pp9-16

第３章

諏訪・永山地区の高齢者の居場所

多摩ニュータウンの諏訪・永山地区に初期入居が実現したのが1971年であり、すでに40年が経過している。初期入居当時30歳代半ばで入居した階層がそのまま継続居住をしていると仮定すると、今やリタイア世代・後期高齢期に入っていることになる。日本の高齢化率は現在23％であるが（2011年）、諏訪・永山地区の平均は約25％とすでにそれを上回っている。中でも諏訪4、5丁目、永山4、5丁目などの一部街区では高齢化率がすでに30％を超えており（図3.1）、今後のさらなる急速な高齢化が懸念される。こうした意味で「限界集落」というほどではないが「超高齢社会」という意味でもモデル的な考察の対象地域と考えられる。一方、特に前期高齢を中心に高齢者の約8割は、自立的な地域継続居住が可能な‘元気高齢者’といわれている。多摩ニュータウン諏訪・永山地区では「引きこもり」や「孤独死」も少しずつ現実味を帯びはじめてはいるが、前章でみてきたように現時点ではまだ大部分の方々が健全と考えられ、こうした人々のために安定的な地域継続居住を支援する仕組みを多角的に構築していくことが大切な課題となっていると考えられる。

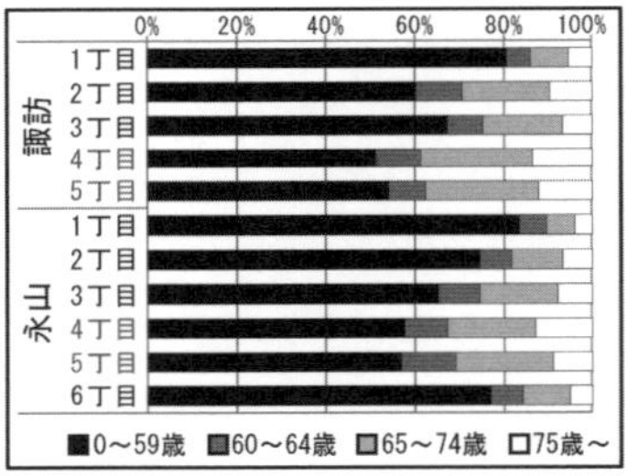

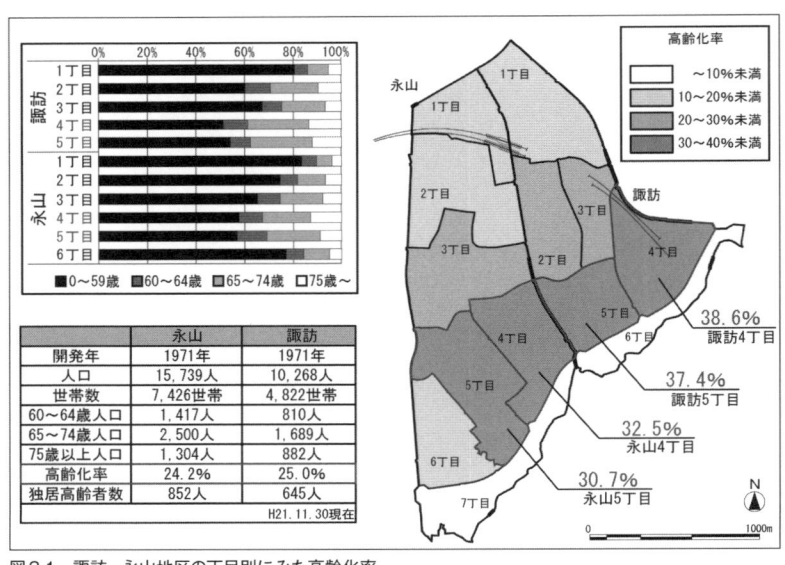

	永山	諏訪
開発年	1971年	1971年
人口	15, 739人	10, 268人
世帯数	7, 426世帯	4, 822世帯
60～64歳人口	1, 417人	810人
65～74歳人口	2, 500人	1, 689人
75歳以上人口	1, 304人	882人
高齢化率	24. 2%	25. 0%
独居高齢者数	852人	645人
		H21. 11. 30現在

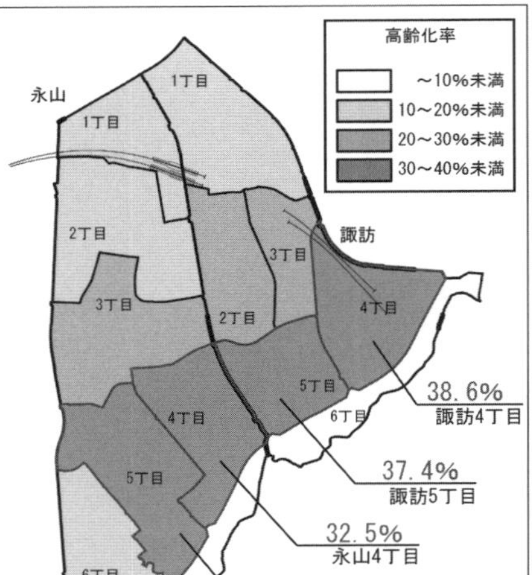

図3.1　諏訪・永山地区の丁目別にみた高齢化率

ニュータウンでは、都市部下町や農村部のように生まれながらの地縁関係がある地域とは異なり、居住者の多くが新たな環境に移り住んできている。こうした地域で高齢者が安定的な地域継続居住を果たしていくためには、身近な場所に住民同士の交流や見守りができる、身の寄せ場としての安心・安全な「居場所」が求められていると考える。

継続的に多摩ニュータウンを見守ってきた筆者らの研究活動のプロセスで、諏訪・永山地区には行政のほか、特定非営利法人（以下NPO）、商店街、ボランティア団体、自治会などが自立的に運営を始めている「高齢者の居場所」が合計10カ所成立していることがわかってきている。こうした事実から、諏訪・永山地区は「高齢者の居場所づくり」という点からも全国的にも先駆的な意味をもつモデルとなりうる存在といえよう。ここでは、これら地域に多層的に構築されている高齢者の居場所が地域住民によってどのように利用され、どのように認知されているかを調査した（2009年11月）結果を紹介し、高齢者の地域継続居住を支援する仕組みについて考えてみたい。

なお、ここでいう「高齢者の居場所」とは行政やNPO、ボランティア団体などが開設し、高齢者に生涯学習・趣味活動、食事・喫茶、交流・情報交換などの機会と場を提供する場所を指すこととする。これらには若干の壮年層、青年層の利用や関与もあるが、継続的な調査から利用者の主体は高齢者であることがわかっている。

3.1 諏訪・永山地区における高齢者の居場所の種類と数

前述した諏訪・永山地区の高齢者の居場所10カ所の概要を図3.2に、立地場所を図3.3に示す。これらはその運営内容・形式によって、以下の4タイプに分けて捉えることができる。

①［場所貸し型］3カ所：生涯学習や趣味活動のために申込みに応じて部屋・スペースを貸し出すもの。このうち｛西複合｝と｛東複合｝は、少子化によって廃校になった校舎の教室を活用し、市民の団体活動のために貸出しをしている施設で、

番号	Ⅰ	Ⅱ	Ⅲ	Ⅳ	Ⅴ
施設名称	西永山複合施設	東永山複合施設	諏訪老人福祉館	諏訪いきがいデイサービス	永山いきがいデイサービス
略称	西複合	東複合	老人館	諏訪いきデイ	永山いきデイ
外観					
設立	廃校（1997年）から数年後／多摩市	廃校（1996年）から数年後／多摩市	１９７９年８月１日／多摩市	２００３年／多摩市	２０００年５月／多摩市
運営者	多摩市	多摩市	多摩市	特定非営利法人	特定非営利法人
所在地	永山３-１２	永山３-９	諏訪５－４	諏訪５－１	永山３－１２
サービス時間	グラウンド，テニスコート 9:00～18:00 上記以外 9:00～21:30	グラウンド 9:00～18:00 上記以外 9:00～21:30	月曜日～土曜日 9:00～17:00	月曜日～土曜日 10:00～15:00	月曜日～土曜日 10:00～15:00
利用条件	5人以上の団体（半数以上が市内在住，在勤，在学者）		概ね60歳以上の方		
運営類型	場所貸し型			支援型	
サービス内容	スポーツや文化活動等を行う団体を対象とした教室の貸出と，福祉サービスやボランティア活動等の支援の場の提供.	スポーツや文化活動等を行う団体を対象とした教室の貸出と，ボランティア活動や子育て支援の場の提供.	談話や趣味などの交流の場の無料提供と入浴サービス．この他，昼食会（300円）・納涼会・文化祭・夏祭り等のイベントの場の提供.	健康維持活動や趣味活動，世代間交流の場の提供（利用料400円），食事のサービス（600円）や送迎サービス（400円）も行っている.	健康維持活動や趣味活動，世代間交流の場の提供（利用料400円），食事のサービス（600円）や送迎サービス（400円）も行っている.
情報発信	多摩市ホームページ	多摩市ホームページ	掲示板	毎月，新聞を発行，無料配布	
平面図	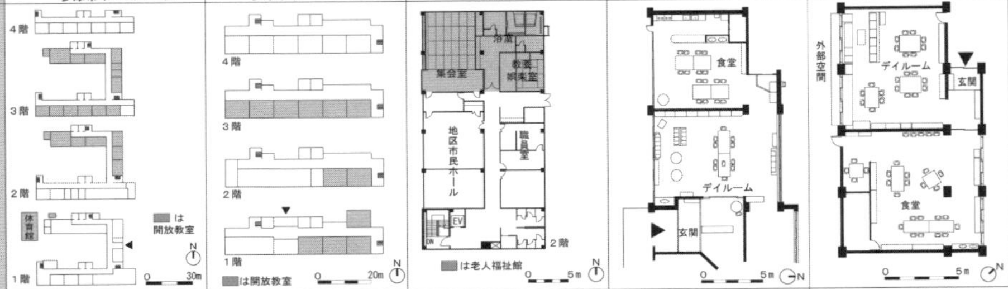				
調査日	2009年11月14日（土），17日（火）	2009年11月14日（土），17日（火）	2009年11月14日（土），17日（火）	2009年11月14日（土），17日（火）	2009年11月14日（土），17日（火）
調査時間	13：00～15：00	13：00～15：00	13：00～15：00	14：00～14：30	13：00～13：30
利用人数 14日/17日	100人/87人	52人/46人	13人/25人	３人/５人	６人/12人
回答数/率	88人（男性66，女性18）／47.1%	83人（男性22，女性60）／84.7%	35人（男性10，女性24）／92.1%	５人（男性１，女性４）／62.5%	18人（男性４，女性14）／100%

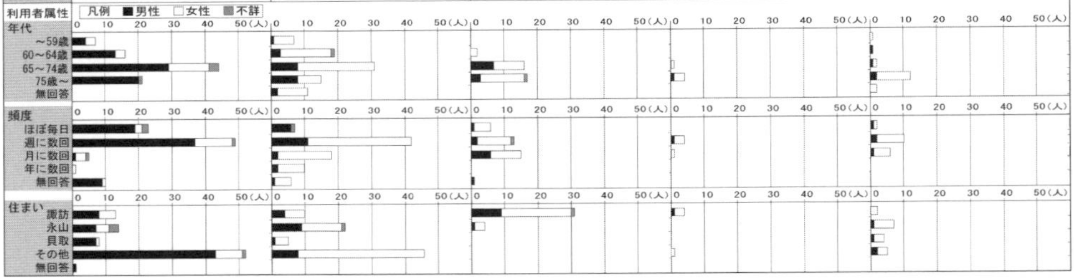

図3.2　諏訪・永山地区の高齢者の居場所と利用実態（1）

週末を含み毎日運営している。運営に関与するのは受付・管理業務の１～２名（市の委託）で、部屋の貸出し以外には特に活動に関する関与は行っていない。高齢者を中心として、スポーツや文化活動に賑わいをみせている。

永山公民館の一角で運営する｛老人館｝（公設公営）は多摩市に４カ所存在する老人福祉館の一つである。サークル団体のための場所貸しと館内に設けられている浴室の入浴サービスを主としているほか、定期的に文化祭やお祭りなどのイベントを開催し地域の高齢者の集まる機会を提供している。

番号	Ⅵ	Ⅶ	Ⅷ	Ⅸ	Ⅹ
施設名称	特定非営利活動法人福祉亭	わいわいショップ	Eラウンジ	4丁目ふらっとラウンジ	5丁目ぷらっとラウンジ
略称	福祉亭	わいわい	Eラウンジ	4丁目ラウンジ	5丁目ラウンジ

外観

番号	Ⅵ	Ⅶ	Ⅷ	Ⅸ	Ⅹ
設立	2003年4月／特定非営利法人	2006年4月／永山商店街	1996年9月／UR都市機構	2007年10月30日／多摩市	2009年3月7日／多摩市
運営者	市民ボランティア	永山商店街	UR・永山4丁目自治会	諏訪4丁目住民有志	民生委員・諏訪5丁目自治会
所在地	永山4-2	永山4－2	永山4－1	諏訪4－3	諏訪5－4
サービス時間	月曜日～土曜日 10:00～18:00 第4日曜日 13:00～16:00	13：00～17：00 (水曜・日曜祝日定休)	9：30～17：00	月曜日・第1, 3金曜日・第2, 4土曜日 13：30～16:30	土曜日 13：00～16:00
利用条件	特になし	市内在住の概ね65歳以上の非介護認定者	[illegible]0歳以上の高齢者	特になし	特になし
運営類型	飲食提供型		町内よりあい型		
サービス内容	食事(250～500円)の提供と趣味活動の場の提供．更に地域情報の発信とボランティアへの相談場所にもなっている	飲み物や軽食(50～100円)の提供と地域情報の発信．コンサート等不定期のイベント(500～1000円)を開催している	談話などの交流の場を無料で提供．	談話や趣味などの交流の場を無料で提供．季節毎にイベントを開催し交流を深めている．高齢者の安否確認の場にもなっている．	プログラムやイベントを中心に談話や趣味などの交流の場を無料で提供．高齢者の安否確認の場にもなっている．
情報発信	毎月，新聞を発行，無料配布	特になし	特になし	自治会の掲示板と回覧板	自治会の掲示板と回覧板

平面図

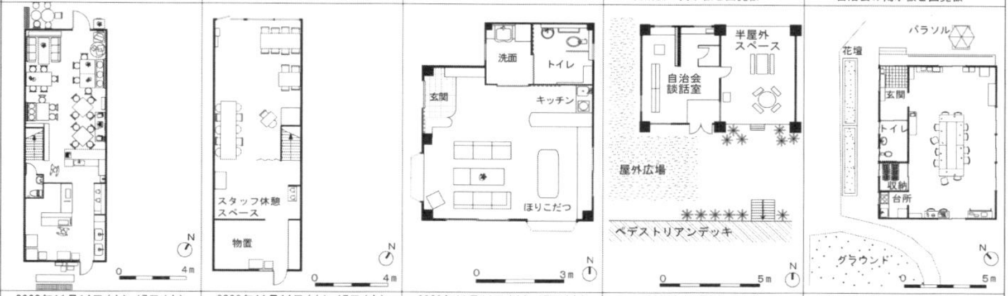

番号	Ⅵ	Ⅶ	Ⅷ	Ⅸ	Ⅹ
調査日	2009年11月14日(土)，17日(火)	2009年11月14日(土)，17日(火)	2009年11月14日(土)，17日(火)	2009年11月14日(土)	2009年11月14日(土)
調査時間	14：00～15：00	14：00～15：00	14：30	14：00～15：00	14：00～15：00
利用人数 14日/17日	19人/26人	3人/5人	0人/0人	13人/―	19人/―
回答数/率	41人(男性16，女性24)／91.1%	8人(男性1，女性7)／100%	0人／―	13人(男性7，女性6)／100%	19人(男性3，女性16)／100%

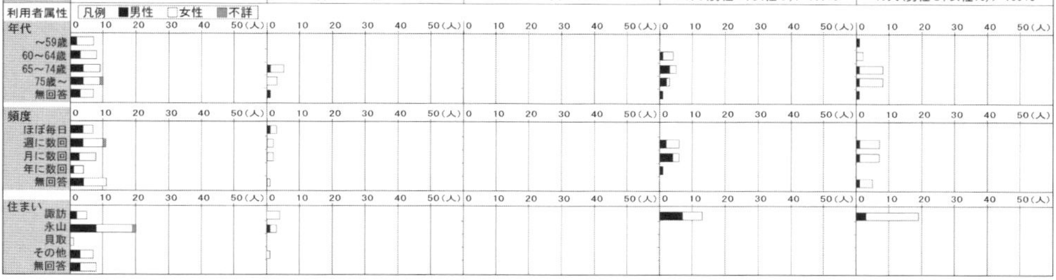

図3.2　諏訪・永山地区の高齢者の居場所と利用実態 (2)

市の直営施設であり、管理担当が2名常駐し日々の運営管理と催しの企画などを行っている。どちらかというと、常連的にお風呂を利用する固定的なメンバーとここを集まりの場とするいくつかの老人会の居場所、といった趣がある。ただし、ここが企画する季節ごとのイベント・催し物などで地域住民に様々な働きかけをしている点は一定の機能といえよう。

②［支援型］2カ所：生きがいデイサービス事業によって虚弱になりかけた高齢者の支援を行うもの（P.209論文リスト5、6参照）。おおむね65歳以上を対象に趣味や健康維持の活

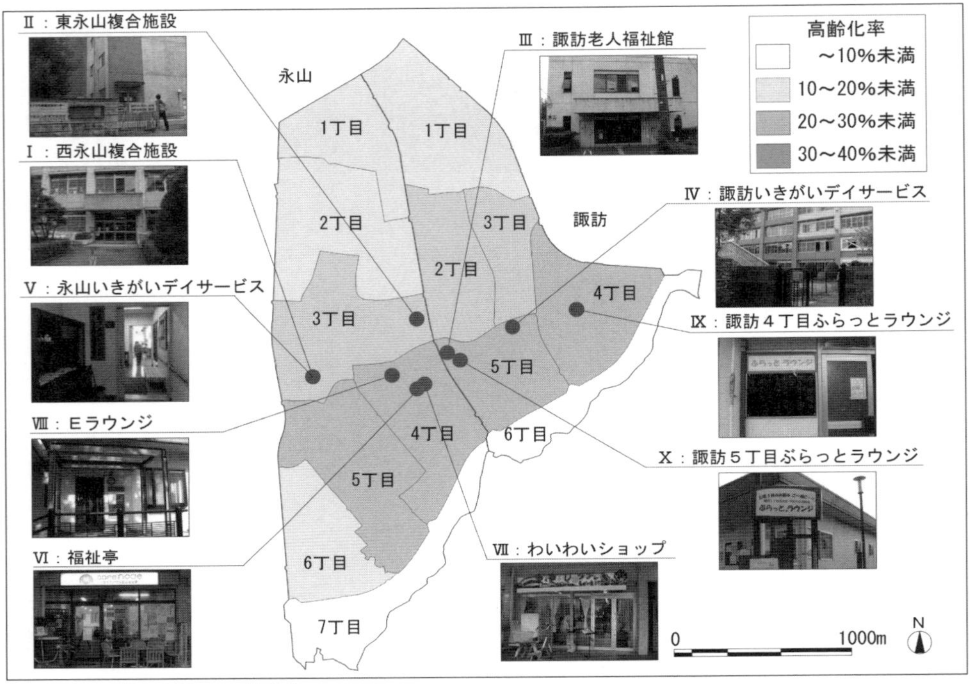

図3.3　高齢者の居場所10カ所の立地

動などを行っており、スタッフがいつでも支援できる環境にあることが特徴である。希望者には送迎のサービスも行っている。市の委託を受けるNPO法人の運営で、プログラム企画・運営や活動の支援をそれぞれ3名程度のスタッフが行っている。様々なイベントや趣味活動への参加の機会を提供しているが、介護保険によるデイサービスとは異なりプログラムは強制的・一斉的ではなく、利用者の自由な意思や活動が尊重される。諏訪・永山地区にそれぞれ1カ所ある。この2カ所とも廃校になった校舎の一角を改造して運営している（写真3.1）。

写真3.1　生きがいデイサービス

③［飲食提供型］2カ所：食事・喫茶を有料で提供するとともに、囲碁・将棋、カラオケなどの趣味活動にも無料で場所を提供するもの。このうちの｛福祉亭｝は、中核となるボランティア4名にその都度のボランティア3、4名が加わって運営を行っている。このユニークな活動は次章で詳述する（写真

3.2、3)。

｛わいわいショップ｝は永山商店街有志の設立・運営によるもので、常時2名程度が当番制で運営にあたっている。コーヒー、紅茶などの飲み物やケーキ類を安価で提供する喫茶店としての性格が強い（写真3.4)。

④［町内よりあい型］3カ所：町内の高齢者が気軽に立ち寄り親睦を深めるきっかけを設けようとするもの。永山に｛Eラウンジ｝、諏訪に｛4丁目ラウンジ｝｛5丁目ラウンジ｝の2カ所がある。自治会が運営主体となり、自治会スペースを活動の場として提供している。毎日オープンというわけではなく、4丁目ラウンジは月、金、土の午後、5丁目ラウンジは毎土曜日の午後を定例の集まりの日としている（写真3.5)。

なお、［場所貸し型］2カ所と［支援型］2カ所はそれぞれ少子化・児童数減少によって廃校になった校舎を使用しており、［飲食提供型］2カ所は地域の購買力低下の影響を受けた近隣センター商店街の空き店舗を改造して利用している。この意味でも歴史を刻んだニュータウンの現状を象徴しているといえようか。

これらの活動場所、運営主体・形式、市の事業との関連等の概要を表3.1にまとめた。

写真3.2　福祉亭外観

写真3.3　福祉亭内部

写真3.4　わいわいショップ

写真3.5　ふらっとラウンジ

表3.1　高齢者の居場所1C カ所の概要と類型

		施設				管理運営主体	運営費			補助	利用者負担
		廃校校舎	公民館	商店街	集会所		市直営	補助事業	自主運営		
場所貸し型	西永山複合施設	○				市が管理人委託	○			―	1日100円/1教室
	東永山複合施設	○				市が管理人委託	○			―	1日100円/1教室
	諏訪老人福祉館		○			市直営	○			―	―
支援型	諏訪いきがいディサービス	○				NPO:いきがいディサービス事業		○		市の補助事業	利用料:400円.食費:600円 送迎:400円
	永山いきがいディサービス	○				NPO:いきがいディサービス事業		○		市の補助事業	利用料:400円.食費:600円 送迎:400円
飲食提供型	NPO法人福祉亭			○		NPO:ボランティア			○	UR家賃補助	飲食は有料（昼食500円）
	わいわいショップ			○		商店街			○	UR家賃補助	飲食は有料
町内よりあい型	Eラウンジ				○	UR・町内自治会			○	―	―
	4丁目ラウンジ				○	町内自治会		○		市から補助金	―
	5丁目ラウンジ				○	町内自治会		○			―

3.2　諏訪・永山地区の高齢者の居場所の利用実態

これらの居場所がどのように利用されているかを把握するため、研究室の大学院生や卒論生が協働して各居場所の利用実態の調査を行った。同日・同時間帯における10カ所一斉の利用状況観察調査と利用者アンケート調査である（2009年11月）。これはある同時刻断面での高齢者の居場所の利用状況を把握しようとするねらいによる。具体的には平日および土曜日の2日間、14～15時の1時間における高齢者の居場所の利用実態の観察調査と、この時間帯の利用者に対する年齢、性別、居住地などの基本属性と居場所の利用頻度、他の居場所の利用等について尋ねる簡単なアンケート調査である（現場で配布・回収）。2日間でアンケート回答者は310名、回収率は71％であった。

3.2.1　各居場所における活動内容の概要

ここではこの調査結果から、それぞれの居場所が地域の高齢者によって実際にどのように使いこなされているかについて概要を述べてみる。

［場所貸し型］の｛西複合｝では調査当日、囲碁や麻雀、カラオケ、ダンス、陶芸、卓球、ふれあい開放教室などの計13の高齢者団体が活動しており、それぞれの団体の規模は数名～30名程度であった。｛東複合｝では麻雀、カラオケ、ダンス、陶芸、大正琴、マンドリンなどの計10団体が活動しており、各団体規模は5～20名程度であった。いずれも毎日大変な賑わいをみせているようである。

同じく［場所貸し型］の｛老人館｝での調査日の団体利用は老人会の1団体のみで、利用人数は団体利用が16名、入浴利用（個人利用）が21名と、入浴利用者のほうが多くみられた。利用者・団体はやや常連化・固定化されているとの印象があった。

［支援型］の｛諏訪いきデイ｝｛永山いきデイ｝ではそれぞれ10～20名内外の利用者で、陶芸や折紙、絵手紙などのプログラムに沿った活動を行っていた。プログラムに参加することも、

これとは離れて施設内で自分のペースで過ごすことも許され、個々人の意思が尊重される。数名のスタッフに見守られ、穏やかな雰囲気の中で利用者がゆったりと過ごす様子が印象的であった。

［飲食提供型］の｛福祉亭｝は室内が家庭的な設えとなっていて、食事・喫茶、飲酒のほかに囲碁や麻雀の場所利用もあり、各々が自由に居場所を利用している様子がみうけられた。1日平均40名程度の利用があり、調査日の各時間帯ではおおむね20名程度の利用客が常時滞在していた。たとえばここで昼食（定食500円など）を摂ることを日課にしている人、午後に三々五々集まり囲碁や将棋に興じる人など、様々な利用や居方を許容する穏やかな雰囲気があると感じられた。

同じく｛わいわいショップ｝では常時7、8名程度がお茶を飲みながらの談話をするなど、喫茶店としての利用がなされていた。たとえばコーヒーは1杯100円で、年金生活の高齢者でも気軽に利用できる価格設定になっており、土曜日にはうどん・そば類（300円）も提供される。商店街の有志による運営で、高齢者の交流の場を創りたいという意図はもちろんのこと、少子高齢化により購買力の落ちた地域の実情と、駅前などの大型スーパーに客を奪われる現状に少しでも歯止めをかけ‘商店街に少しでも足を向けてもらいたいとの願いがある’と運営者からうかがった。

［町内よりあい型］の｛4丁目ラウンジ｝では10名内外の利用者がテーブルを囲み、お茶を呑み持ち寄ったお菓子を食べながら和やかに談話をしていた。｛5丁目ラウンジ｝では20名弱がこの日のプログラムである折紙を中心とした活動をしていたが、隣接した公園で子どもと一緒にあそんだり、子どもとの交流・談話を愉しむなどの自由な過ごし方もみられた。

3.2.2　利用者の基本属性と利用頻度

ここでは利用者アンケート調査の結果から、（調査当日来店した）利用者の基本属性や利用頻度等について概要を示す（図3.2）。

(1) 性別

居場所利用者は概して男性より女性が多い。一方｛西複合｝では囲碁、麻雀の団体に属する人が多く、それらの団体に所属する男性の利用が多いので男性が75％を占めていた。

(2) 年齢階層

全体的には65歳以上の高齢者が多いが、特に｛諏訪いきデイ｝｛永山いきデイ｝では75歳以上の後期高齢者の利用が多い。｛福祉亭｝では年代による利用者の偏りは少なく、幅広い年代の人に利用されていることがわかった。

(3) 利用頻度

概して週に数回と回答する人が多かった。｛西複合｝と｛東複合｝ではほぼ毎日、または週に数回の利用をしている男性が多いことが目を引く。ここの常連となっている男性利用者にとっては、ここでの活動が日常生活の一部となっていると推察される。

(4) 居住地

利用者の居住地はそれぞれの居場所によって異なる傾向がみられる。｛西複合｝｛東複合｝では諏訪・永山以外の地域からの利用者が多い。これは①団体活動のできる部屋の数がこの両施設には多いこと、②ダンスや卓球、テニスなどのスポーツを目的とした団体が体育館やテニスコートの利用のために他地域からも来訪していること、③元は学校のため駐車スペースがあるので自家用車での来館が可能であること、などが起因しているものと考えられる。｛老人館｝｛諏訪いきデイ｝｛わいわいショップ｝は諏訪・永山地区からの利用がほとんどである。｛老人館｝と｛諏訪いきデイ｝では、立地している諏訪地区からの利用が多く、｛永山いきデイ｝や｛福祉亭｝では同じく立地している永山地区からの利用が相対的に多い状況となっている。｛4丁目ラウンジ｝｛5丁目ラウンジ｝は、自治会運営であることから居場所のある諏訪地区からの利用のみであった。すなわち、居場所の利用は居住地との距離・位置関係に強く左右される。

3.2.3　利用圏域からみた居場所の類型

アンケート調査による各居場所利用者の居住地を町丁目または番地の中心点に代替し[*1]、居場所からの直線距離を計測した。あくまでも目安としての利用距離であるが、各居場所利用者の居住地からの利用距離の平均値を求め図3.4に示す。

算出した各居場所の平均利用距離により、50％利用圏域が1㎞を超え諏訪・永山地区周辺にも利用が及ぶ［地域型］、400～800 m程度で諏訪・永山地区にほぼ圏域が収まる［地区型］、これより圏域がさらに小さく利用者が居場所周辺に限定される［町内型］、の三つに分類できる。参考までに地域施設計画の基本的な常識として、徒歩利用圏はおおむね800 m程度までと考えられている。

［地域型］に分類される｛西複合｝｛東複合｝では、前述したように体育館などの特殊な場所の利用を目的として訪れている人がいること、駐車スペースが確保できていること、などが広域からの利用に繋がる要因であると考えられる。一方で、同様に場所貸し型の運営をしている｛老人館｝の利用圏域は500 m程度と［地区型］となっており、｛西複合｝｛東複合｝より相対的に狭い。これは体育館などの特別なスペースがないこと、近隣から来る入浴利用者が相対的に多いこと、などが原因と考えられる。また、二つの｛いきデイ｝は送迎サービスを行っていることもあって少し離れた地域からの利用もあり、利用距離が中程度となっている。

＊1　個人情報保護の観点から、アンケート調査での居住地の問いは丁目までに留めた。

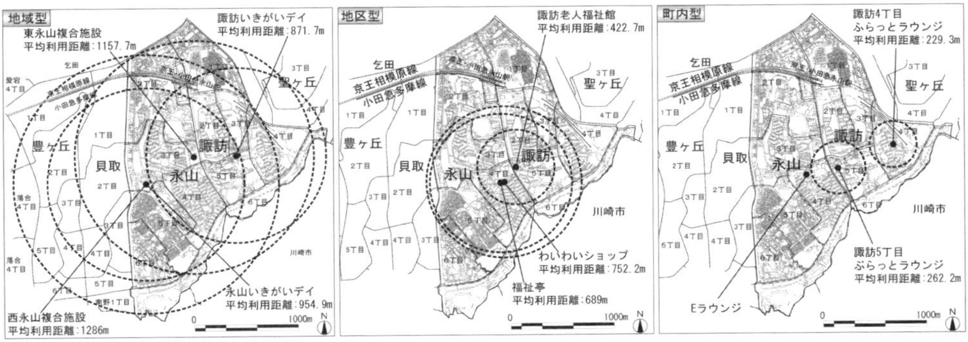

図3.4　利用圏からみた居場所の類型

［町内型］に分類される｛4丁目ラウンジ｝｛5丁目ラウンジ｝は自治会が運営していることから、利用条件は特に設けていないものの町内からの利用者がほとんどとなっている。

3.2.4　居場所相互の利用相関

利用者によってある一つの居場所のみを反復利用する人や、複数の居場所を目的に応じて使い分けている人など、様々な利用様態があるものと考えられる。調査当日に各居場所を訪れた利用者が、地域の他の居場所を相互にどのように利用しているのかを把握するため、他に利用することがある居場所を複数回答で質問した。図3.5にその結果をまとめた。縦軸、横軸の居場所を掛け合わせた位置の数値は、両方の居場所を利用している人数を表す。また、同じ居場所同士を掛け合わせた対角線上の位置の数値は、他の居場所を利用せずその居場所のみを利用している人数を表している。

これによると｛西複合｝と｛福祉亭｝では、単独利用が全利用者の5割を超えており、特に｛西複合｝の囲碁団体に所属する男性利用者に多くみられる。これらの男性は利用頻度も高く、ここでの活動が日々の楽しみであり唯一の地域の居場所となっていることがうかがえる。｛福祉亭｝では、ここでの昼食を毎日の日課としていたり、支援ボランティアとの個人的なつながりで利用する人がいることから、特定の利用者にとっての地域の中のお気に入りの居場所としての存在となっていることがうかがえる。また、二つの｛いきデイ｝は利用者が相対的に高

			居場所											単独利用率
		回答数	西複合	東複合	老人館	諏訪デイ	永山デイ	福祉亭	わいわい	Eラウンジ	4ラウンジ	5ラウンジ	その他	凡例 単独利用 複数利用（数値は利用者人数を表す）0 50 100 (%)
居場所	西永山複合施設	88	47	22	18	0	8	21	7	2	2	1	16	53.4% 47 41
	東永山複合施設	83		31	20	1	3	11	0	0	5	3	28	37.3% 31 52
	諏訪老人福祉館	35			5	4	2	11	8	1	4	33	3	14.3% 5 30
	諏訪いきがいデイ	5				3	2	1	0	0	1	3	1	60.0% 3 2
	永山いきがいデイ	18					7	4	3	1	0	0	2	38.9% 7 11
	福祉亭	41						27	5	1	3	8	6	65.9% 27 14
	わいわいショップ	8							1	0	0	4	0	12.5% 1 7
	Eラウンジ	−								−	3	0	0	—
	4丁目ラウンジ	13									3	2	2	23.1% 3 10
	5丁目ラウンジ	19										2	0	10.5% 2 17

図3.5　居場所相互の利用相関

齢でやや虚弱であることから、手厚い支援のあるこの居場所が好まれ、自立的な活動を行う他の居場所の利用が比較的少なくなっていると考えられる。

複数の居場所を使っている利用者の居場所相関をみると｛西複合｝×｛東複合｝、｛西複合｝×｛福祉亭｝、｛老人館｝×｛5丁目ラウンジ｝の相互の利用者相関が強い結果となった。｛西複合｝×｛東複合｝に関しては、同じ場所貸し型の運営をしていることが要因であると考えられる。｛西複合｝×｛福祉亭｝については、｛西複合｝を利用するカラオケ団体メンバーに｛福祉亭｝を利用していると回答した人が多いことから、知人のつながりによる相互の利用が多くなっていることがうかがえる。さらに｛老人館｝×｛5丁目ラウンジ｝に関しては、お互いの所在地が近接しており、近隣住民が二つの居場所を目的に応じて使い分けているためと考えられる。なお、各居場所において｛老人館｝を利用していると回答する人が比較的多くみられたが、日常的な利用とは別に頻度は少ないものの館が催す展覧会、秋祭りなどのイベントに参加することがある人々も含まれるためと考えられる。

これらの分析から、ある特定の居場所のみを日常的に利用する人や複数の居場所を使い分けている人などがあることがわかったが、後者の場合、相互の距離やその居場所を通じた人間関係などが要因・背景となっているものと類推される。

3.3　地域住民の居場所利用と認知

次に諏訪・永山地区居住の高齢者に対して行ったアンケート調査から、これらの居場所が地域住民によってどのように認知されているかを考察してみたい。この地域住民アンケート調査は多摩市高齢福祉課及び東京都健康長寿医療センター研究所との協同で行ったものであり、諏訪・永山地区に居住する60歳以上の高齢者の基本属性や外出頻度・場所、近所付合いなどの日常生活の様子、10カ所の居場所や地域施設の認知度・利用状況を把握することを調査内容とした。諏訪・永山地区の

60歳以上の住民8315名から無作為に抽出した3010名にアンケートを配布し、1538名（回収率51％）から回答を得た（郵送配布・回収）。

3.3.1　諏訪・永山地区の高齢者の基本属性と生活様態のあらまし

アンケート調査では諏訪・永山地区に居住する60歳以上の方々の基本属性や日常の外出行動、近隣交流等の基本事項について以下の（1）～（4）の項目について質問している。これらについて図3.6に項目ごとの集計結果を整理した。これを一覧すると多摩ニュータウン諏訪・永山地区に居住する高齢者の日常生活、地域生活の様子の全体像を概観できる。

（1）基本属性

男性、女性ほぼ同数の回答が得られた。回答者は65～74歳の前期高齢者が多い。居住地については、永山では戸建て持ち家・分譲マンション・公社・公団賃貸が多く、諏訪では分譲住宅・公営賃貸住宅が多い。また、居住年数は両地区において20～40年が多い。多摩ニュータウン諏訪・永山地区は初期入居を実現して以来40年が経っているが、途中入居もある

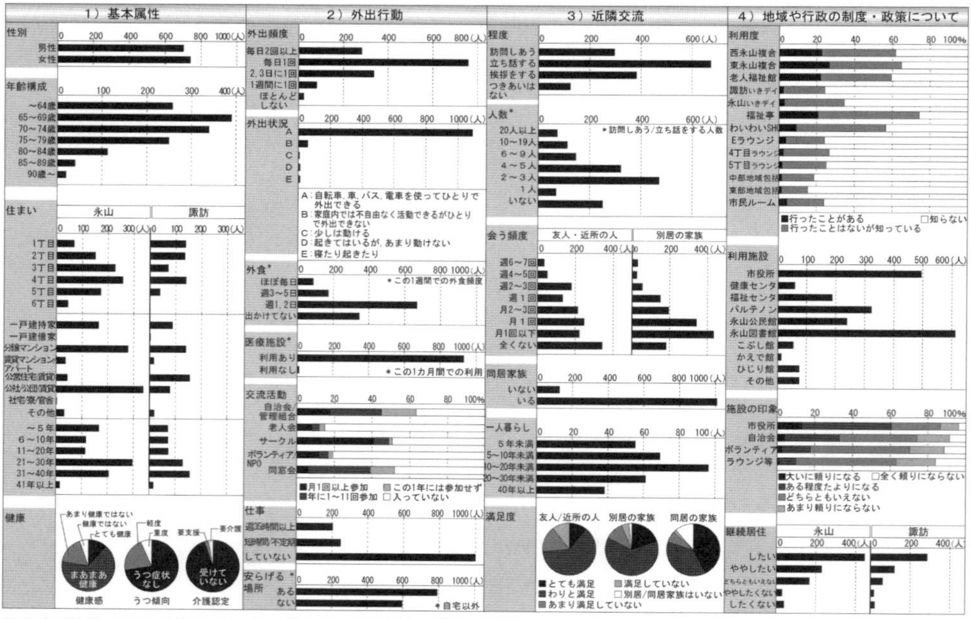

図3.6　諏訪・永山地区アンケート回答者の基本属性と日常生活様態

にせよかなり長期間にわたって継続居住している方々が多いことがわかる。健康面では75％程度の人が健康で、うつ症状なしという回答である。さらに90％以上が要介護認定を受けていないという結果から、諏訪・永山地区調査対象者は全体として現時点ではある程度健康な自立高齢者が多いものと判断される。

(2) 外出行動

外出頻度は毎日１回外出している人が多く、少なくともほとんどの人が２～３日に１回は外出している。また、ほとんどの人が１人で外出できると回答している。外食の頻度は週に１～２日の回答が多い。医療機関はほとんどの人が月１回以上利用している。交流活動についてみると、自治会や趣味のサークルなどには半数以上の人が参加している。職業について‘仕事は現在していない’という人が７割程度占めている。また、自宅以外に安らげる場所については、半数以上が‘ある’と回答している。全体として一定程度の自立度を有し、外出頻度も高い高齢者像が浮かび上がってくる。

(3) 近隣交流

近所の人との付合いの程度は‘立ち話をする程度’の人がもっとも多く、ついで‘あいさつをする程度’という回答である。訪問しあう仲ではなくとも、９割以上の人が他者との何らかのつながりをもっているといえる。訪問しあう、または立ち話をする人数は２～５人が多く、反面‘いない’という回答も目立ち、‘孤立化’の兆しかと多少気になる。会う頻度は友人や近所の人、別居の家族ともに月に１回程度である。付合いの満足度に関しては、友人・近隣・家族ともに75％程度が満足していると回答している。

外出行動、近隣交流の双方を通じて、外出頻度も高く、近隣交流においても通常の交流関係を保つ人々が多くを占めることは確認できる。しかし、次第に外出の頻度が下がり、交流関係も希薄になってくる兆候のある人も少しずつ増えはじめているとの予感もあり、‘孤立化’‘孤独死’の影が忍び寄っていることを実感させられる。

(4) 地域施設利用等

10カ所の高齢者の居場所以外の一般的な地域公共施設の利用では、多摩市役所と永山図書館の利用が多くみられる。住民の居場所や地域施設に対する印象では、自治会やボランティア、NPO、ラウンジについて‘頼りになるともならないともいえない’という回答が多い。継続居住の意向については、両地区ともに‘この街に住み続けたい’とする回答が約8割に及ぶ。

3.3.2　住民による居場所の利用と認知

アンケート調査では、10カ所の居場所についての利用の有無（行ったことがあるかないか）と認知の有無（知っているかいないか）を質問している。

利用度（行ったことがある）・認知度（知っている）は｛西複合｝｛東複合｝｛老人館｝｛福祉亭｝で比較的高いが、その他の居場所については20～30％程度と低い結果となっている。各居場所に対する利用と認知（行ったことがある・行ったことはないが知っている・知らない）について居住地、近隣交流、今後の利用意向との関係をクロス集計した結果を図3.7に示した。

各居場所において、当然ながら居場所が存在する地区での認知度が概して高い。特に［町内よりあい型］に分類した三つのラウンジでは認知度、利用度ともに居住地による差が顕著に現れている。一方、広域型の｛西複合｝と｛東複合｝では地区の偏りはあまりみられず、広域から利用・認知がされていることがわかる。また｛西複合｝｛東複合｝｛老人館｝では認知がある人の中で利用したことがある人の割合が高く、二つの｛いきデイ｝や｛4丁目ラウンジ｝｛5丁目ラウンジ｝では、認知はあるが行ったことがあるという人は少ない結果となっている。｛いきデイ｝は登録制であることや、高齢者施設という性格づけに抵抗感をもつ人が少なからずいること、などが要因として考えられる。

｛4丁目ラウンジ｝｛5丁目ラウンジ｝では立地近辺以外での利用・認知は低く、設立からまだ日が浅いこと、小さな規模での寄り合い型の活動であるために、誰かのつてやつながりがなければ参加しにくい状況であると推察できる。しかし、同じ町

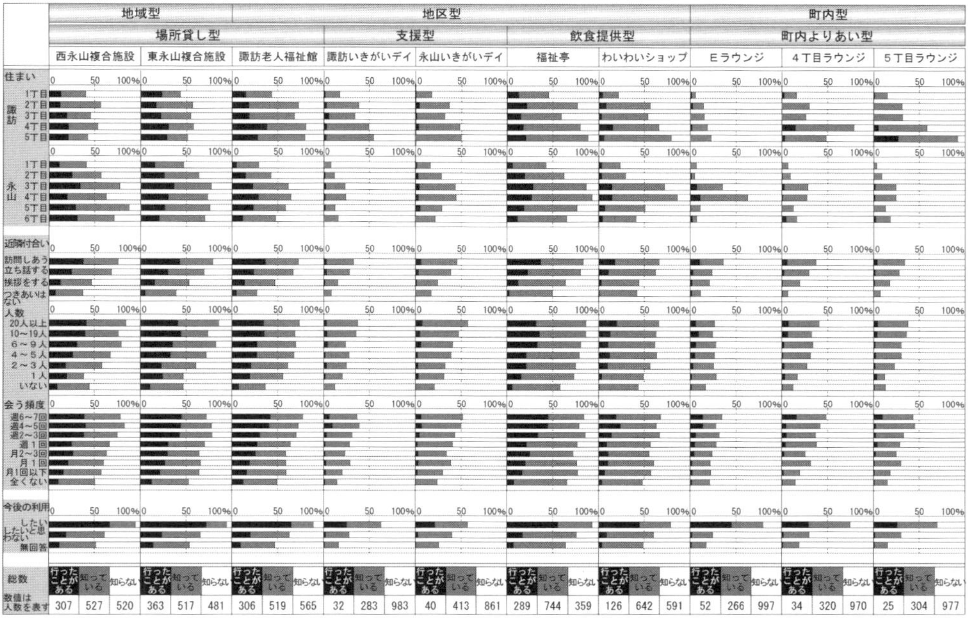

図3.7　居住地・近隣交流からみた居場所の利用と認知

凡例　■行ったことがある　■行ったことはないが知っている　□知らない

内に居住しながら以前は知り合いではなかったが、｛ラウンジ｝をきっかけとして初めて交流し顔見知りの関係となるケースもあることから、［町内よりあい型］の狭い範囲の利用ではあるが、近隣交流関係を広げる可能性をもっているものと考えられる。

近隣付合いと居場所の利用との関係についてみてみると‘訪問しあう人がいる’と回答した人ほど、また、訪問しあう・立ち話をする人数が多いほど、さらに近所の人と会う頻度が多いほど、‘各居場所を利用したことがある’と回答する度合いが高い結果となっている。つまり、近隣関係が深まれば居場所の利用度は高まるといえ、逆に居場所の利用から近隣付合いのきっかけが生まれるものと推論できる。

今後の利用意向との関係についてみると、各居場所において今後利用したいと回答した人の中では、当該居場所の利用経験のある人が多くの割合を占めており、一度の利用経験が今後の利用意向に繋がるといえる。

3.4 まとめ：高齢者を支える共生の姿

多摩ニュータウン諏訪・永山地区にはNPO、ボランティア団体、商店街、自治会などが自立的に運営を始めている「高齢者の身の寄せ処・居場所」が、行政によるものを含めて調査時点（2009年11月）までに合計10カ所成立している。心温まる居場所である。地域住民やNPO、自治会・商店街などが自立的・自助的に設立し運営している、という点がこれからの地域社会のあり方を示唆しているようで象徴的である。また、居場所への参加が地域社会での交流・活動の機会を拡げ、逆に社会参加の度合いが高い人ほど居場所の利用も活発であるという点も重要かと考える。

要点をまとめると以下のようになる。

①10カ所の居場所は、その運営形式等によって［場所貸し型］［支援型］［飲食提供型］［町内よりあい型］に分類して捉えることができる。

②これらの居場所の同時観察調査から、それぞれの居場所はその運営形式にしたがって、高齢者によって様々な居方の場所として利用されていることが理解できる。

③居場所は利用圏域から［地域区］［地区型］［町内型］と分類して捉えることができる。

④利用者の側からみると、ある特定の居場所のみを日常的に利用する者や複数の居場所を使い分けている者などがある。複数利用の場合の選択要因として、相互の距離やその居場所を通じた人間関係などが類推される。

⑤居場所の認知には、1）広域的な認知、2）居場所の所在地に影響される認知、3）居場所近辺に集中する認知、などがある。さらに居場所の利用や認知は近隣交流の度合いと関係があり、近隣交流が活発な住民ほど居場所の利用・認知の度合いが高い傾向にある。

⑥居場所の利用経験がその後の継続利用の意向に結びつく傾向があり、地域継続居住する高齢者に多様な機会を設けることの意義を類推させる。

図版出典

図3.2、4～7、表3.1／多摩ニュータウン諏訪・永山地区における高齢者のための居場所形成とその利用・認知に関する分析：國上佳代、余錦芳、松本真澄、上野淳：日本建築学会計画系論文集、Vol.76, No.663, 2011.05., pp973-981

第４章

福祉亭の人々

前章では、多摩ニュータウン諏訪・永山地区に形成されている「高齢者の居場所10カ所」について述べてきた。小生は、かねがねこれら地域における自立的な高齢者支援の仕組みとそのネットワークのもつ意味は大きいものと考えており、この意味では多摩ニュータウン諏訪・永山の地域ネットワークは、歴史を刻みつつある大規模住宅団地における住民等による自立的な高齢者支援システムの先駆的なあり方として大切なものと考えてきた。

さて、これらの中で2002年に開設されたNPO法人の運営による「福祉亭」は、ボランティアによって支えられて活発な活動が展開されている「自立高齢者の居場所」として全国的にも注目されており[*1]、多摩ニュータウンにおける高齢者支援スペースの嚆矢としての存在といえる。その生き生きとした活動やここを支える心温かな人たちが醸し出す雰囲気や環境、そして利用者と支援者が共生する姿は、多摩ニュータウンに限らずこれからの日本の地域社会のあるべき姿、目指すべき道を示唆している、と思うのである。

この章ではこの福祉亭を採り上げ、その活動の実態や利用者の特性、そして地域社会における福祉亭の存在意義などについて、深く掘り下げて論じてみたい。

なおこの章は、上野・松本研究室に2006～2012年の間大学院生として在籍し、福祉亭をテーマとして修士論文、博士論文をまとめた余錦芳の論考に基づくものである。余は2007年から現在に至るまで福祉亭の活動にボランティアとして参加し、その運営や高齢者サポートに主体的に関わってきた。運営側および利用者側の双方との間に信頼関係をもつことができ、この活動を通じて福祉亭に関わる人々を誠実に見守り続けてきた誠意溢れる論考になり得たと考えている。

＊1　福祉亭はテレビや新聞雑誌などで頻繁に紹介されている。NHK（2006年4月放送）「笑顔があふれる食堂」「扉を開けてください～絵手紙を届ける」、読売新聞（2009年5月24日）、週間ダイヤモンド誌(2009年5月号)など。また、参議院の第171回国会「少子高齢化・共生社会に関する調査会」第3号（2009年2月25日）の参考人として理事が出席している。

4.1　福祉亭の成り立ち

ここではまず、福祉亭の施設や運営の概要、その成り立ちと系譜などについて簡単に紹介することから始めたい。

4.1.1　福祉亭の位置と施設概要

福祉亭は、多摩ニュータウン永山地区近隣センター商店街の空き店舗を改造して運営されている（図4.1）。通行量の多いペデストリアンデッキに面し、近くには保育園、スーパーマーケット、福祉会館などが建ち並ぶ（写真4.1）。地域住民が行き交い自然に集まる場所に立地しており、入り口のそばで小学生がはしゃいでいる姿や、子ども連れの母親たちが立ち話をしたりしている姿が常時垣間見られる。室内の広さは60㎡程度であり、室外の5席を含めて37席が設けられている（図4.2）。冷蔵庫は生協から譲り受け、テーブルなどの家具は手づくりである。また、食器やポット、ソファー、椅子などの多くは住民からの寄付によっている。こうした寄付や手づくりによる設えが、かえって福祉亭の環境を家庭的な雰囲気に和ませていると感じられる（写真4.2）。

写真4.1　福祉亭外観

写真4.2　福祉亭のお昼時

4.1.2　福祉亭の設立経緯

福祉亭の設立から現在に至る活動経緯を表4.1にまとめておく。福祉亭は、2001年に多摩市で開催された市民懇談会

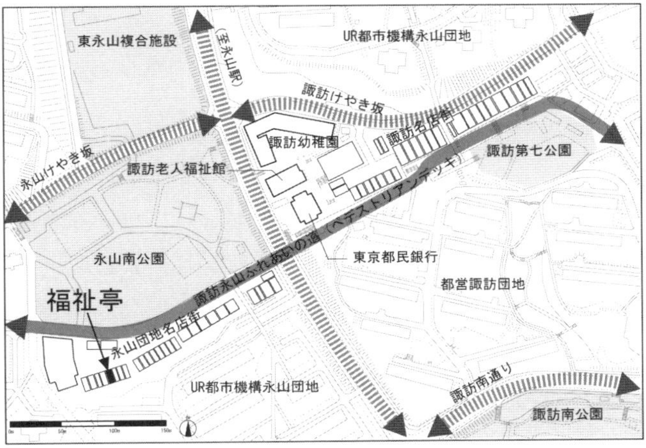

図4.1　福祉亭の位置

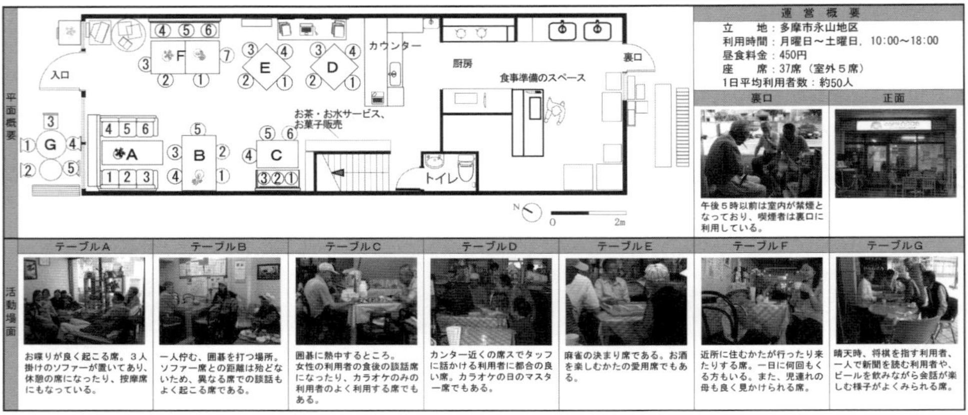

図4.2　福祉亭店内の様子

表4.1　福祉亭の設立と活動の経緯

年月	設立経緯及び各種活動内容
2002. 1	「高齢者いきいき事業」として【ライブハウス永山福祉亭】を立ち上げる （場の提供のみ） 運営:「ＮＰＯ法人福祉ネット多摩」（東京都と多摩市から３年間の補助）
2002. 2	【カフェノード】開業：喫茶・軽食の提供を開始
2003. 1	【生活サポート隊】結成
2003. 4	【永山福祉亭】に名称変更開設．市民ボランティアによる運営を開始
2003. 4	精神障がい者の地域社会参加トレーニングを目的として【特定非営利活動法人わこうど精神障がい者共同作業所（若人塾）】が運営参加（月２回，月曜日隔週） 飲み物の収益のみ福祉亭へ
2004. 2	東京都に法人登録 【ＮＰＯ特定非営利活動法人福祉亭（福祉亭）】となる
2004. 4	自主運営を開始
2004. 7	地域に居住する外国人との交流【ミニミニ国際】を開始
2005. 4	東京都のミニデイ事業を受け，【ミニデイサービス】を開始 （市から年間60万円の補助金．活動主体：生活サポート隊）
2005	多摩市市民提案型まちづくり事業：【託幼老と学び・体験スペースづくり】事業 【託幼老所まめふく＆まなふく】を実施
2005. 9	市民提案型まちづくり事業:「地域支え合い支援事業」：【リボン活動】注2) を開始 NPO福祉亭・多摩市地域支えあい実施プロジェクト【おそばに置いておー人暮らしの方のための便利帳（諏訪，永山地区限定版）】の作成及び無料配布
2006	市民提案型まちづくり事業:【地域支え合い支援事業】を開始 （のちに【ミニミニ国際】に併合）
2007. 7	とじこもりがちな高齢者への【絵手紙活動】を開始
2008. 8	地域のバリア状況を把握するための【ひやりハット地図】を作成

「多摩市高齢者社会参加拡大事業運営協議会」がきっかけとなり最初のかたちが立ち上げられた。同年８月に「高齢者いきいき事業」として東京都と多摩市から３年間の補助金が交付され、2002年１月に世代間交流の場として「ライブハウス永山福祉亭」が商店街の空き店舗で活動を開始した。当時の運営は多摩市からの補助金（1250万円）で賄われていたが、2003年の補助

金交付終了を目前に運営方針を見直すこととなった。市民に参加を呼びかけ無償ボランティアによる運営へと移行し、2003年4月に現在の姿の福祉亭が誕生している。趣味活動と食事・喫茶の場の提供を中心に運営し、年間売上が約900万円、完全な無償ボランティアによる運営によるところから人件費が不要ということもあり、経常黒字の自主経営となっている。

4.1.3　運営スタッフ

福祉亭は、中核メンバー（理事長1名と理事3名）と一般ボランティアによって運営が支えられている。ボランティアには約100名が登録されており、毎日4～10名が当番制で活動している。福祉亭の経費は50%が食材費、残りが水光熱費とその他諸経費であり、これら必要経費をすべて差し引いた残額が1日4時間以上働くボランティアに「こころの栄養」（理事のTさん）として交通費相当が支給されている。ただし、中核メンバーの4名は完全無償である。

中核メンバーのうちの1人、Mさんは多摩ニュータウン開発の主翼を担った日本住宅公団（現、UR都市機構）の元トップ技師であり、引退された後「今度は街をつくる側から、護る側に回る」とのお考えから推進メンバーとなり、現在もご活躍中である。もう1人のTさんは永山団地に住んでおられる主婦の方であるが、多摩ニュータウンが歩みを始めた初期の頃、図書館や社会教育施設がまだ不足していた時代に「文庫活動」で活躍されていた方である。こうした福祉亭メンバーの横貌も多摩ニュータウンの由来を感じさせる。

なお、隔週の月曜日は「若人塾」*2 が、水曜日は「生活サポート隊」*3 が福祉亭を場として活動を行っている。

4.1.4　提供サービス

福祉亭は月曜日～土曜日は10時～18時まで、日曜日は月2回13時30分～16時まで営業している。利用者の制限は特になく、誰でも自由に利用できる。主なサービス内容は、食事と喫茶、趣味活動（囲碁・将棋など）の場の提供である。食事には定食（500円：1日約30食）、ラーメン、サンドイッチなどがあり、ビールなどのアルコール類も提供している。

＊2　地域の障害者の作業所。
＊3　「生活サポート隊」は2003年に開始された福祉亭の一事業（主に水曜日の運営を担当）で、独自の活動も行っている。主な活動は在宅支援活動、子育て支援、家事支援などである。その具体的な内容を以下に述べる。①利用条件：年会費1000円と保険料300円の会員登録が必要である。利用料は月曜日～土曜日の8時～17時は1時間900円、17時～22時は1100円となっている。日曜日と祝日の利用料は8時～17時は1時間1100円、17時～22時は1300円となっている。利用には予約が必要である。②サービス内容：子育てや高齢者・障害者へのサポート。幼児のいる家庭では幼児の保育としての利用が多く、高齢者は送迎や家の掃除などでの利用が多い。

当初の構想は「居場所としてのスペースと食事の提供」であったが、利用者の意見を採り入れ、アルコール類の提供や囲碁・将棋などの趣味活動の場の提供も行う現在の運営のかたちとなっている。なお、毎日提供される昼定食は、地元の食材をなるべく採り入れ、調理人は曜日担当で毎日交代する。‘何曜日のあの人のつくる定食’を目当てに福祉亭に通う人もいるという。

なお、以上のように日常的に提供しているサービスのほかに、介護予防を目的としたミニデイサービス[*4]が毎週水曜日に行われている。その他、様々なプログラム（表4.2）や年間を通じて行われる様々な行事・イベントが展開されている。これらのイベントの内容やスケジュールは毎月発行の福祉亭の情報紙「いきいき新聞」に、他の地域情報、利用者からの投稿などとともに掲載される。提供プログラムは曜日や週によって運営者と内容が異なるため、この新聞の行事予定をみて来店する利用者も少なくない。いずれも利用者の趣向によって自由に参加することができる。

＊4　東京都が多摩市を通して福祉亭に委託している介護予防が目的のミニデイサービス事業。毎週水曜日、健康体操、頭の体操、唱歌、ペン習字などの介護予防イベントや季節ごとに誕生会やクリスマス会、新年会などを実施している。年間60万円の補助金が支給されている。運営主体は「生活サポート隊」である。

表4.2　福祉亭の曜日別提供プログラム

週＼曜日		月	火	水	木	金	土	日
1	午後		麻雀 出張指圧		よろず 相談		注6) 健康 フラ	
2	午前			唱歌				
	午後		麻雀 出張指圧	算数 サロン		よろず 相談	健康 フラ	
3	午後		麻雀 出張指圧		茶の湯 よろず 相談		健康フラ お酒の会	
4	午前	ミニミニ 国際		唱歌			健康 フラ	
	午後		麻雀 出張指圧	体操		よろず 相談		寝床 寄席
5	午後		麻雀 出張指圧	文字を 書こう			健康 フラ	カラオケ

注：月によって週の予定が異なる場合がある．
　　囲碁・将棋は月曜から土曜の午後に行っている．

4.2　福祉亭の1日

福祉亭の利用様態やその地域社会における存在の意義に関する詳細な論述に入る前に、福祉亭の典型的な1日の様子を紹介しておきたい。

福祉亭には年間を通じて延べ約1万2000人、1日平均約40名の人々が来店する（2010年調査）。後に述べる週間利用実態詳細観察調査（2010年10月）で得られたある典型的な福祉亭の1日の活動展開の様子を、平日（10月19日火曜日）と週末（10月23日土曜日）についてそれぞれ図4.3、4に示す。この図をしみじみ眺めていると、福祉亭が実に多様な「居方」を許容する「居場所」であることが実感される（写真4.3～7）。

10月19日（火）は男性23名、女性29名の計52名が来店した。個人利用や趣味活動により形成されたグループ活動が観察される。食事を摂るための利用者はそれぞれ三々五々来店するが、利用者間で頻繁に会話をする場面や、趣味活動グループが自然発生的に形成される様子などが観察された（図4.3、②③④⑤⑥）。

10月23日（土）は男性16名、女性22名の計37名が来店した。この日は午前中から1人で音楽を聴いたり、外へたばこを吸いに行く利用者（図4.4、①②）や、午後には利用者の昼寝の様子（図4.4、③）やスタッフへの相談の場面（図4.4、④）などが観察された。利用者は福祉亭を自宅以外の第二の居間のように使っていると考えられる。

以上を概観すると、福祉亭での利用者の滞在の仕方は、①食事・喫茶の利用、②運営者・ボランティア、利用者相互の会話・交流・相談、③囲碁・将棋などの相手のいる趣味活動、④1人での休息・佇み、⑤新聞・読書、⑥飲酒を媒介とした交流・談話、など多様な様態がありこれらが常に共存していることがわかる。これらから利用者の滞在の仕方と行為を図4.5に示す12種類に分類し、時間帯ごとに発生した行為を記録した。女性利用者は食事と談話が多く、他者との交流を頻繁に行う特徴がある。男性は2、3名のグループによる趣味活動が主と

写真4.3　福祉亭の午後

写真4.4　福祉亭での交流・談話

写真4.5　福祉亭の昼定食

写真4.6　日替わりの昼定食

写真4.7　クリスマスパーティー

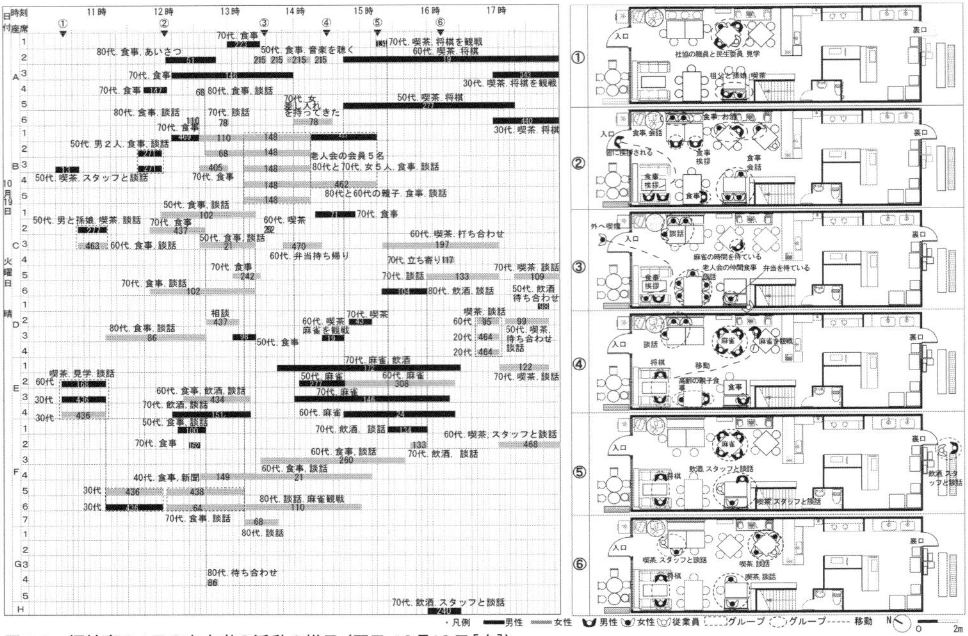

図4.3　福祉亭の1日の来店者の活動の様子（平日 10月19日［火］）

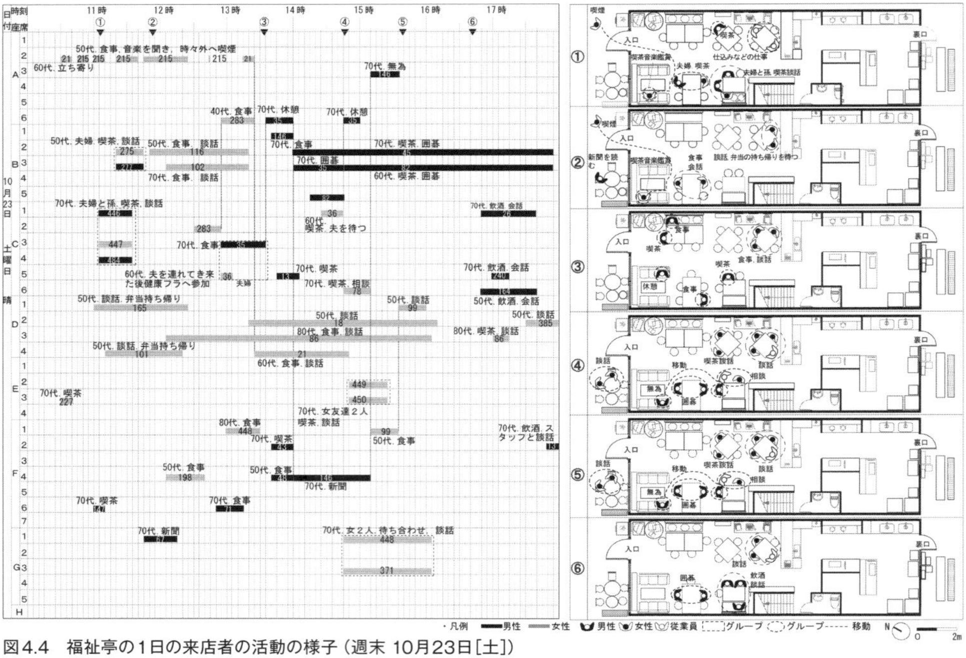

図4.4　福祉亭の1日の来店者の活動の様子（週末 10月23日［土］）

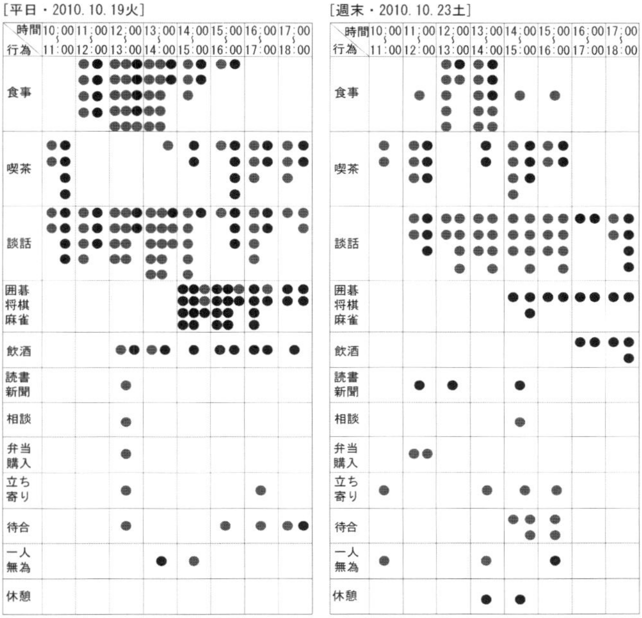

図4.5　利用者の行為内容の時刻変動（週間調査）

なっているが、読書や１人での飲酒など、他者との交流のない利用場面もみられる。

常連利用者の中には、特定の利用者が現れると自然に席を譲る様子が観察される。利用者間で暗黙のルールが存在しているものと考えられる。利用者が店の運営に協力する場面もよくみられる。昼食を食べ終えると自ら食器を流し場へ持っていったり、閉店時間が近づくと外に置いた椅子やテーブルを店内に仕舞う手伝いをするなど、利用者が様々に互いに思いやりながら共生する姿といえる。

4.3　福祉亭の活動と来店者の利用類型

4.3.1　調査の概要

本章での論考は、以下の三つの調査に基づく(表4.3)。

(1) 参与観察調査

研究室の大学院生・余は、2007年から5年間にわたり福祉亭の活動にボランティアとして週に2、3日程度参加し、イベント時には利用者として参加してきた。福祉亭に来店する常連利用者を中心として馴染みの関係を構築しつつ、年間を通じた運営状況とボランティアおよび利用者の活動の全体像を把握することを心がけた。

(2) 年間利用実態調査

2009年11月～2010年10月にかけて、1年間を通じて利用概要の調査をすべての営業日において実施した。調査者に加えボランティアスタッフの協力により、食事や喫茶の注文の際発行する伝票に来店者の属性（特定できる場合は名前やニックネーム、性別、年齢、住所など）をメモしてその記録を蓄積した。伝票の記録から利用内容が食事（定食やラーメンなど）か喫茶・飲酒（コーヒー・紅茶やデザート、酒類など）のみか、が判別可能である。ここで馴染み客、頻度高く繰り返し来店

表4.3　調査概要

参与観察調査	目的	運営実態及び利用者とその利用実態を把握する
	対象	来店者全員
	方法	ボランティア，利用者としてイベントなどの参加
	期間	2007年11月～
	内容	①運営内容 ②利用者の基本属性
年間利用実態調査	目的	利用者の年間を通じた利用実態を把握する
	対象	利用者
	方法	伝票の記録
	期間	2009年11月～2010年10月
	内容	①利用内容 ②利用頻度 ③利用者の基本属性
週間利用実態調査	目的	利用実態を把握する
	対象	来店者全員
	方法	終日観察調査
	期間	2010年10月19日～25日（24日，日曜日を除く）
	内容	①利用頻度 ②滞在時間 ③滞在場所 ④利用内容 ⑤行為内容

する常連利用者、来店は時々だが調査者や記録担当のボランティアスタッフに名前や住所などが記憶されている利用者などは、伝票にそれら属性を簡単にメモ書きする調査としたので、これらの人々は個人が特定できている。これを以下‘個人特定利用者’と定義する。集計・分析にあたってこの個人特定利用者には通しの利用者コード番号を付した。

(3) 週間利用実態調査

2010年10月19日(火)～25日(月)の1週間(非営業の日曜日を除く6日間)、調査者・余が開店時刻から閉店時刻まで滞在し、来店者の利用内容、滞在場所、滞在時間(来店・帰店時刻)を観察記録した。

4.3.2 年間調査からみた福祉亭の活動と来店者の利用類型

(1) 年間の活動と利用状況の概要

年間調査期間中の福祉亭の営業日数は、表4.4のとおり年間301日であった。年間の延べ利用者数に占める個人特定利用者の構成を図4.6に示した。年間で延べ1万2084名、1日平均約40名の利用があったことが示される。このうち個人特定利用者の実人数は372人、年間延べ利用は6930人となり、全延べ利用の57%について個人を特定しながら把握できていることになる。伝票とそれにメモ記載された利用者の属性のデータの集計による利用内容、利用者属性などの概要を表4.5にまとめる。個人特定利用者についてみると、食事と喫茶の利用が6：4、男女はほぼ同数、65歳以上の高齢者が67%、永山地区在住の利用者が60%などとなっている。

表4.4　年間調査の営業日数

対象日数	月	火	水	木	金	土	日	計
2009年11月	3	3	3	4	4	4	2	23
12月	3	4	4	4	4	4	0	23
2010年1月	1	4	4	4	4	3	2	22
2月	4	4	4	3	4	4	2	25
3月	4	5	5	4	4	4	2	28
4月	4	4	4	4	5	4	2	27
5月	4	3	3	4	4	5	1	24
6月	4	4	5	4	4	4	1	26
7月	3	4	4	5	5	5	2	28
8月	4	4	3	3	3	3	2	22
9月	3	4	5	5	4	3	2	26
10月	3	4	4	4	5	5	2	27
対象日数計	40	47	48	48	50	48	20	301

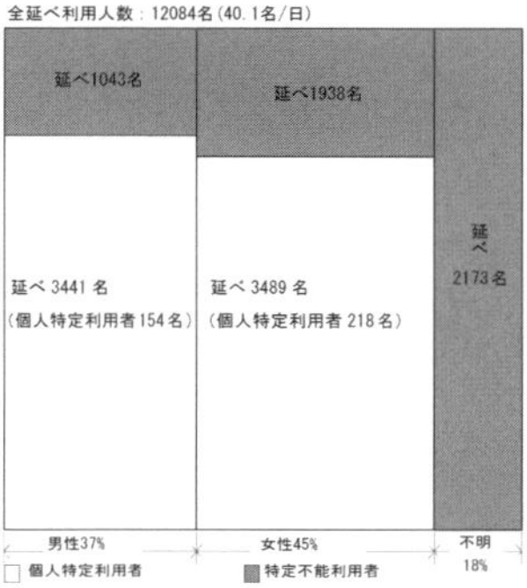

図4.6　年間延べ利用と個人特定利用者の延べ利用

表4.5　年間の利用内容・利用者属性の内訳

		人数	利用内容		性別			年齢			居住地				世帯構成			
			食事	喫茶	男性	女性	不明	65才未満	65才以上	不明	永山	諏訪	その他	不明	独居	夫婦	その他	不明
個人特定利用者	実人数	372			154	218		106	207	59	144	59	74	95	41	62	35	234
	年間延べ	6930	4289	2641	3441	3489		2125	4659	146	4185	1126	1358	261	2115	2357	703	1755
	割合		61.9%	38.1%	49.7%	50.3%		30.7%	67.2%	2.1%	60.4%	16.2%	19.6%	3.8%	30.5%	34%	10.1%	25.3%
全体利用者	年間延べ	12084	7225	4859	4484	5427	2173	2233	4903	4948	4309	1157	1358	5260	2116	2357	725	6886
	一日平均	40.1	24.0	16.1	14.9	18.0	7.2	7.4	16.3	16.4	14.3	3.8	4.5	17.5	7.0	7.8	2.4	22.9
	割合		59.8%	40.2%	37.1%	44.9%	18%	18.5%	40.6%	40.9%	35.7%	9.6%	11.2%	43.5%	17.5%	19.5%	6%	57%

(2) 利用者数の変動とその要因

i 月変動

調査期間中の月ごとの1日平均利用者数を図4.7にまとめた。真夏と真冬に利用者数が落ち込み、気候がよい春、秋に増加する傾向はあるが、全体的には年間を通じて安定した利用があるといえる。利用者がもっとも多いのは3月と4月で平均利用者数は44名、もっとも少なかったのは8月で33名である。当年夏の記録的な猛暑のため外出を控えた傾向があること、猛暑の影響による体調不良のため入院した利用者も少なくなかったこと、などが影響している。

ii 週変動と天候の影響

年間を通じた曜日別の1日平均利用者数を晴・曇・雨の天候別に図4.8に示す。曜日ごとの催し物・行事の影響を若干受け、月・水の利用者数は相対的に少ない。この両曜日はミニデイサービスを行っているため、常連的利用者は来店をやや控える傾向があることなどが要因と考えられる。天候別にみてみると、雨天日には相対的に利用者は少なくなり、特に女性利用者がやや減少する傾向があるが、全体としては大きな影響は受けていないといえる。

(3) 利用者の来店頻度と曜日選択傾向の類型

前述した個人特定利用者372名の年間の来店日数分布を集計すると表4.6に示すようになる。ここで年12回以上（平均的なインターバルで来店したと仮定すると月1回以上）来店した利用者は106名となり、この群を安定的な利用を行った群とし

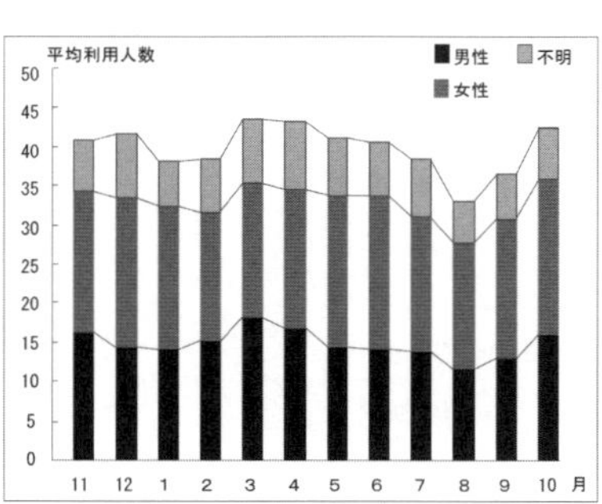

図4.7 月ごとの1日平均利用者数

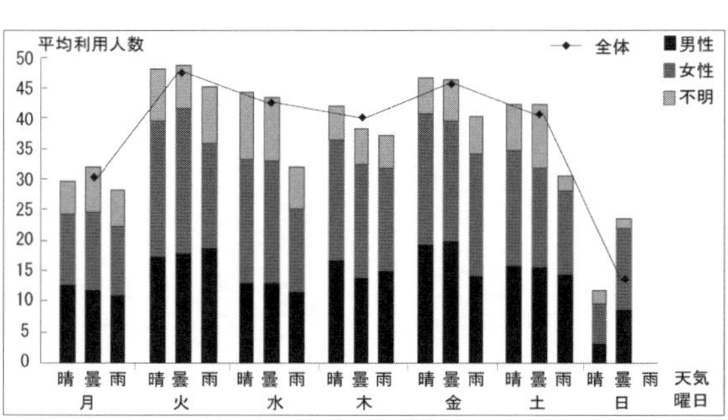

図4.8 曜日・天候別の1日平均利用者数

て以下の考察の対象とする。なお、来店日数がもっとも多かった利用者は、分析対象日数301日のうち241日であった。

ここではまず、前述の年12回以上の利用があった個人特定利用者106名についての福祉亭への来店頻度を以下のように分類する。これを以下‘頻度類型’と称する。

［常連群］：19名：月15回前後、週にして3、4回程度もしくはそれ以上の利用がある者

［定常群］：61名：月5回前後、週にして1、2回程度またはそれ以上の利用がある者

［時々群］：26名：月に1、2回程度の利用がある者

このようにほぼ毎日など極めて頻度高く来店する利用者から、月1、2回程度ではあるが定常的な来店がある利用者まで多様で、さらにその背景には年に数度は来店する多くの利用者が存在する、などの状況を知ることができる。

次に福祉亭の活動を長期間見守っていると、ほぼ毎日来店などの［常連群］は別にして、［定常群］［時々群］などの人々の中には、ある特定の曜日を選んで来店している方々も少なくないことに気づいた。こうした傾向を分析するため、この章での分析対象者106名についての曜日選択傾向を表4.7に示すように分類してみた。これを以下‘曜日類型’と称する。

［曜日特定群］：14名：ある一つの曜日を特定して来店する群。その曜日担当のボランティア、料理人に会うために来店する利用者などである。女性に多い。

表4.6　個人特定利用者の来店日数分布

来店日数	男	女	合計
1	47	84	131
2〜5	41	55	96
6〜11	16	23	39
12〜23	8	18	26
24〜35	9	11	20
36〜47	8	11	19
48〜59	7	4	11
60〜83	8	3	11
84〜119	4	1	5
120〜	6	8	14
合計	154	218	372

注：網を掛けた部分は分析対象【106名】

表4.7　曜日選択傾向の分類

分類の方法	利用人数			計	曜日類型
	男	女	計		
1週間を100%として，1つの曜日のみ利用率が60%以上	3	11	14	14	曜日特定群
1週間を100%として，2つの曜日をあわせて利用率が70%以上	11	6	17	31	曜日指定群
1週間を100%として，3つの曜日をあわせて利用率が80%以上	5	9	14		
1週間を100%として，4つの曜日をあわせて利用率が85%以上	11	14	25	61	全曜日群
1週間を100%として，5つの曜日をあわせて利用率が90%以上	13	9	22		
1週間を100%として，全ての曜日をあわせて利用率が95%以上	7	7	14		
計	50	56	106	106	

［曜日指定群］：31名：2、3の曜日を選択して来店する群。仕事上の都合や定期的なサークル活動の後に来店する利用者などが考えられる。

［全曜日群］：61名：曜日を特定しないでどの曜日も平均的に来店する群。分析対象の57%、男女ほぼ同数である。

このように一部の利用者に一定の曜日選択傾向があるのは、利用者個々人の週間の生活パターン（医院やデイサービスへの通院・通所やその他の1週間の生活リズムなど）が背景にあるほか、曜日によって交替するボランティアとの人間的な相性、曜日による定食のメニュー・味付け（料理人は曜日によって交替する）、曜日による福祉亭の活動プログラム、利用者たち相互の人間関係、などが影響しているものと考えられる。

以上より、頻度類型と曜日類型のクロス集計をした結果を図4.9に示す。頻度類型ごとに傾向を示すと、

［常連群］：頻度高く来店するので、そのほとんどが全曜日群である

［定常群］：曜日を特に選ばない全曜日群と、曜日特定+曜日指定がほぼ拮抗する

［時々群］：全曜日群、曜日指定群、曜日特定群がほぼ拮抗する

などとなっている。こうした利用の曜日の選択にも一定のパターンがあることは興味深い。

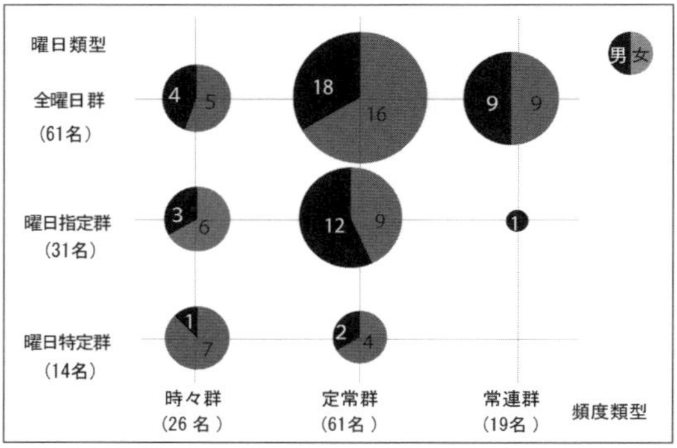

図4.9　頻度類型と曜日類型の関係（年間調査）

4.3.3 週間調査からみた福祉亭の利用様態

以上の年間の利用概要の整理を受けて、ここでは1週間の詳細観察調査によって福祉亭において来店者がどのような活動・利用を行っているかを考察する。詳細観察調査を2010年10月19日（火）～25日（月）までの日曜日（休業）を除く6日間行い、調査者・余が開店から閉店まで店内に滞在し、来店者の利用内容、滞在時間、滞在場所（席）と行為内容を記録した。

（1）週間の利用概要

調査期間1週間の延べ利用人数は299名、1日平均49.8名であった。このうち個人特定利用者は138名、この延べ利用は257回であり、週間の全延べ利用の86％について個人を特定しながら調査できたことになる。ここでは以下、この個人特定利用者138名・延べ257回の利用を中心に分析を行うこととし、その各日の利用内容や属性別内訳などを表4.8に整理した。個人特定利用者は1日平均42.8名、平均1人1.9回／週の利用である。食事と喫茶（飲酒も含む）は55：45、男女比率は4：6、65歳以上高齢者が約7割、福祉亭が立地している永山に居住地をおく利用者が56％である。

6日間を平均した在店人数の時刻変動（15分ごと）を男女別、利用内容別に図4.10、11に示す。午前から午後早めの時間帯の利用者は女性が多く、昼食利用が中心である。食事利用は13時半をピークに減少していく。午後遅めから男性の利用が増加し、喫茶や飲酒をしながらの囲碁・将棋などの趣味活動が中心となる。

（2）来店頻度と滞在時間の類型に関する考察

ここでは週間調査における個々人の来店回数や滞在時間について考察する。

個人特定利用者（138名）個々人の1週間の来店回数分布を図4.12に示す。この分布から利用者を、

［1日群］：調査の週に1回だけ来店した群、81名

［2、3日群］：同、2または3回来店した群、40名

［ほぼ毎日群］：同、4回以上来店した群、17名

の三つに分類することとする。これを以下‘回数類型’と称する。

年月	日	曜日	天気	利用人数	利用内容		性別		年齢			居住地				世帯構成			
					食事	喫茶	男	女	65歳未満	65歳以上	不明	永山	諏訪	その他	不明	独居	夫婦	その他	不明
2010年10月	19	火	晴	52	29	23	23	29	19	33	0	27	8	11	6	8	14	7	23
	20	水	曇	39	25	14	13	26	6	32	1	26	8	4	1	13	7	1	18
	21	木	雨	31	16	15	16	15	10	21	0	18	8	2	3	8	10	1	12
	22	金	曇	51	27	24	18	33	19	31	1	30	8	6	7	12	12	4	23
	23	土	晴	37	16	21	15	22	14	22	1	21	9	4	3	9	9	4	15
	25	月	曇	47	28	19	20	27	14	33	0	21	10	10	6	9	10	5	23
合計				257	141	116	105	152	82	172	3	143	51	37	26	59	62	22	114
平均				42.8	23.5	19.3	17.5	25.3	13.7	28.7	0.5	23.8	8.5	6.2	4.3	9.8	10.3	3.7	19.0
割合					54.9%	45.1%	40.9%	59.1%	31.9%	66.9%	1.2%	55.6%	19.8%	14.4%	10.1%	23.0%	24.1%	8.6%	44.4%

表4.8　週間調査期間における各日の利用状況

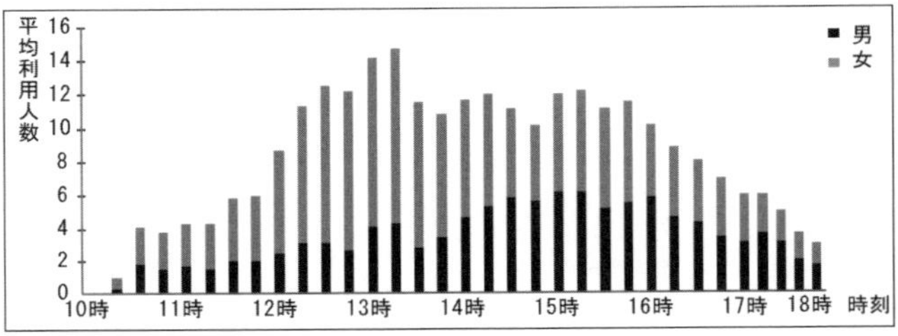

図4.10　男女別利用人数の時刻変動（週間調査）

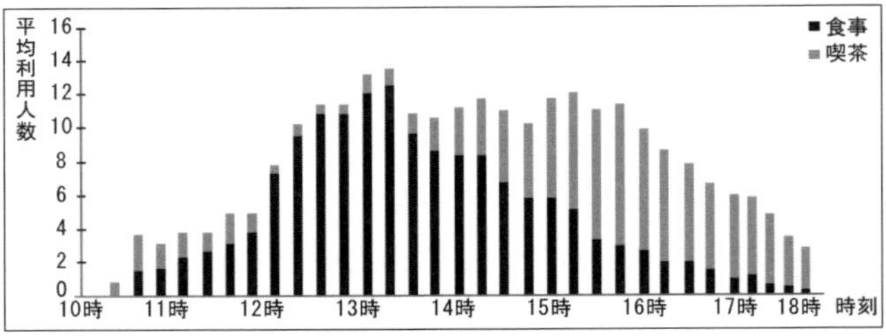

図4.11　利用内容別利用人数の時刻変動（週間調査）

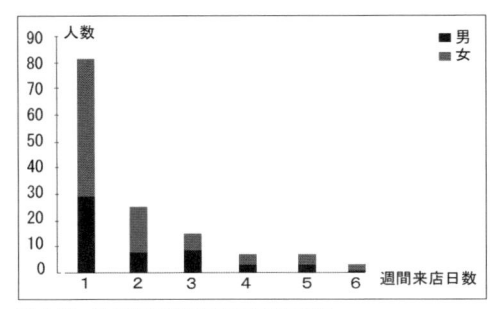

図4.12　個人特定利用者の来店日数分布

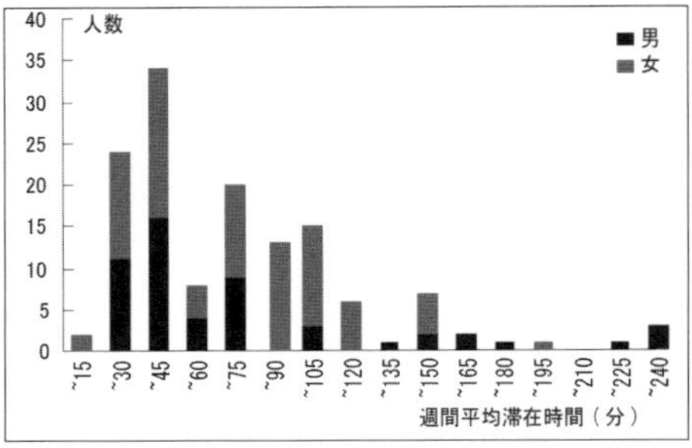

図4.13　個人特定利用者の滞在時間分布

同様に、個人特定利用者個々人の福祉亭での滞在時間*5の分布を図4.13に示す。15分未満の滞在から4時間を超える長時間滞在まで幅広く分布していることがわかる。この分布から利用者を、

［45分群］：滞在時間が45分未満の利用者、60名

［2時間群］：同、45分以上120分未満の利用者、62名

［長時間群］：同、120分以上の利用者、16名

の三つに分類することとする。これを以下‘滞在時間類型’と称する。

回数類型と利用者の店内における主な行為内容の関係をまとめると図4.14に示すようになる。三つすべての類型で［食事・喫茶＋談話］の利用者がもっとも多い。

滞在時間類型と利用者の店内における主な行為内容の関係をまとめると図4.15に示すようになる。［45分群］はほぼ食事または喫茶のみ、またはこれに加えて若干の談話の後帰る利用者である。昼食目的の利用者は滞在時間が相対的に短く、他者との交流もあいさつ程度という方が多い。［2時間群］は食事・喫茶とともにやや長時間の談話・交流を楽しむ群であり、女性利用者が多い。［長時間群］は食事・喫茶（飲酒）とともに囲碁・将棋などの趣味活動をする男性利用者が多い。この中では午後の半日を福祉亭で過ごす利用者も少なくない。趣味活動や談話などを行う利用者は比較的滞在時間が長く、中には1日に何度も福祉亭に訪れる人もいる。

以上の考察を受け、回数類型と滞在時間類型の関係をまとめると図4.16に示すようになる。［1日群］×［2時間群］、すなわち週に1回程度福祉亭に来て食事・喫茶に加えて談話を愉しむ群が44名ともっとも多いが、その他の組合せも数は少なくとも該当はそれぞれにある。たとえば［ほぼ毎日群］×［長時間群］は、数は少ないものの福祉亭を毎日の居場所として活用している人々であり、［ほぼ毎日群］×［45分群］はほぼ毎日福祉亭に昼食を摂りに来る人々である、などと解釈できる。福祉亭が広範な人々に、それぞれの個性やライフスタイルにあわせた滞在の仕方を受け入れることができる場であることを

＊5　週間調査期間中、複数日来店の利用者については各日の滞在時間の平均を用いて分析を行っている。

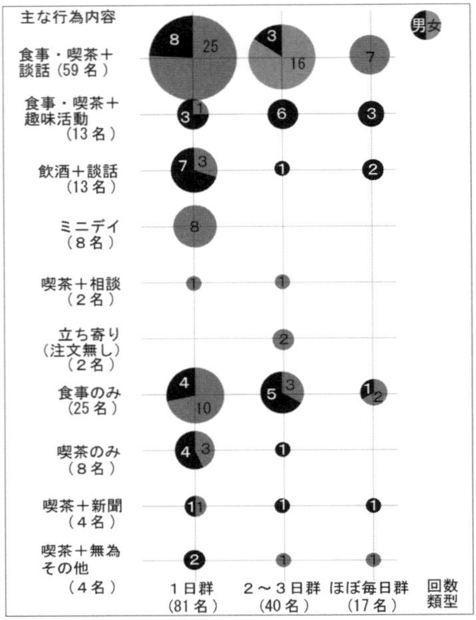

図4.14　回数類型と行為内容

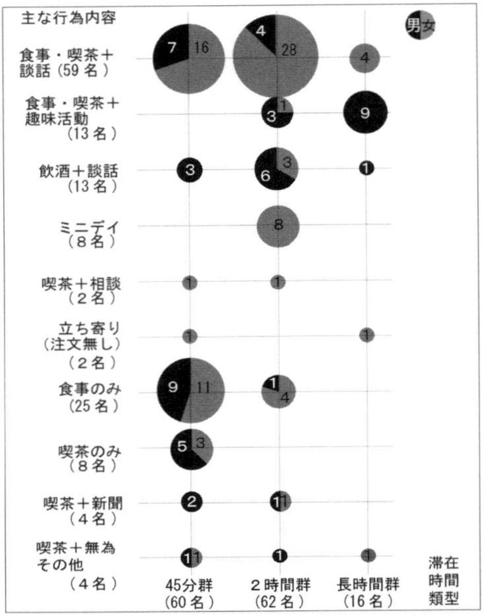

図4.15　滞在時間類型と行為内容

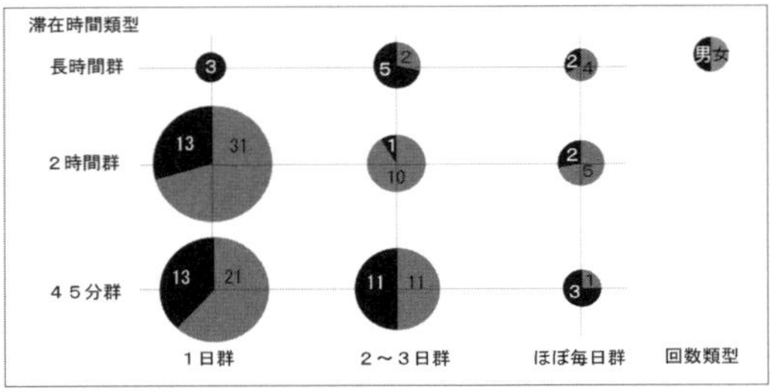

図4.16　回数類型と滞在時間類型

示唆している。

(3) 年間調査と週間調査の照合による利用様態の考察

週間調査における個人特定利用者138名のうち、71名が利用者コード番号によって年間調査との照合が可能となった。したがってこの71名については、年間調査の類型と週間調査の類型の関係を求めることができる。

年間調査の頻度類型と週間調査の滞在時間類型のクロス集計の結果を図4.17に示す。このそれぞれの組合せについての解釈は表4.9に示すとおりであるが、‘月に1、2度のペースで

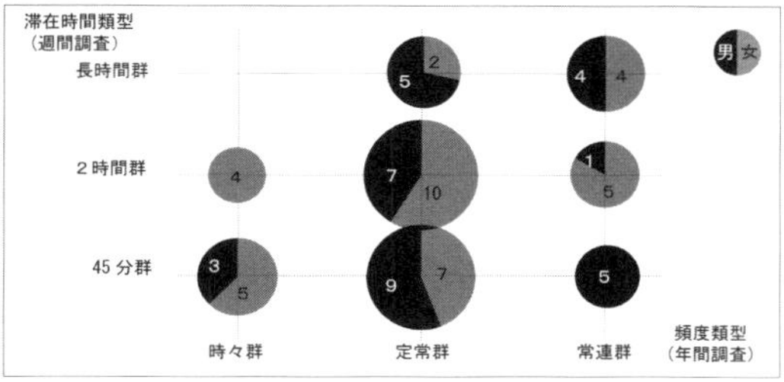

図4.17　頻度類型（年間調査）と滞在時間類型（週間調査）

表4.9　利用者類型の解釈

		頻度類型（年間調査）		
		時々群	定常群	常連群
滞在時間類型（週間調査）	長時間群	——	週に1，2回 長時間趣味活動	ほぼ毎日 長時間趣味活動
	2時間群	月に1，2回 食事＋談話	週に1，2回 食事＋談話	ほぼ毎日 食事＋談話
	45分群	月に1，2回 食事	週に1，2回 食事	ほぼ毎日食事 （女性に限られる）

福祉亭に昼食を摂りに来る人たち’から‘ほぼ毎日福祉亭で長時間趣味活動を中心に滞在する人たち’まで、そのあり様は多様であることが示される。ここでも再び、福祉亭が広範な人々にそれぞれの個性やライフスタイルにあわせた滞在の仕方、「居方」を受け入れることができる場であることを示唆している。

4.4　福祉亭常連利用者の地域生活様態

ここでは福祉亭に常連的に訪れる利用者の日常生活・地域生活の様態を捉え、彼等の日常生活・地域生活にとって福祉亭の存在はどのような意義があるのかを探ることを目的として、詳細なヒアリング調査を実施した結果について考えてみたい。

4.4.1　福祉亭常連利用者に対するヒアリング調査

調査者・余は福祉亭における継続的なボランティア活動のプロセスの中で、常連利用者に対してヒアリング調査を実施してきた。ヒアリングを行った人は延べ80名に及ぶが、ここではこのうち前述の年間調査と週間調査との照合が可能な71名のうちでヒアリングを行うことのできた48名を考察の対象とする。すなわち以下の考察では、それぞれのヒアリング対象者が年間調査類型と週間調査類型でどの群に属するかを判別しながら分析できている。これを以下、‘ヒアリング分析対象者’と呼ぶ。

ヒアリング分析対象者の年間調査による類型ごとの内訳を図4.18に、週間調査による類型ごとの内訳を図4.19に示す。年間調査の頻度類型別人数内訳では全48名中、定常群30名、常連群14名となっており、比較的頻度高く福祉亭を訪れる人にサンプルがやや偏っているといえる。週間調査の滞在時間類型別人数内訳では、それぞれに平均的なばらつきとなった。結果として、男女それぞれ24名ずつの内訳である。

ヒアリングでは分析対象者の在宅・地域生活の全般的な様子をできるだけ統一的に聴取するため、ヒアリングシートを用いて聴き取りを行った（表4.10）。主として福祉亭店内で（場合によってはご自宅に訪問して）、個々人別に30分程度から場合によって数日間かけて、可能な限り丹念なヒアリングを心がけた。主なヒアリング項目は、①福祉亭の利用について、②日常生活について、③基本属性、④住居について、⑤緊急時について、の5項目である。

●男　◎女

		曜日類型			
		曜日特定群	曜日指定群	全曜日群	計
頻度類型	時々群	◎	◎	●◎	4名 （●1・◎3）
	定常群	●●◎◎	●●●●● ●● ◎◎◎◎	●●●●● ●●●◎◎ ◎◎◎◎◎	30名 （●17・◎13）
	常連群		●	●●●●● ◎◎◎◎◎ ◎◎◎	14名 （●6名・◎8）
計		5名 （●2・◎3）	13名 （●8・◎5）	30名 （●14・◎16）	48名 （●24・◎24）

図4.18　ヒアリング分析対象者の年間調査類型の内訳

●男　◎女

		滞在時間類型			
		45分群	2時間群	長時間群	計
回数類型	1日群	●●●◎◎	●●●● ◎◎◎	●●	14名 （●9・◎5）
	2～3日群	●●●● ◎◎◎◎◎	●◎ ◎◎◎◎◎	●●●●● ◎◎	23名 （●10・◎13）
	ほぼ 毎日群	●●	●◎◎	●● ◎◎◎◎	11名 （●5・◎6）
計		16名 （●9・◎7）	17名 （●6・◎11）	15名 （●9名・◎6）	48名 （●24・◎24）

図4.19　ヒアリング分析対象者の週間調査類型の内訳

表4.10　ヒアリング項目

1．福祉亭の利用について
（1）福祉亭の利用はいつからですか
（2）福祉亭の利用頻度はどのぐらいですか
（3）福祉亭にくる交通手段は何ですか
（4）福祉亭を利用するようになったきっかけは何ですか
（5）福祉亭の主な利用内容は何ですか
（6）福祉亭で知り合った友達はいますか
（7）福祉亭を利用したことでご自身や生活の変化などがあれば教えてください
（8）福祉亭以外で（定期的に），時間を過ごす場所を教えてください
（9）福祉亭はご自身にとってどのような意味を持っていますか
（10）福祉亭に希望することはありますか
2．日常生活について
（1）食事はどのようにしていますか
（2）日常の買い物についてどうなさっていますか
（3）入浴について，どこのお風呂を利用していますか
（4）趣味やいきがいは何ですか
（6）外出頻度はどのぐらいですか
（7）ご近所とのお付き合いについて教えてください
（8）友人とのお付き合いについて教えてください
（9）外出先と外出の際に使う主な交通手段は何ですか
3．ご本人について
（1）ご出身はどこですか
（2）おいくつですか
（3）現在どなたと一緒に住んでいますか
（4）身の回りの世話をしてくれる人はいますか
（5）お仕事はしていますか
（6）現在なにか治療を受けていますか
（7）介護認定を受けていますか
（8）１週間の大体の予定を教えて下さい
4．住居・住まいについて
（1）お住まいは何処ですか
（2）現在のお住まいには何年間住んでいますか
（3）多摩市には何年間住んでいますか
（4）お住まいは集合住宅ですか戸建てですか
（5）お住まいはどのような所有形態ですか
（6）お住まいの間取りはどのようになっていますか
（7）お住まいは何階建ての何階ですか
（8）ご自宅で不便だと思う点はありますか
（9）現在のお住まいに今後も住み続けて行きたいですか
5．緊急時について
（1）緊急なこと，例えば急に気分が悪くなったり，病気になったなどの経験はありますか
（2）緊急時，連絡をとる人は決めっていますか
（3）緊急時連絡システム装置を設置していますか
（4）災害に対して，どのような準備をしていますか ①災害時の避難場所はご存知ですか ②災害時，安否確認の方法は決めていますか ③非常時の持ち出し品など準備していますか ④家の中の耐震対策は取っていますか

4.4.2　福祉亭常連利用者の基本属性

前述のヒアリング分析対象者の年間調査と週間調査の類型別人数内訳について、頻度類型以外は各群にほぼ偏りなく分布がみられていることから、この対象者が福祉亭に常連的に来店する利用群の全体像をほぼ覆うものと解釈して、以下にその基本属性をまとめておく。

(1) 年齢構成（図4.20）

年齢は51歳～92歳まで幅広く分布しているが、後期高齢者が27名と相対的に多く、平均73.9歳となっている。特に常連群には後期高齢者が多い。

(2) 介護認定（図4.21）

対象者48名中41名が要支援介護認定を受けておらず、在宅

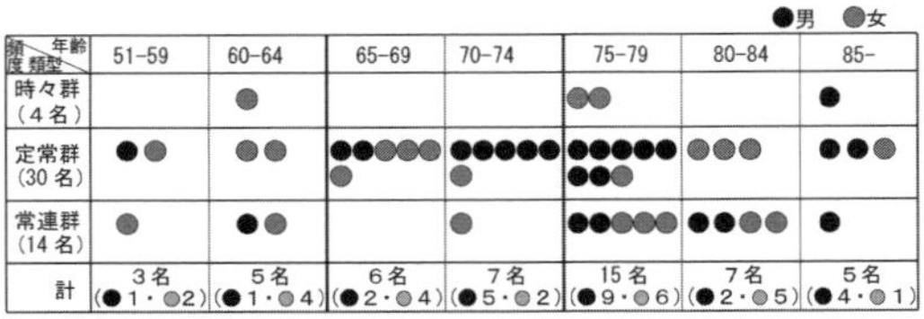

図4.20　年齢構成

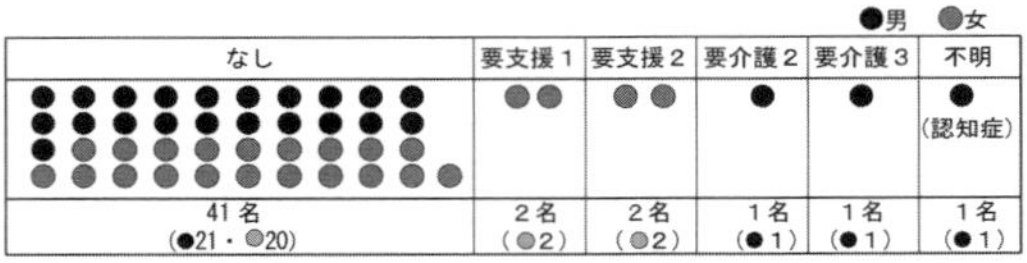

図4.21　介護認定の有無

自立の生活が可能な人が大半を占めるといえる。要支援の女性が4名、要介護2と3の男性がそれぞれ1名[*6]、また軽い認知症の男性（介護認定不明）が1名、という内訳となっている。

(3) 家族構成と同居していない子や孫の居住地

対象者のうち20名（約42％）が独居である。夫婦のみで居住している人は17名（約35％）で、この中では男性（夫）のほうに福祉亭利用者が多い。独居と夫婦のみ居住を合計すると約8割となる。また、経年居住の結果、子の独立などにより家族人数が縮小した人が9名、UR高齢者向け優良賃貸住宅（以下、UR高優賃）の入居者が15名（図4.22）いるなど、子や孫と同居している人は少ない（図4.23）。独居または夫婦のみ居住の人で、地区内または市内に子や孫が居住しているケースもある（図4.24）。

(4) 居住地と多摩市の居住年数（図4.25）

福祉亭が立地する永山地区の居住者が35名と過半を占める。多くが徒歩圏内に居住していることが確認できる。また、多摩市での居住歴が10年を超える人が過半となっている。

(5) 住居種別（図4.22）

大半がエレベータのない中層階段室型住居に居住している。多摩ニュータウンでは近年、UR賃貸既存住戸の改修による高優賃が増加傾向にあるが、この居住者が多いことは目を引く。

(6) 継続居住の意向（図4.26）

継続居住の意向は高く、48名のうち引っ越したいと思ってい

＊6　この2名は年間調査期間（2009年11月～2010年10月）の前半は頻度高く来店していたが、後半に要介護認定を受けてからは家族の送迎や付添いにより来店するようになり、頻度が低くなっている。

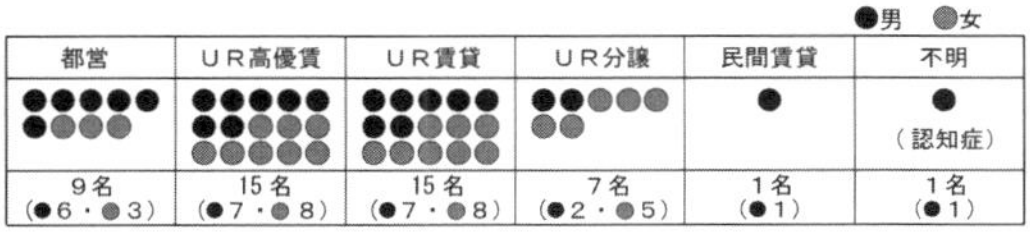

図4.22　住居種別

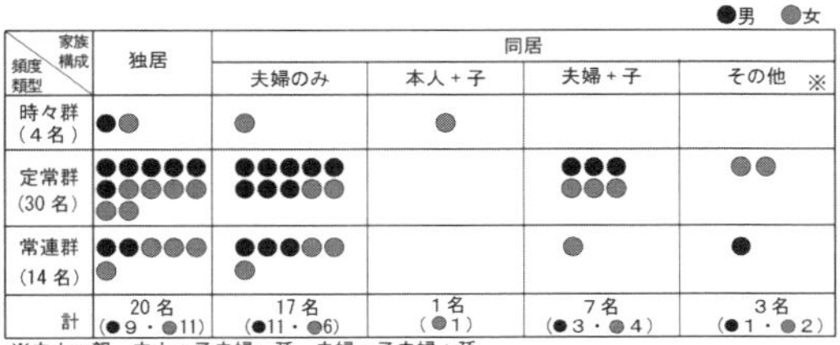

※本人＋親，本人＋子夫婦＋孫，夫婦＋子夫婦＋孫

図4.23　家族構成

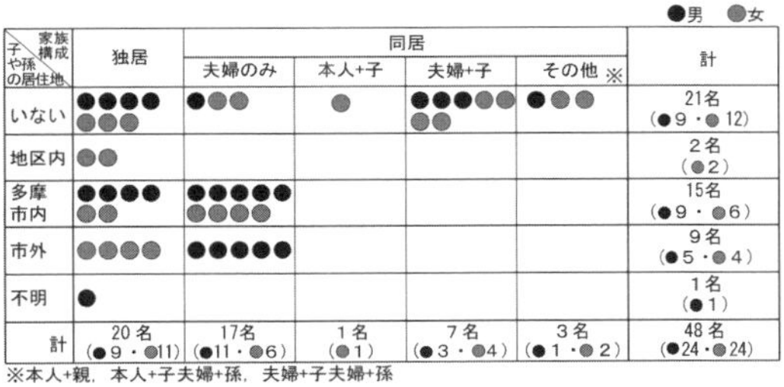

※本人+親，本人+子夫婦+孫，夫婦+子夫婦+孫

図4.24　同居していない子や孫の居住地

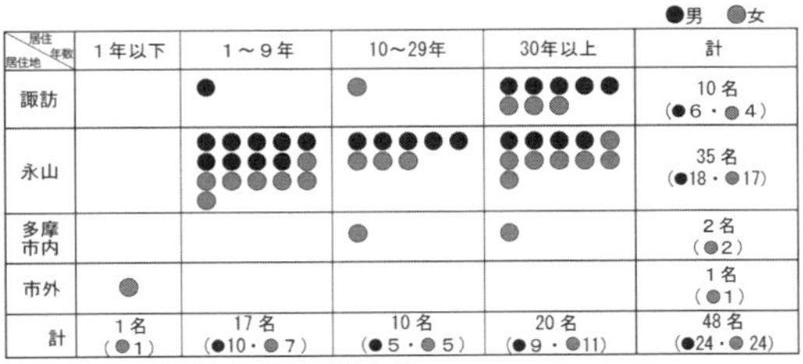

図4.25　居住地と多摩市居住年数

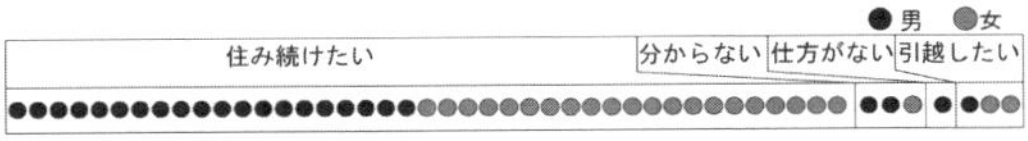

図4.26　継続居住の意思

る人はわずか3名である。その3名全員がエレベータのない集合住宅の3階以上に暮らしており、加齢とともに階段の上り下りに苦労しているという理由から1階に引っ越したいと答えている。

(7) 緊急時について

緊急時への対応の意識等について図4.27にまとめた。緊急連絡システムが設置されていると答えたのは15名で、その全員がUR高優賃の居住者である。緊急連絡システムがなく緊急時の連絡相手もいない人は5名おり、そのうち4名が独居である。このような人々には孤独死の可能性などが懸念される。

4.4.3　常連利用者の福祉亭の利用の仕方

福祉亭の利用のきっかけ、来店の交通手段、利用前後の生活の変化、それぞれにとっての福祉亭の意義、などについて尋ねた結果を以下にまとめる。

(1) 福祉亭の利用歴

多摩市での居住歴と福祉亭の利用歴の関係を図4.28に示した。多摩市居住歴30年以上の人が20名、1971年初期入居からの継続居住の人は10名いる。福祉亭は2002年の開設で、開設当初からの利用者が17名、5年以上の利用歴の人が40名である。まさに顔馴染みの常連客といえる。多摩市居住歴と福祉亭利用歴が一致する人の存在が目を引くが、UR高優賃に転居して来て以来福祉亭を利用するようになった人々である。

(2) 来店の交通手段（図4.29）

前述のように諏訪・永山地区の居住者が大半を占めることもあり、多くが徒歩での来店である。車椅子で送迎されている2名は介護認定を受けている人である。

(3) 福祉亭を利用するようになってからの生活の変化

福祉亭を利用するようになって友達が増えたと答えた利用者は30名と多い（図4.30）。福祉亭を利用するようになってからの地域生活の変化について尋ねた結果からは（表4.11）、‘生活が楽しくなった’‘よく外出するようになった’‘生きがいができた’などの回答があった。ある男性利用者は‘福祉亭に来ることによって地域の友人ができ、さらに他の場所でも友人ができる

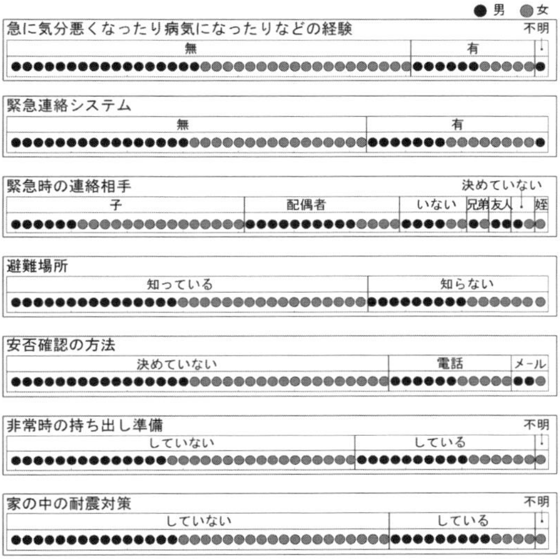

図4.27　緊急時への備え

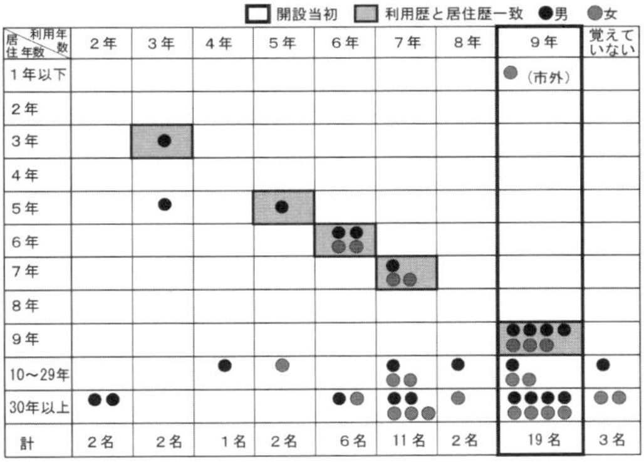

図4.28　福祉亭の利用歴と多摩市居住年数

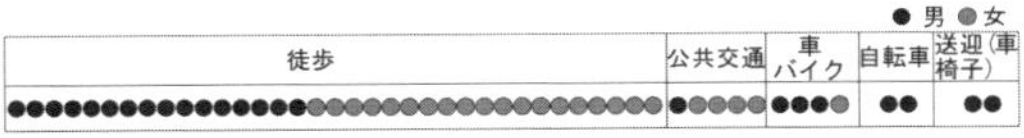

図4.29　来店の交通手段

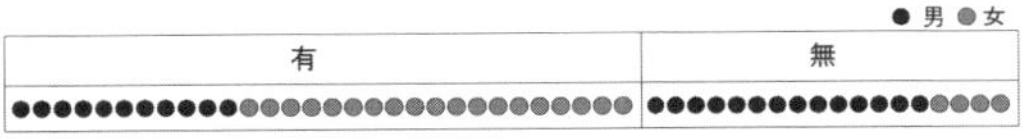

図4.30　福祉亭を利用してからできた友達の有無

表4.11　福祉亭を利用するようになってからの生活の変化

利用後の生活変化	人数
友達，話相手が増えた	8
生活が楽しくなった	4
疲れたときに気楽に来られるいいところができた	2
外へ出るようになった．話ができて楽しくなった	1
生きがいができた	1
人の役に立つようになった	1
寂しくなくなった	1
食事が楽になった	1
特にない	29

表4.12　利用のきっかけ

利用のきっかけ	人数
友人や家族に紹介された	21
なんとなく	7
食事のため	5
スタッフからの呼びかけ	2
ボランティアをするため	2
発起人	3
看板を見て	2
イベント	2
たまたま通りかかった	2
職場が近所だから	1
近くに住んでいるから	1

表4.13　常連利用者にとっての福祉亭の意義

福祉亭の意義	人数
憩いの場	8
交流の場	8
生きがい	2
地域デビューの場	2
自分の家にいるような感じ	1
自宅以外にかなり重さをもつところ	1
ありがたい	1
交流を広げる場	1
食事も飲酒も出来て，みんなにあえるところ	1
来ることで元気づけられる	1
人生の勉強	1
特にない	21

表4.14　常連利用者の福祉亭に対する要望

福祉亭に対する要望	人数
いまのままでいて欲しい	6
潰さないで欲しい	2
若い方にも来て欲しい	2
夕飯も提供して欲しい	3
特にない	35

ようになった’と話し、福祉亭が定年後の地域デビューの場となっていると述懐している。

(4) 利用のきっかけ (表4.12)

友人や家族からの紹介で来店するようになった人が多い。一方‘通りかかった’‘看板をみて’など、立地条件が影響していることを示唆する声もある。

(5) 利用者にとっての福祉亭の意義

‘福祉亭はあなたにとってどのような意義をもっているか？’との問いに対する回答（自由意見）を表4.13に示す。‘交流の場、憩いの場’という回答がもっとも多く、‘生きがい’という回答もあった。‘地域デビューの場、交流を広げる場’など、交友関係を広げることに寄与しているとの感想もある。

(6) 福祉亭への要望 (表4.14)

‘夕食も提供してほしい’という要望は、近隣に夜の食事ができる店がないことに起因しており、独居男性からの声である。‘若い方にも来てほしい’という声は、さらなる活気を求める願望や多世代との交流を望む気持ちの現れとも考えられる。‘今のままでいてほしい、潰さないでほしい’は、福祉亭の存在への篤い信頼感と受け止めることができる。

(7) 小括

諏訪・永山の近隣に居住する在宅自立の高齢者という常連利用者像が浮かび上がってくる。徒歩利用が中心であることは、高齢者支援スペースとして大切な要素といえる。多くは独居または夫婦のみ居住の人々であり、地区内居住が長い人が中心ではあるが、永山のUR高優賃に転居して来て以来福祉亭を利用しているという人もいる。福祉亭を利用するようになって友人が増えた利用者が多く、社交・交流の場、憩いの場として機能している様子がうかがえる。

4.4.4　福祉亭常連利用者の在宅・地域生活の様態

ここでは福祉亭を常連的に利用する人々の在宅生活の様子、地域生活の様態についてみていく。

(1) 外出頻度 (図4.31)

要介護認定を受けている3名を除いて、ほとんどの人が週3、

4回以上と頻度高く外出している。

(2) 買い物

家族構成別に誰が日常的な買い物をするかを図4.32にまとめた。家族構成にかかわらず自ら買い物をできる人が多いが、独居男性のうち‘家族’と答えた人は近隣に居住する家族が買い物のサポートをしている事例である。夫婦居住の男性は妻に買い物を依存している傾向がある。

(3) 食事の用意

昼食と夕食を誰が用意するかについて尋ねた結果を図4.33、34にまとめた。昼食について、独居の場合は‘外食’と答える割合が高い。福祉亭で昼の定食を提供していることも起因している。逆にこうした人々に対して、栄養バランスなどを配慮した食事を提供する場が大切であることを示唆しているといえる。夫婦のみ居住の男性（夫）は、昼食の用意を妻に依存するか外食を選択している。夕食では外食が減るが、独居の3名が外食となっている。独居で‘食事の用意は家族’と答えるケースは、夕食について近隣に居住する家族のサポートを受けている場合である。夫婦居住の男性は、例外なく妻の夕食準備に依存している。なお、独居で近隣の家族に食事用意を依存しているケースで、家族が食事を用意できない日には福祉亭が用意して自宅に届けるなどのサポートが行われている。

同様に、普段は福祉亭で昼食を摂ることを日課にしている常連利用者が体調不良で来店できない場合、電話での依頼によって昼食を自宅に届けるサポートも行われている。また、昼食を福祉亭で摂ることを日課にしている利用者が連絡なく来店しない場合、スタッフが電話で安否を確認するなどの見守りも行われている。

こうしてみてくると、高齢独居男性を中心として「食のサポート」が高齢者地域支援の重要な課題であることが示唆される。

(4) 趣味活動

趣味活動について尋ねた結果から、個々人がもっている趣味の数を図4.35に、一つ以上の趣味をもっている場合のその数と種類を図4.36にまとめた。趣味活動の数は1～3が多くを

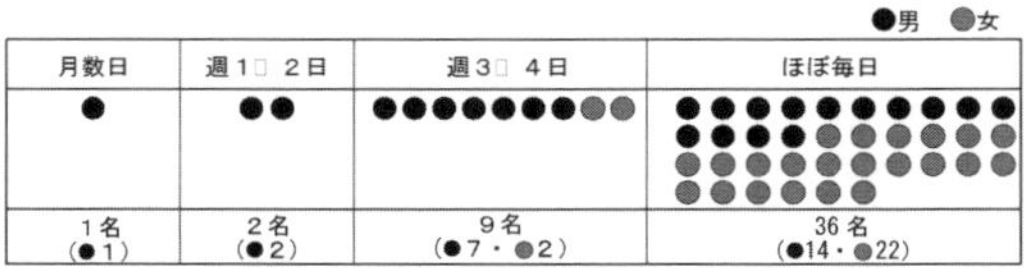

図4.31　外出頻度

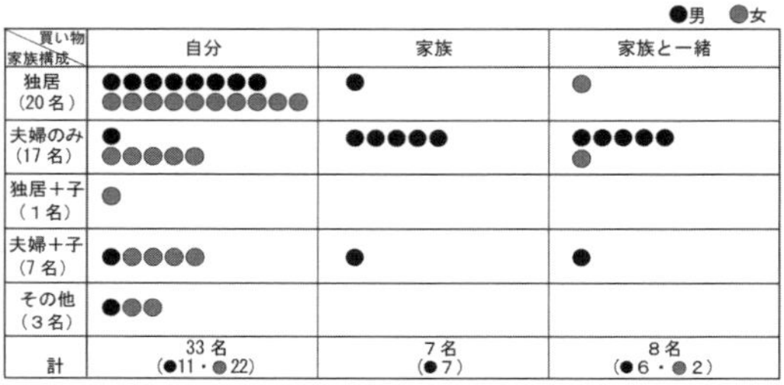

図4.32 （家族構成別）買い物をする人

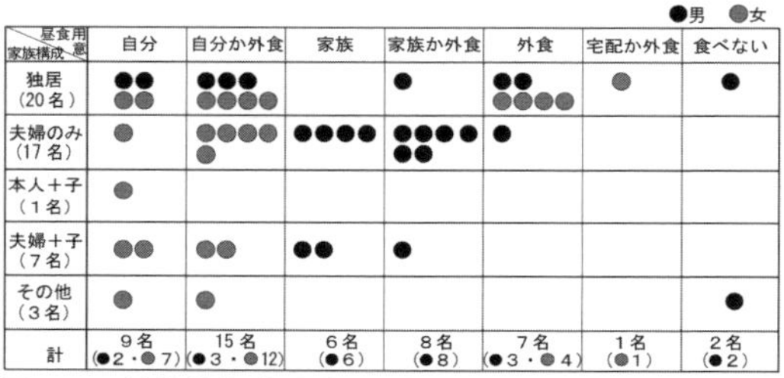

図4.33 （家族構成別）昼食の用意

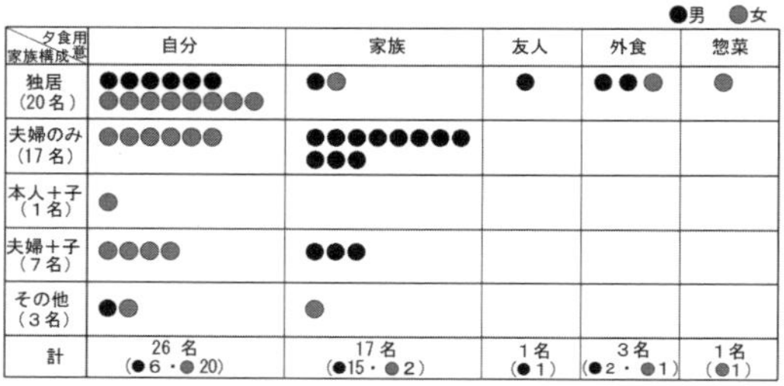

図4.34 （家族構成別）夕食の用意

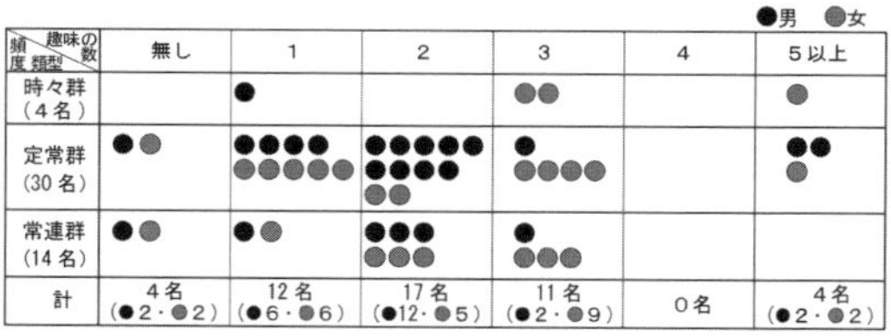

図4.35　趣味活動の数

●男　○女

種類／趣味の数	サークル	囲碁・将棋・麻雀	談話交流	仕事	猫散歩	グルメ飲酒	ドライブ.旅行	読書学習	TV DVD	音楽・芸術鑑賞	賭け事	その他
1	○	●●●●				●●		○	○	○		○○
2	●●●●●○○○	●●●●●●●●○○		●	●	●●		●○	●●○	●○	●	●●○○
3	○○○○○○○○	●●	●○○○	○	●○	●○		○○	○○○○○	○	●	○○○○○
5以上	●●○○○○○○	●○	○	●●		○○	●●		●			●●
計	25名	18名	5名	4名	3名	8名	2名	5名	10名	4名	2名	13名

図4.36　趣味活動の数と種類

占めるが、全く趣味がなく不活発が心配される人も4名いる。趣味活動の種類をみると、女性を中心にサークル活動に参加しているケースが多く、ダンス、踊り、民謡、カラオケなど多彩な種類のサークルがあげられている。次に囲碁、将棋、麻雀が男性を中心に多い。他者との関わりが必要なく自身で楽しめる読書、TV、DVD、音楽鑑賞などもあげられている。二つ以上の趣味をもつ人は何らかのサークルに所属し、その他に1、2の別の趣味活動を行っているケースが多い。女性は多人数と交流するサークル活動に参加する度合いが高いが、男性は相手が少数ですむ囲碁、将棋などを趣味活動としてあげるケースが多い。

(5) 福祉亭以外の居場所

ここでは福祉亭のように一定の頻度で訪れ時間を過ごす場所を‘居場所’として定義する。福祉亭以外にそのような場所をもっているかを尋ねた結果を図4.37にまとめた。福祉亭以外に1～3カ所程度の居場所をもっている人が多いが、福祉亭以外には居場所をもっていないと答えた人が6名いる。福祉亭以外の居場所としてあげられている場所として（図4.38）、前章で述べた諏訪・永山地区の居場所をあげた場合がもっとも多く、ついで公民館、総合福祉センター、図書館などの地域公共施設があげられている。また、喫茶店や居酒屋、レストランなどの飲食店をあげるケースもあるが、諏訪・永山地区の場合、これらは徒歩20分程度の永山駅周辺またはそれ以遠に立地している。

(6) 社会参加（図4.39）

有職者は男性11名、女性4名で、またボランティア活動に

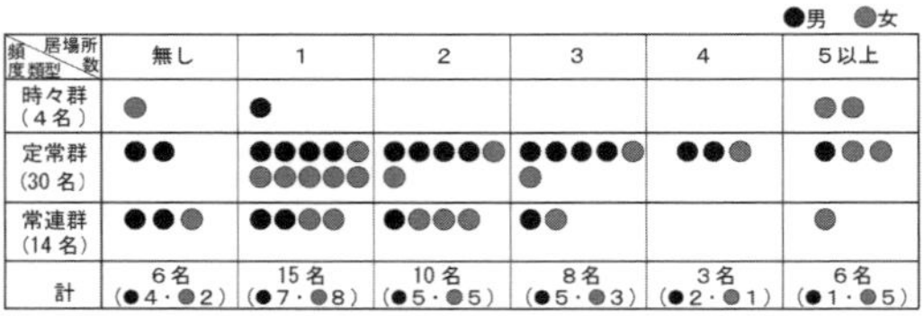

図4.37　福祉亭以外の居場所の数

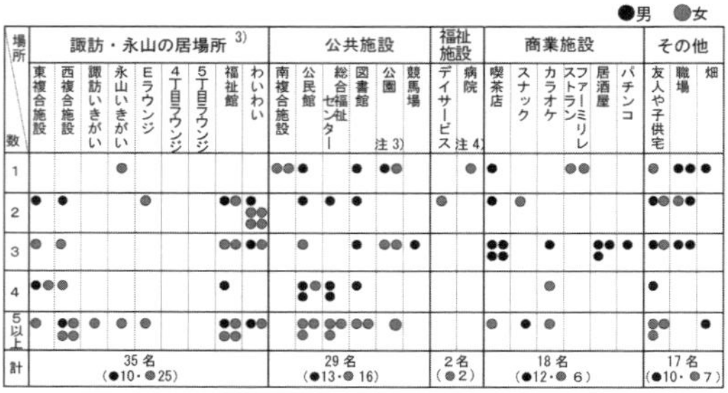

図4.38　福祉亭以外の居場所の数とその場所

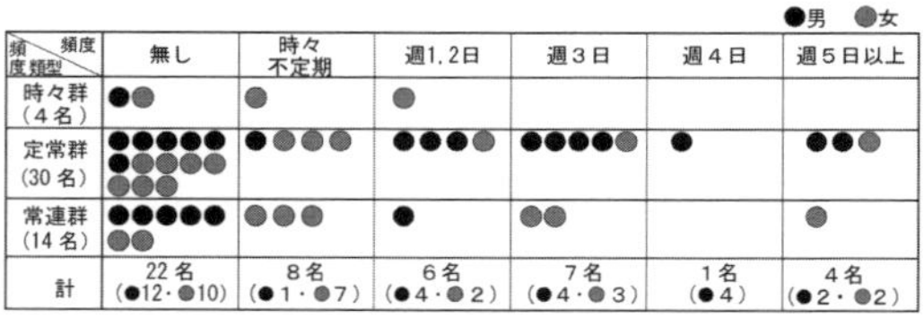

図4.39　社会参加（仕事やボランティア）の頻度

参加している人は男性3名（うち2名は仕事ももっている）、女性が10名となっている。このボランティア活動には福祉亭での活動も含まれるが＊7、さらに特別養護老人ホームや障害者施設などでのボランティア活動に参加している人もいる。

(7) 近所、友人との交流（図4.40）

近所、友人ともに交流がない人が7名おり、福祉亭の存在がなければ‘孤立’が懸念される人々と考えられる。男性は近所との付合いはあいさつ程度の人が多く、また友人関係でも友人がいない人が半数の12名になっているなど、交流関係は女性に比べ一般に浅い段階にとどまる傾向にある。定年前には地域との結びつきが弱く、引退後直ちには近所や地域に交流関係を求めることが難しい男性の状況を示唆しているといえる。一方、女性は‘一緒に出かける友人がいる’‘家を行き来する’

＊7　利用者として福祉亭に訪れる日と、運営を支える側としてボランティア参加する日がある人たち。

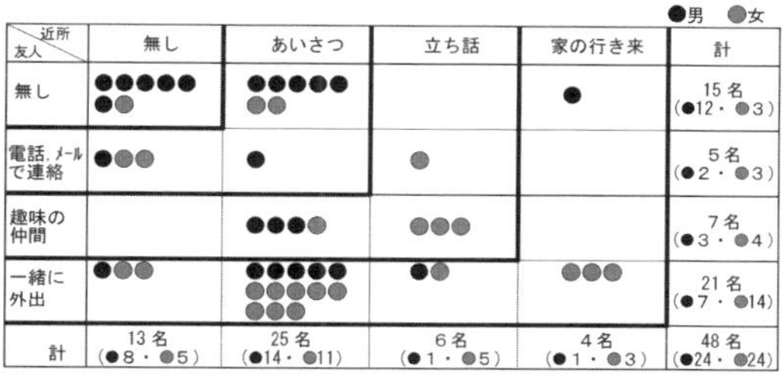

図4.40　近所および友人との交流の程度

などの親密な交流関係の友人をもっている人が男性に比べて多い。女性のほうが地域での交流関係を育てることに優位である一般的な状況がここでも示される。

(8) 小括

独居では買い物や食事の用意を自力でできることが前提になるが、自立度が下がり近所に居住する家族の支援を受けているケースが少数ながらみられる。高齢期の男性を中心として「食のサポート」が、今後の高齢者地域支援にとって大切な課題になっていると考えられる。夫婦居住の男性は買い物や食事の用意などを妻に依存する傾向が強い。男性は女性に比べると、地域に交友関係をもつことを苦手とする側面が垣間見られる。地域交流の場の重要性を示唆しているともいえる。

4.5　福祉亭常連利用者の地域生活類型と生活像

以上、ヒアリング分析対象者48名の基本属性と在宅生活・地域生活の様態を考察してきた。一部が家族、近親者、ヘルパーに支えられているものの共通して在宅自立であり、その大半がほぼ毎日外出する高齢者である。このことを前提としても、福祉亭以外に地域の居場所をもっておらず趣味活動や交流関係なども不活発な人から、福祉亭以外の地域社会の多様な居場所を使い分けながら趣味、ボランティア、交流などに積極的かつ活発な人まで、多様な様相を示していることがわかる。以下でその全体像について地域生活の活発度から類型化を試み、この類型ごとに生活像を描くことを試みる。

4.5.1　福祉亭常連利用者の地域生活様態の類型

ここでは地域生活の活発度から福祉亭常連利用者の類型を導くことを試みる。用いる指標として、前述した在宅生活・地域生活の様態の項目のうちの、

①福祉亭以外の地域社会の居場所の有無と数

②趣味活動の有無と数

③仕事・ボランティアなどでの社会参加の度合い

④近所や友人との交流関係の活発度

の四つを設定した。そのうえで個々人の状況をそれぞれの指標ごとに表4.15に示す段階度数で評点化し、4指標の合計度数を集計した。最小は4指標とも［0］の計0度、最大は4指標とも［3］の計12度である。

この合計度数により、

［福祉亭依存型］：度数4以下

［悠々型］：度数5～8

［活発型］：度数9以上

と分類することにした。これを福祉亭常連利用者の‘地域生活類型’と定義する（図4.41）。

［福祉亭依存型］に属する人は、福祉亭以外に地域社会の居場所がないか少なく、趣味活動や社会参加、交流関係が活発でなく、福祉亭の存在が地域生活において極めて大きな意味をもつ人々と解釈できる。逆に［活発型］に属する人は、文字どおり多方面において極めて活発な日常生活を送る人で、趣味、社会参加、交流活動など全般に積極的で、福祉亭はいくつかの居場所のうちの一つとしての意味をもつ人と解釈できる。この中間の［悠々型］は、それぞれの指標ごとに一定の参加度を示す平均的な高齢者像の人と解釈できる。

4.5.2　地域生活類型ごとにみた福祉亭利用者の生活像

以下に地域生活類型ごとに若干の解釈を記し、典型例を抽出してその生活像を概説する。それぞれの基本属性、地域生活様態などについて図4.42にまとめた。

（1）福祉亭依存型

平均年齢75歳、男性が女性よりも2倍以上多い。このタイ

表4.15　地域生活類型の分類指標

度数	Ⅰ居場所		Ⅱ趣味		Ⅲ社会参加（仕事やボランティア）		Ⅳ交流	
	数	分類段階指標	数	分類段階指標	頻度	分類段階指標	友人と近所（程度が高い方を優先）	分類段階指標
0	0	無	0	無	0	無	近所：無し 友人：無し	無
1	1, 2	少	1	少	時々 不定期	低	近所：あいさつ 友人：電話メールで連絡	薄
2	3, 4	中	2, 3	中	週1, 2日	中	近所：立ち話 友人：趣味の仲間	中
3	5以上	多	4以上	多	週3日以上	高	近所：家の行き来 友人：一緒に外出	濃

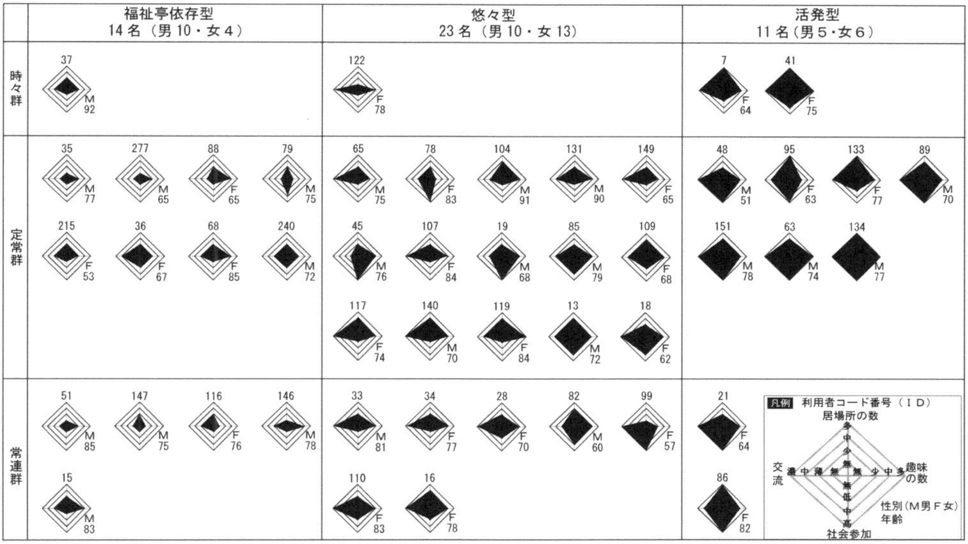

図4.41　福祉亭常連利用者の地域生活類型

プは日常生活を家族に依存する傾向があり、ADLはやや低く、社会的活動への参加も少ない。福祉亭以外には地域社会での居場所がないか少ないタイプである。この人々の地域生活において、福祉亭の存在とそこで出会う人々との交流は大変大きな意味があるといえる。

◆事例ID35［定常群］：男性、77歳、夫婦居住

生活履歴：東京出身。約10年前に永山に引っ越して来た。不動産会社を経営していて、一時は最大60人の社員を抱えていた。福祉亭の発起人の1人である。妻は67歳。

生活様態の特徴：日常生活はすべて妻に任せている。糖尿

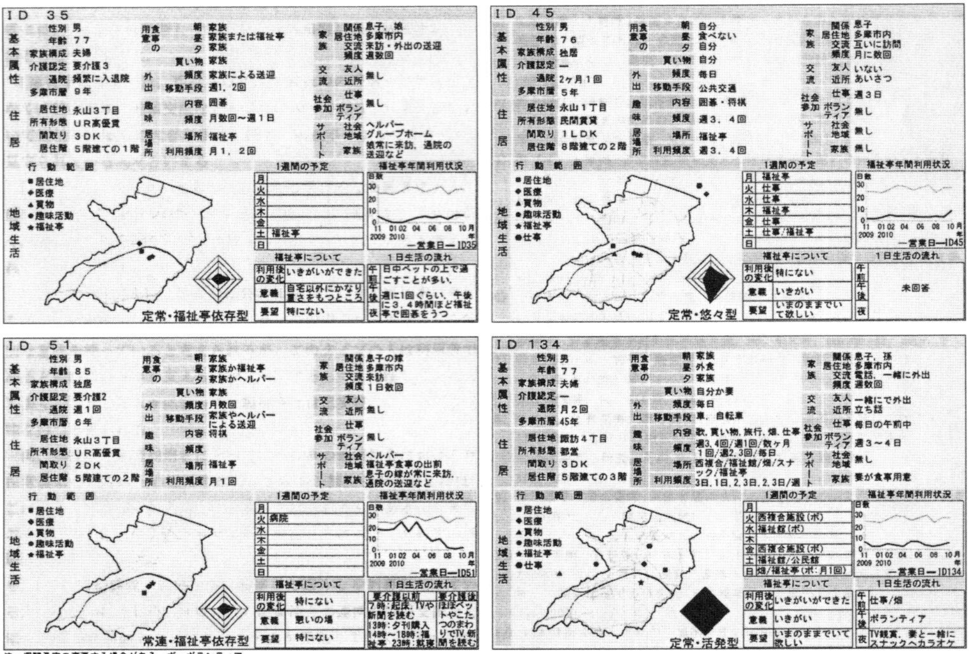

注：週間予定を変更する場合がある。ボ：ボランティア。

図4.42　地域生活類型ごとの生活様態の事例

病を患っておりADLが低下しているので、在宅時は喫煙時を除いて横になる時間が長い。唯一の生きがいは福祉亭へ通うことである。2009年に道で転んだことがきっかけで入退院を繰り返すようになり、認知症になった。一時期、市内のグループホームに入居しており、週末だけは自宅に戻っていた。その際必ず福祉亭で食事を摂り、囲碁の仲間と2、3時間愉しい時間を過ごしていた。また、認知症になって以来物事がわからなくなることが多いが、福祉亭の電話番号と友人の名前ははっきりと覚えていると妻はいう。この高齢者の生活領域は自宅のある永山3丁目から福祉亭のある4丁目の間に限られるが、現在では家族の付添いがないと来店することができない。日常生活で家族の支援が不可欠である。老々介護になっているが、夫が福祉亭で囲碁を打つ数時間の間、妻は趣味のフラダンスに出かけることができる。

◆事例ID51［常連群］：男性、85歳、独居

生活履歴：地方出身。二十数年前に息子が亡くなり、孫を育てるために仕事を辞め八王子市に転居した。6年前に永山のUR高優賃に引っ越して来た。

生活様態の特徴：永山に転居して来た当時は自宅に閉じこもっていたが、友人の紹介で毎日福祉亭に通うことになった。以前は毎日午後1時半以降18時まで福祉亭で将棋を愉しんでいたが、2010年6月以降身体能力の低下により自力での呼吸が困難となり、1人での外出は不可能となった。現在は市内に居住する息子の嫁にほぼ毎日訪問してもらっている。また、介護保険によってヘルパーに掃除や食事の世話をしてもらっている。来店には家族やヘルパーの付添いが必要である。福祉亭のボランティアスタッフや利用者たちとも馴染みの関係をもっているため、体調のよいときには福祉亭の利用者やスタッフに送迎してもらう場合もある。その際、他の利用者に声をかけられ、スタッフはおかゆなど本人の体調に合う料理を用意する。

(2) 悠々型

平均年齢75歳、地域社会の中にさほど多くの居場所をもっておらず、平穏な地域生活をおくるタイプと考えられる。

◆事例ID45［定常群］：男性、76歳、独居

生活履歴：東京出身。5年前に都内から永山に引っ越して来た。

生活様態の特徴：痛風を患っており、昼食は抜きにしている。日常生活はすべて自分で用意し、市内に居住している息子と月に数回会う。週3日都内の仕事場へ出かけ、その他の日には福祉亭で囲碁や将棋を愉しむ。仕事があるため生活の領域は広いが、地域の近所付合いはなく、友人もいない。福祉亭に通うことによって友人が増え、地域の情報も得られるという。

(3) 活発型

平均年齢が70歳と、［福祉亭依存型］や［悠々型］に比べ5歳低い。男性と女性がほぼ同数（男5名、女6名）である。

全員が仕事やボランティアなど社会的活動に参加している。地域社会の中で活発に活動し、福祉亭以外にも多くの居場所をもつタイプである。福祉亭はその中の一つとしての意味をもつが、それらの居場所の中でも福祉亭のもつ意味は大きいと考えられる。

◆事例ID134［定常群］：男性、77歳、夫婦居住

生活履歴：地方出身。諏訪に40年住んでいる。自宅は古くなったが、愛着があり離れることができない。妻は80歳である。

生活様態の特徴：現役の自転車修理屋である。77歳の今でも、毎日車で多摩市を巡回して仕事をしている。カラオケが趣味で、老人ホーム、諏訪福祉館、総合福祉センター、福祉亭などで、自己所有の機器を持ち込んでみんなとカラオケを愉しんでいる。この人の日常生活はとても活発で、自分のことよりも他人へのサービスを優先させている。生活領域は広く、社会的交流も幅広い。

4.6　考察とまとめ―地域社会における福祉亭の意義―

以上をふまえて、地域や高齢者にとっての福祉亭の存在の意義をまとめ、今後の展望と課題について考える。

i　交流

福祉亭は趣味活動や談話などの交流の場を提供することにより、高齢者と地域社会を繋ぐ機能を果たしており、地域の交流の場の意味をもっている。特に地域に交友関係をもつことを苦手とする男性や新たに地域に転居して来た高齢者、または地域で福祉亭以外には居場所をもっていない利用者にとっては地域社会との接点であり、交友関係を広げる貴重な場所といえる。また、孤独感が強いであろう一人暮らしの高齢者にとって、福祉亭での人との交流は意義深いものと考えられる。さらに交流は高齢者の外出意欲を高め、健康維持や介護予防に繋がると考えられる。

ii 見守り

利用者の多くは福祉亭から徒歩圏に暮らす高齢者である。福祉亭以外の場でも顔を合わせる機会は多いことから、互いに見守りとしての機能が期待できる。常連利用者の来店状況の変化は、スタッフにとっての見守りの一つの目安となる。場合によってはスタッフが電話で状況を確認するなどの積極的な支援が、孤立化の防止など見守りとしての機能を果たしているといえる。

iii 生活支援

通常の食事の提供のほか、体調が悪い利用者に対してスタッフが食事を宅配することもあり、「食のサポート」としての役割をもつ。このような臨機応変なサービスは、特に男性独居の利用者にとって貴重なものといえる。また、地域情報の提供や生活相談なども行う生活支援の場としての機能をもっているといえる。

iv 自己実現、相互扶助

福祉亭の利用者の一部はサービスの提供者にもなっている。ボランティアに参加することによって自分の役割をもち、存在感をアピールすることで自己実現をはかる場となっていると考えられる。利用者としての来店とスタッフとしての働きが相互扶助として成り立ち、地域の高齢者の地域社会への参画の場として共助の場といえる。

v 展望と課題

福祉亭は前述した様々な役割を果たしているが、今後、民生委員、地域の他の居場所との連携や情報交換などによって、地域高齢者の見守りシステムが深化していくことが期待される。また「食のサポート」は地域にとって重要な支援であると考えられ、休日の運営や夕食のサービスの提供は独居の高齢者を中心にニーズがあるが、現段階では地域の高齢者のボランティアによって成り立っているため実施は難しい。

福祉亭は心温まる居場所である。多摩ニュータウン研究を始めた初期の頃、福祉亭の存在を知ったときの感動を忘れることができない。当時、台湾からの留学生・余錦芳君が‘地域や高齢者’をテーマに研究したいと相談に来たとき、迷わずこの福祉亭をフィールドにすることを勧めたのである。爾来、余錦芳君はこの福祉亭で活躍し、福祉亭の人々から篤い信頼を得ながら研究を進めてきた。

小生らは研究面からこの福祉亭を支援する立場であるが、多摩ニュータウンに居を定めて約四半世紀、ここを永住の地と自覚する小生（上野）にとって‘将来は福祉亭にお世話になる身か’と想いを馳せる次第である。

図版出典

図4.1～17、表4.1～9／多摩ニュータウン高齢者支援スペース・福祉亭の活動と利用の実態について　―多摩ニュータウン高齢者支援スペースと利用者の地域生活様態に関する研究（その1）―：余錦芳、松本真澄、上野淳：日本建築学会計画系論文集、Vol.77, No.671, 2012.01., pp9-18

図4.18～42、表4.10～15／多摩ニュータウン高齢者支援スペース・福祉亭利用者の地域生活様態とその地域社会における意義―多摩ニュータウン高齢者支援スペースと利用者の地域生活様態に関する研究（その2）―：余錦芳、松本真澄、上野淳：日本建築学会計画系論文集、Vol.77, No.679, 2012.09., pp2025-2034

第5章

子どもの育つ環境としての多摩ニュータウン

しばらく高齢者に関する話題が続いたので、ここでは「子ども」に目を転じ‘子どもが育つ環境としての多摩ニュータウン’について考えてみたい。

ここでの視点の一つとして、多摩ニュータウンの子どもたちは学校が終わった放課後、どのような日常生活を送っているかについて実態を捉えてみたいというところにある。一般論として‘今日の子どもたちは塾や稽古ごとに追われあそびに勤しむ時間がない’、または‘自宅に籠もってコンピュータゲームに明け暮れ外あそびに出てこない’などといわれている。このことの真偽を多摩ニュータウンの子どもたちについて確かめてみたいのである。第二には、多摩ニュータウンの子どもたちが放課後の暮らしの中で健全に外あそびを愉しんでいるとすると、多摩ニュータウン独特の外部空間の構成がこうした活動にどのような影響を与えているのかにも視点を求めてみたい。ここでいう多摩ニュータウン独特の外部空間の構成とは、第1章で詳しく述べたニュータウン全体に張り巡らされている‘ペデストリアンデッキによる緑のネットワーク’[*1]である（図5.1）。

5.1 多摩ニュータウンの子どもたちの放課後生活の様子

まず多摩ニュータウンの子どもたちの学校外での生活の様子について、その概要を把握することから始めたい。ここでは学校外（平日の放課後および休日）での子どもの活動の概要を把握するために、小学校を通じて行ったアンケート調査の分析結果について述べる。アンケート調査は、多摩ニュータウンの諏訪・永山・貝取・豊ヶ丘・落合の五つの住区（5～9住区）にある7校の市立小学校の2年生以上に対し、学校を通じて悉皆的に行ったものである（2005年10月）[*2]。調査では児童の学校外での活動の様子について、①通いごとの有無と内容、②帰宅時刻、③近所でよく行くあそび場所、④外出するにあたっての移動手段、などを尋ねている[*3]。アンケートの配布・回収状況は表5.1にまとめたとおりである。

＊1　地域の施設立地や交通など、街のハード面での地域環境を指し、ここでは特にペデストリアンデッキのネットワークや計画的な公園の配置構成、および計画的な集合住宅地といった多摩ニュータウンで実現されている地域計画に基づいた街の構成を指している。

＊2　教育委員会等および調査対象校との協議により、設定したアンケート調査への適切な回答は、小学校2年生以上ならば可能であろうと判断した。

＊3　アンケートの詳細は以下のとおり：［問1］本人の学年・性別・住所、［問2］通いごとの内容・曜日・時間、［問3］‘天気のよい日にはどこでよくあそびますか?’→自分の家や友達の家・家の周りの道や芝生·家のそばの公園・家から少し離れた公園・商店街・児童館や図書館・コミュニティーセンター・学校のグラウンド、その他（内容）から当てはまるものをすべて選択、「家の周り」「家のそば」「家から離れた」は、住区や距離等に対する感覚が児童によって異なると想定したことからあえて厳密な定義は行わず、本人の感覚による自己申告とした。［問4］‘あそびにはなにをつかっていきますか？’→歩き・自転車・キックボード・その他（内容）からあてはまるものをいくつでも選択、調査時点での交通手段を問うた。［問5］何時までに家に帰るか。

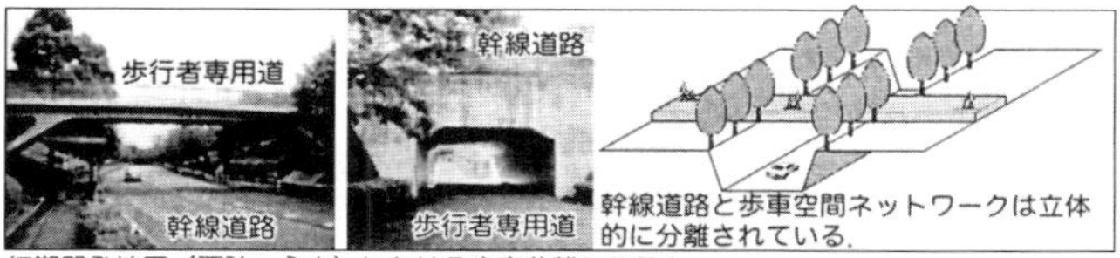

初期開発地区（諏訪・永山）における歩車分離システム.

図5.1　多摩ニュータウンのペデストリアンデッキ

表5.1　小学校でのアンケート調査配布・回収状況

学校名	児童数（=配布数）					集計概要		
	2年生	3年生	4年生	5年生	6年生	配布数計	回収数計	回収率
①諏訪小学校	25	31	40	49	45	213	190	89.2%
②永山小学校	56	64	59	64	64	325	307	94.5%
③瓜生小学校	42	50	48	46	51	246	237	96.3%
④北貝取小学校	18	30	33	32	36	150	149	99.3%
⑤南貝取小学校	34	44	48	51	47	226	224	99.1%
⑥南豊ヶ丘小学校	11	14	10	22	19	124	76	61.3%
⑦東落合小学校	59	55	64	60	57	299	295	98.7%
総計	245	288	302	324	319	1,583	1,478	93.4%

5.1.1　多摩ニュータウンの子どもたちの生活時間

(1) 通いごと

ここでは塾通いや習いごと、スポーツクラブでの活動等を総称して‘通いごと’と呼ぶこととする。また、これら通いごとを①サッカーや水泳等の運動系、②学習塾や英語教室等の学習系、③ピアノや書道等の文化系、④学童クラブ*4、⑤その他、の五つに分類して分析する。

まず、図5.2から子どもたちの通いごとの種類をみると、男子は運動系の通いごとをしている子どもがどの学年でも多く、女子では運動系、文化系、学習系がほぼ同程度の割合になっている。また2、3年生の3～4割が学童クラブに通っており、女子のほうが割合は若干高い。進学を控える高学年では他の学年に比べて学習系の割合が高くなるが、他方、低学年でも

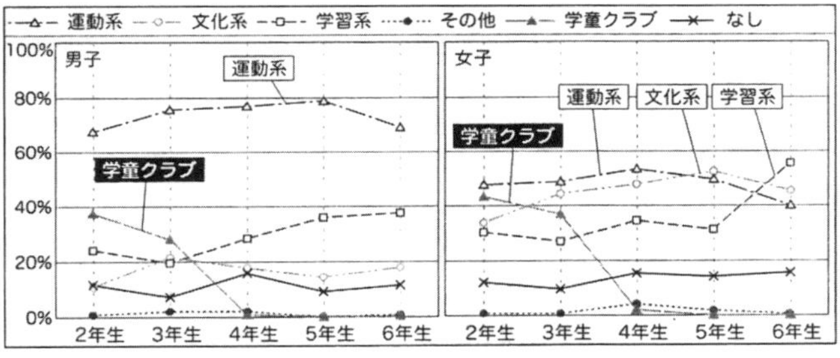

図5.2　通いごとをしている子どもの割合

＊4　学童クラブは「小学校に就学しているおおむね10歳未満の児童」（実質小学3年生まで）で、保護者が就労等で昼間家庭にいない場合にあそびや生活の場を提供するもので、児童福祉法に基づく放課後児童健全育成事業として各市町村等が設置している。

2割を超す子どもが学習系の通いごとをしており、'英語学び'を中心に低学年から学校外での学習に取り組む様子がうかがえる。

通いごとをしていない子どもが学年や性別にかかわらず一定程度みられるが、全体としては8割を超す子どもが何らかの通いごとをしていることがわかった。小生（上野）の子ども時代（世の中全体が貧しく、しかし、のんびりとしていた）とは違って高い割合に驚く。

次に通いごとの頻度を1週間での回数と累計時間に着目して整理すると、図5.3のようになる。まず2、3年生の週当たりの回数と時間が他学年と比べて群を抜いて多いが、このほとんどが学童クラブであり、その多くが週3～5日、学校の終業から帰宅までの長時間に及ぶ。つまり、平日は小学生1～3年生の多くが学童クラブで放課後の時間を過ごしており、屋外で自由に活動できる子どもは他の学年に比べて少ない実態となっている。母親の就業率の高さを示唆しているともいえるが、学童クラブに通うことで子どもの交遊関係が安定することから母親が就業を考える、という状況も生まれているとも聞く。

次に4年生以上では、年次があがるほど通いごとの回数とともにこれに費やす時間も増える傾向がある。このため、これらの中間の学年である4年生で通いごとをする子どもが相対的に

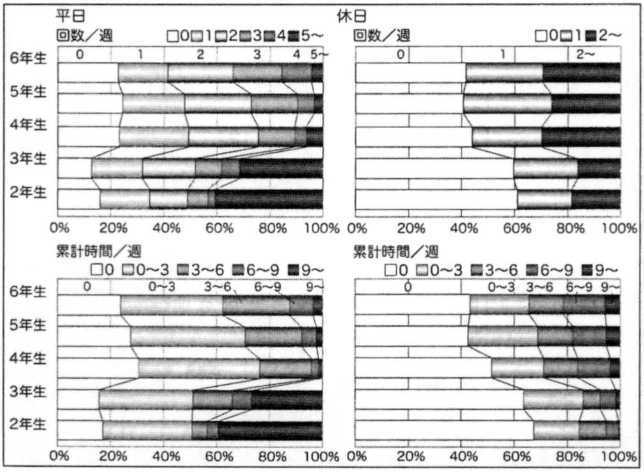

図5.3　通いごとの週当たりの頻度と累計時間

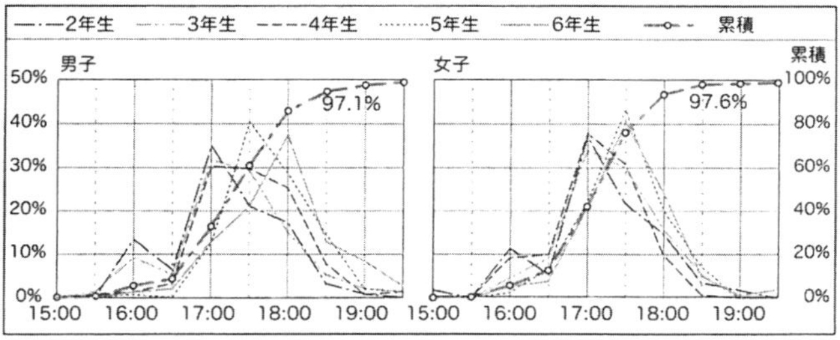

図5.4　児童の帰宅時間の分布

少なく、自由に活動のできる子どもが多いといえる。週末では高学年ほど通いごとに費やす時間は多いが、全体の約半数の子どもは通いごとのない余暇として休日を過ごしている。

(2) 帰宅時刻

調査時点の9～10月における帰宅時刻は、女子のほうが男子よりもやや早い傾向があるが、男女ともに17～18時を目安としている子どもが多く（全体の8割）、19時までにはほとんどが帰宅している（図5.4）。学校の終業時刻は曜日・学年で異なるがおおむね13時半～15時半で、終業時刻から帰宅時刻までが平日における屋外活動が可能な時間と考えると、平均3時間程度であることがわかる。なお、これらの地域では、子どもの帰宅を促す地域チャイムが調査時期では16時に放送され、（調査時点での）日没の時刻はおおむね17時半である。

5.1.2　多摩ニュータウンの子どもたちのあそび場所

(1) 主なあそび場所

あそび場所の選択には各校で地域条件による差異がある（図5.5）。特に近隣に児童館やコミュニティーセンターが立地する場合、一定数の子どもがこれらをあそび場所として活用していることがわかる（永山小、南貝取小など）。落合地区の学校区内にはこうした施設はないが、この地区の東落合小の調査結果では隣接住区の児童館やコミュニティーセンターの利用をあげる子どもが一定程度みられることから、このような施設が住区を越えた移動の動機になっていると考えられる。

公園の利用は全校を通じて多く、7校を総合すると自宅そばの公園とやや離れた公園は6割、公園全体では8割の子どもがあそび場所としている。恵まれた緑のネットワークの環境が、多摩ニュータウンの子どもの外あそびに大きく寄与していることがうかがえる。

また、自宅や友人宅をあげる子どもも多く、近くの公園と家の中が全地区でもっとも基本的なあそび場所となっていると理解できる。学校のグラウンドは１校を除き放課後開放しているが、北貝取小以外ではあまり利用されていない。学年間の比較をしてもこうした傾向に明確な差異はなく、施設の立地等の地域条件があそび場所の選択の大きな要因になっていると考えられる。

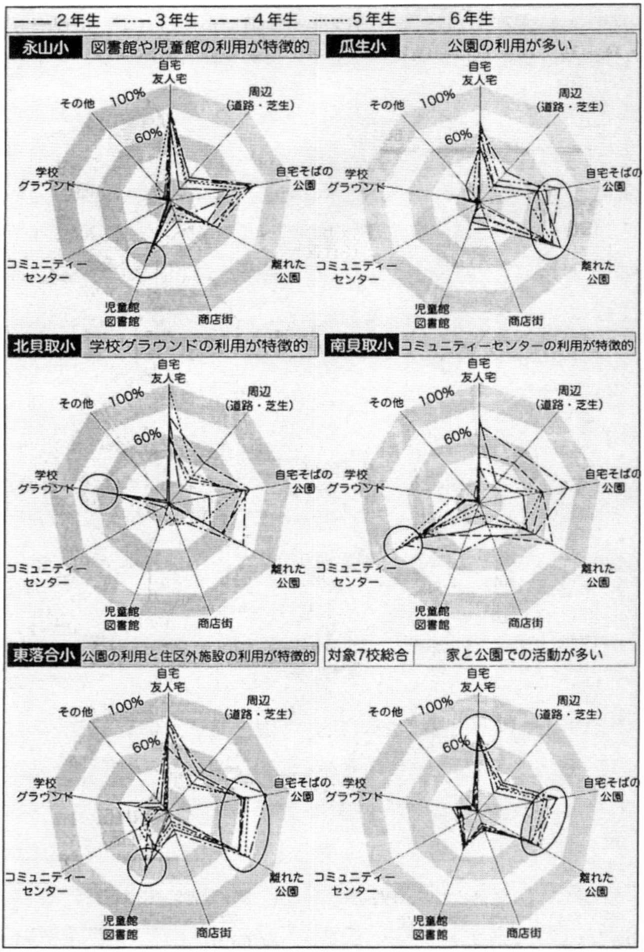

図5.5　地域ごとにみたあそび場所の選択傾向

(2) 移動手段

図5.6に示すように、主な移動手段は徒歩か自転車であるが、特に自転車利用は低学年から男女ともに8割程度と多く、多くの子どもが普段から利用する生活に密着した移動手段となっていることがわかる。

ほとんどの子どもが自転車を所有していると考えられ、自転車が外あそびの主要な移動手段になっている。考えてみれば、そもそもあそび場から次のあそび場へペデストリアンデッキのネットワークを伝って自転車で移動するプロセスも、彼等にとっては重要なあそび行為の要素であるといえる。

蛇足ながらこの自転車の保有率の高さについて、貧しい家庭で育ち（世の中全体が貧しかったのだが）男3人兄弟が一つの子ども用自転車を共有していた小生（上野）の子ども時代とは何たる世の中の差か、と妙に感心させられてしまう。

5.1.3　小括

多摩ニュータウンの子どもたちは、平日は1～3年生の約4割が学童クラブに通っており、4～6年生の3割が週3回程度の通いごとをしている。ただし、費やしている時間は4～6年生の3～4割が週3時間程度である。つまり、それほど通いごとに追われているわけでもないことが実態として浮かびあがってくる。通いごとの増加は一般にいわれることだが、総じて多摩ニュータウンの子どもたちは、休日はもとより6割程度の子どもは平日でも十分に余暇時間があると判断できよう。また、放課後の2、3時間程度という短い時間の中でも、自転車

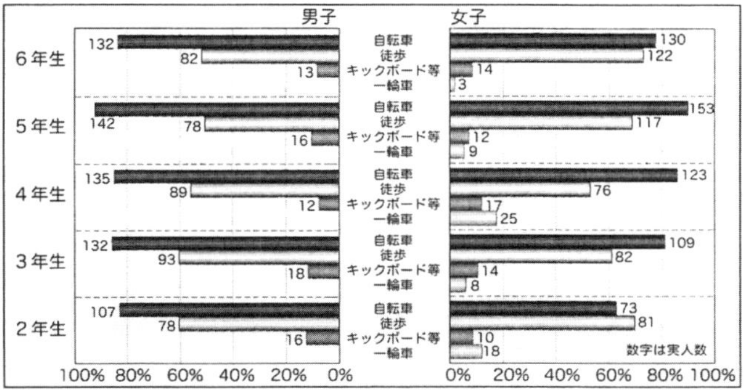

図5.6　移動手段

を利用して公園や児童館・コミュニティーセンター等の地域施設にでかけ、家の中以外にも活動場所を見出していることは覚えておきたい。多摩ニュータウンでは様々な場所にプレイロットや児童公園などのあそび場や地域施設が配置されていること、さらには歩行者専用のオープンスペースによって住棟間のプレイロットや街区公園・近隣公園などのオープンスペースがネットワーク状に結ばれていることが、自転車や徒歩での移動が主となるアクセスを容易にしており、子どもの地域活動に大きく貢献していると推察できる。

5.2　多摩ニュータウンの子どもの屋外活動の実態

ここでは多摩ニュータウンの子どもたちの活動場所と内容に着目したフィールド観察調査によって、子どもたちがどのような場所で、どのようなあそびに興じているかをみていきたい。

そのために、研究室メンバーがほぼ総動員で多摩ニュータウンに散り、子どもの屋外あそびを捉える観察記録の調査を行った（2005年9～10月）。調査では、まず調査対象地区をいくつかの範囲に分割して調査員が分担し、範囲内を調査時間内にくまなく観察できるように調査経路をあらかじめ設定した。調査対象地区ごとに9～10月の晴天の平日・休日各1日を選び、表5.2に示す時間帯ごとに調査経路に沿って2～4名の調査員が巡回して子どもの活動の場所、活動人数・性別・活動内容などを調査シート（地図とデータシート）に記録する方法で行った。また、可能な場合には写真撮影によるあそび場面の収録を行い、周囲の状況を含めて活動の概況を把握した。調査地区の概要を図5.7にまとめる。

母数となる各住区の児童人口と各時間帯での屋外活動の人数を表5.2にまとめた。住区や観察時間帯によって多少の違いはあるが平日では児童数全体の2～3割が、全体的に屋外活動が多くなる平日の17～18時ではほとんどの住区で児童数全体の3割程度が屋外で活動していると推論できる（表5.2）。この外あそびの人数割合を多いとみるか少ないとみるかには

表5.2　屋外活動人数の概要

	6-11歳人口	屋外活動人数					
		平日PM		休日AM		休日PM	
		平日1 15:30-16:30	平日2 17:00-18:00	休日1 10:30-11:30	休日2 12:00-13:00	休日3 15:30-16:60	休日4 17:00-18:00
諏訪 （割合）	353	79 (22.4%)	106 (30.0%)	58 (16.4%)	45 (12.7%)	65 (18.4%)	41 (11.6%)
永山 （割合）	547	120 (21.9%)	130 (23.8%)	43 (7.9%)	23 (4.2%)	81 (14.8%)	74 (13.5%)
貝取 （割合）	366	97 (26.5%)	101 (27.6%)	117 (32.0%)	65 (17.8%)	105 (28.7%)	139 (38.0%)
豊ヶ丘 （割合）	215	54 (25.1%)	62 (28.8%)	49 (22.8%)	25 (11.6%)	22 (10.2%)	21 (9.8%)
落合 （割合）	289	79 (27.3%)	89 (30.8%)	95 (32.9%)	55 (19.0%)	96 (33.2%)	118 (40.8%)
合計 （割合）	1,770	429 (24.2%)	488 (27.6%)	362 (20.5%)	213 (12.0%)	369 (20.8%)	393 (22.2%)

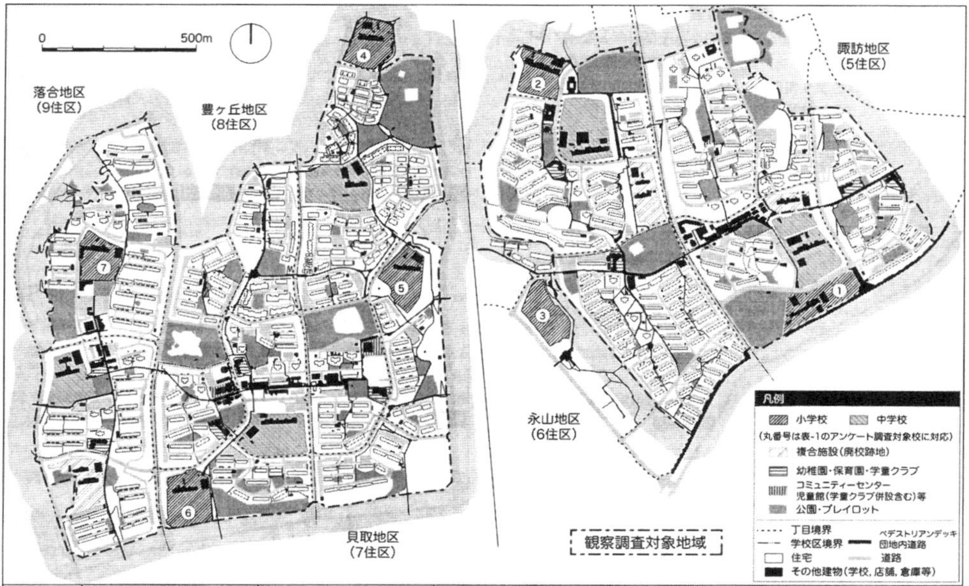

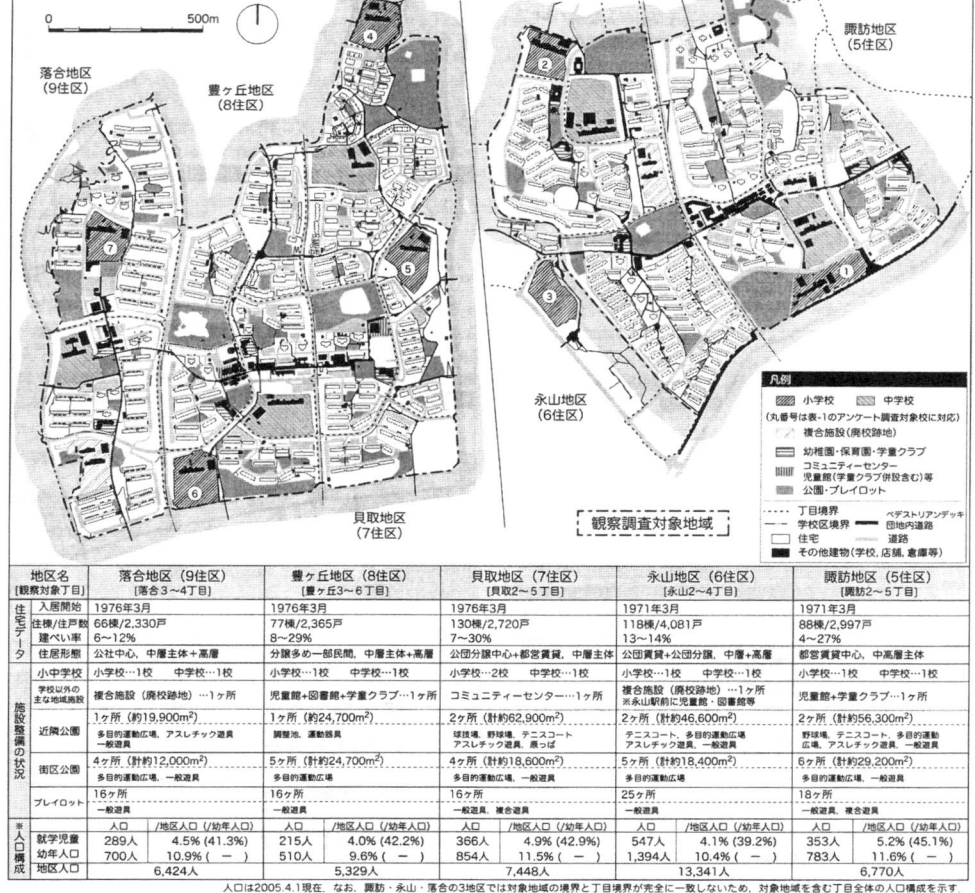

	地区名 [観察対象丁目]	落合地区（9住区） [落合3～4丁目]	豊ヶ丘地区（8住区） [豊ヶ丘3～6丁目]	貝取地区（7住区） [貝取2～5丁目]	永山地区（6住区） [永山2～4丁目]	諏訪地区（5住区） [諏訪2～5丁目]
住宅データ	入居開始	1976年3月	1976年3月	1976年3月	1971年3月	1971年3月
	住棟/住戸数 建ぺい率	66棟/2,330戸 6～12%	77棟/2,365戸 8～29%	130棟/2,720戸 7～30%	118棟/4,081戸 13～14%	88棟/2,997戸 4～27%
	住居形態	公社中心，中層主体＋高層	分譲多め一部民間，中層主体+高層	公団分譲中心+都営賃貸，中層主体	公団賃貸+公団分譲，中層+高層	都営賃貸中心，中高層主体
施設整備の状況	小中学校	小学校…1校　中学校…1校	小学校…1校　中学校…1校	小学校…2校　中学校…1校	小学校…1校　中学校…1校	小学校…1校　中学校…1校
	学校以外の主な地域施設	複合施設（廃校跡地）…1ヶ所	児童館+図書館+学童クラブ…1ヶ所	コミュニティーセンター…1ヶ所	複合施設（廃校跡地）…1ヶ所 ※永山駅前に児童館・図書館等	児童館+学童クラブ…1ヶ所
	近隣公園	1ヶ所（約19,900m^2） 多目的運動広場、アスレチック遊具 一般遊具	1ヶ所（約24,700m^2） 調整池、運動器具	2ヶ所（計約62,900m^2） 球技場、野球場、テニスコート アスレチック遊具、原っぱ	2ヶ所（計約46,600m^2） テニスコート、多目的運動広場 アスレチック遊具、一般遊具	2ヶ所（計約56,300m^2） 野球場、テニスコート、多目的運動広場、アスレチック遊具、一般遊具
	街区公園	4ヶ所（計約12,000m^2） 多目的運動広場、一般遊具	5ヶ所（計約24,700m^2） 多目的運動広場	4ヶ所（計約18,600m^2） 多目的運動広場、一般遊具	5ヶ所（計約18,400m^2） 多目的運動広場	6ヶ所（計約29,200m^2） 多目的運動広場、一般遊具
	プレイロット	16ヶ所 一般遊具	16ヶ所 一般遊具	16ヶ所 一般遊具、複合遊具	25ヶ所 一般遊具	18ヶ所 一般遊具、複合遊具

※人口構成		落合 人口	落合 /地区人口（/幼年人口）	豊ヶ丘 人口	豊ヶ丘 /地区人口（/幼年人口）	貝取 人口	貝取 /地区人口（/幼年人口）	永山 人口	永山 /地区人口（/幼年人口）	諏訪 人口	諏訪 /地区人口（/幼年人口）
	就学児童	289人	4.5% (41.3%)	215人	4.0% (42.2%)	366人	4.9% (42.9%)	547人	4.1% (39.2%)	353人	5.2% (45.1%)
	幼年人口	700人	10.9% (ー)	510人	9.6% (ー)	854人	11.5% (ー)	1,394人	10.4% (ー)	783人	11.6% (ー)
	地区人口	6,424人		5,329人		7,448人		13,341人		6,770人	

人口は2005.4.1現在．なお，諏訪・永山・落合の3地区では対象地域の境界と丁目境界が完全に一致しないため，対象地域を含む丁目全体の人口構成を示す．

図5.7　調査対象地区概要

様々な見解があろうが、意外と多くの子どもたちが外に出てきてくれている、との感想をもつ。

5.2.1　外あそびの活動場所と活動内容

図5.8は、観察調査によって得られた子どもの屋外活動場所の分布である。これを平日・休日の各時間帯で数え上げ、活動場所の割合を求めて図5.9に示した。

まず、あそびがみられる場所を概観すると、公園やプレイロット、ペデストリアンデッキで屋外活動する子どもの割合が高く、各地区でいずれも6割を超える。いわゆるあそびの場所として整備された公園やプレイロットに加えてペデストリアンデッキなどの場所が、子どもの主な活動場所として大きな役割を担っていることがわかる。平日と休日で子どもの活動場所を比較すると、概して平日休日とも夕方はプレイロットや団地構内などの住宅近辺での活動が多く、休日には運動施設を利用したスポーツチームの活動をはじめとする公園や、学校のグラウンドのような広い場所での活動が多くみられる。

次に図5.10に示した屋外活動の場所とその内容の関係についてみると、プレイロットでは遊具でのあそびが中心となり、公園や学校のグラウンドでは野球やサッカーなどの活動が主となっている。他方、団地構内の路上やペデストリアンデッキでは、自転車あそびやゲームあそび、会話、あるいは家の前でのキャッチボールなど多様な活動がみられ、‘道ばた空間’として利用されていることがわかる。公園やプレイロットなどのあそびの場所が、多様かつ豊富に整備された住宅地においてもなお、これら‘道ばた空間’は子どもたちの様々な活動を可能にしている大切な場所であることがわかる。

さらに図5.8に戻り地域での具体的な活動場所をみると、主要なペデストリアンデッキが1点に集中して交差する場所に近隣センター（商店街）や大きな公園が配置された永山地区では、この商店街と公園付近に子どもたちの外あそび活動の多くが集中していることが確認できる。また、隣接する諏訪地区からペデストリアンデッキを使ってこの場所に移動してくる様子も観察された。

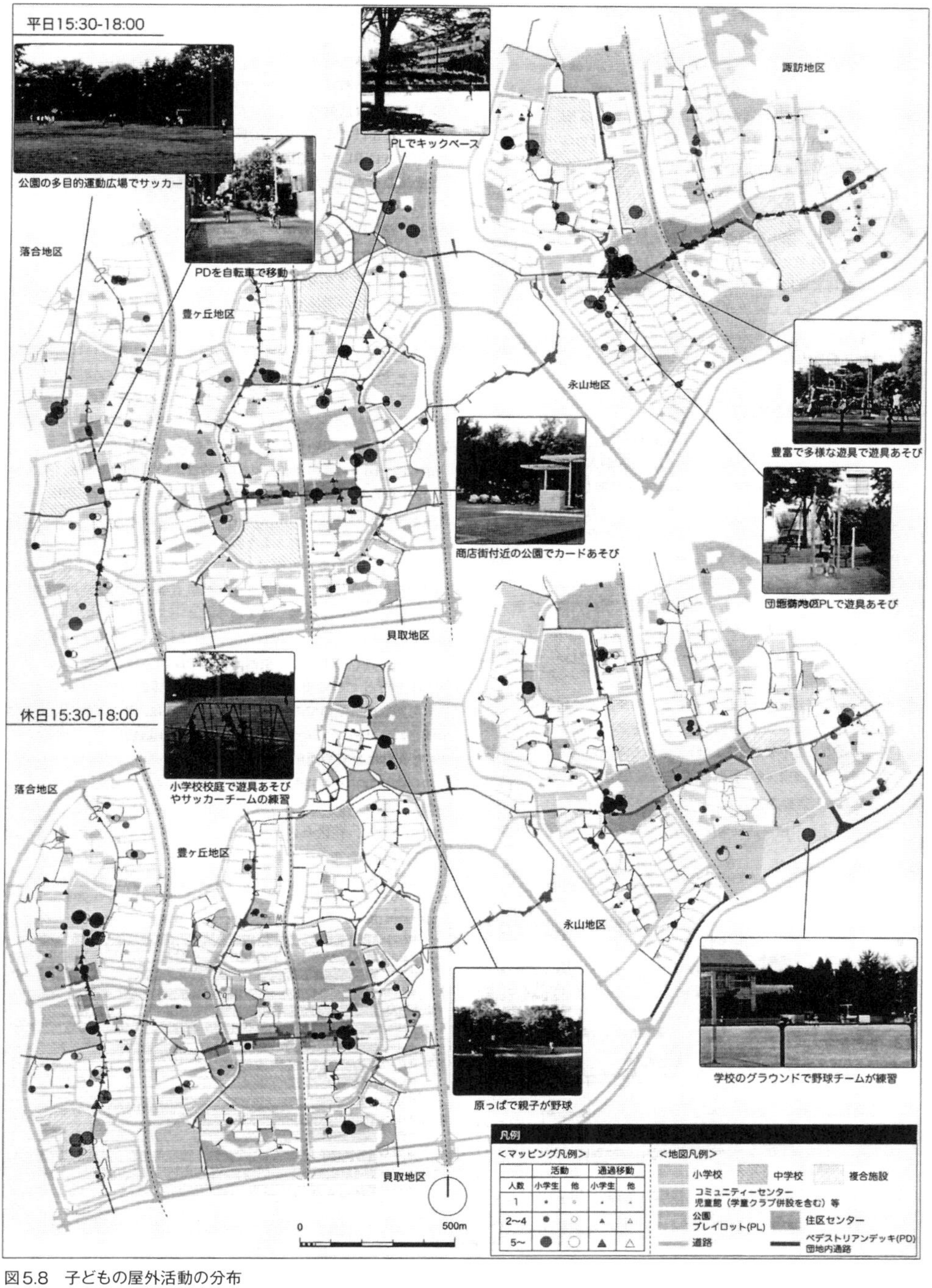

図5.8　子どもの屋外活動の分布

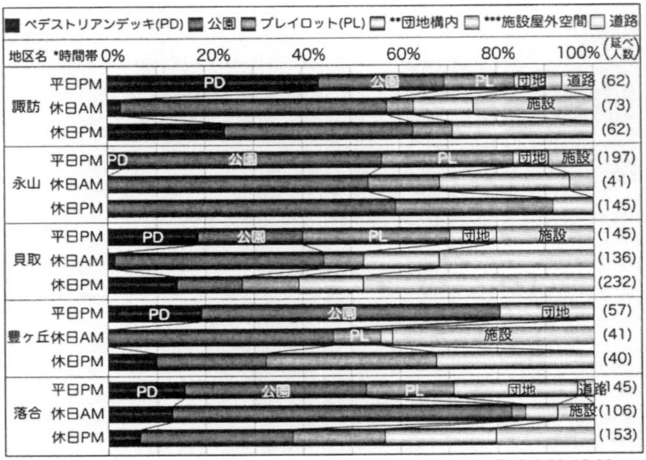

*AM=10:30-11:30及び12:00-13:00 / PM=15:30-16:30及び17:00-18:00
**団地構内＝団地敷地内の構内道路，住棟間スペースや住棟廊下・階段等
***施設屋外空間＝学校の校庭，コミュニティーセンター等施設内の屋外スペース等

図5.9　平日・休日の別による活動場所の分布

他方、地区全体にペデストリアンデッキが網の目のように張り巡らされ地区の焦点が一極集中的ではない貝取地区では、住区センターや街区公園といったオープンスペースのほか、団地内のプレイロットなど地区全体に活動が分散している。また落合地区のペデストリアンデッキは、南北に延びるペデストリアンデッキと東西方向のペデストリアンデッキに整理されており、主要なペデストリアンデッキとなっている南北方向のペデストリアンデッキに沿って活動の分布がみられる。

これを対象地区全体でみると、図5.11のようにペデストリアンデッキと公園によって形成されたオープンスペース（トンネルや歩道橋によって繋がるペデストリアンデッキを骨格に、公園や地域施設を配したネットワーク状の拡がりをもつ歩行者空間）を利用して子どもたちが移動しており、この歩行者空間ネットワークに沿って活動が発生している様子がわかる。

このように近隣センター付近でペデストリアンデッキが交差する永山地区や、地区全体に巡らされたペデストリアンデッキをもつ貝取地区など、ペデストリアンデッキ網の構成や住区センター、公園などの配置構成による歩行者空間ネットワークが子どもたちの活動場所となっており、こうした街の構造の違いが子どもの活動場所の分布の違いに影響しているといえる。

活動場所	平日PM	休日AM	休日PM	事例
PD	平日2 会話 32 移動あそび 4 走り回る 3 ゲーム 2 虫取り 2 自転車あそび 6 ダンスの練習 4	通過・移動以外にあまりみられない	休日4 会話 17 走り回る 10 ふざけあい 7 動物と戯れる 4 虫取り 2 ゲーム 2 たたずみ 2	 PDで自転車あそび
公園	平日2 野球 24 サッカー 11 水あそび 8 カードゲーム 8 鬼ごっこ 5 ダンス 4 砂あそび 3 サッカーの練習 24 自転車あそび 5 遊具あそび 16	休日1 サッカーの練習 60 ラグビーの練習 35 野球の練習 10 テニス教室 6 休憩 12 会話 7 カードゲーム 4 ふざけあい 4 拾いあそび 3 遊具あそび 7	休日4 会話 16 ゲーム 8 走り回る 8 サッカーの練習 29 サッカー 16 野球 8 バスケ 2 遊具あそび 20	 公園で友達とサッカー
PL	平日2 会話 15 鬼ごっこ 13 砂あそび 8 ふざけあい 4 かくれんぼ 3 ボールあそび 15 サッカー 3 遊具あそび 14 自転車あそび 8	休日1 キックベース 10 走り回る 2 砂あそび 2 遊具あそび 2	休日4 カードゲーム 14 会話 12 大縄とび 4 砂あそび 2 動物と戯れる 2 遊具あそび 31 野球 6 ボールあそび 3 サッカー 3 フリスビー 2 自転車あそび 3	 PLで遊具あそび
団地構内	平日2 会話 8 捜し物 5 水あそび 4 砂あそび 3 チョークあそび 3 地面いじり 3 ふざけあい 2 サッカー 8 ボールあそび 2 自転車あそび 8 一輪車あそび 7	休日1 ゲーム 10 走り回る 6 カードゲーム 5 会話 5 ふざけあい 3 野球 2	休日3 爆竹 8 水あそび 8 走り回る 6 会話 6 虫取り 5 ゲーム 4 ボールあそび 9 サッカー 5 野球 4 自転車あそび 6 一輪車あそび 4	 団地内でゲームあそび
施設屋外空間	平日2 砂あそび 5 ふざけあい 5 ボールあそび 5 サッカー 2	休日1 野球の練習 23 サッカーの練習 18	休日4 サッカーの練習 31 野球 6 バドミントン 6 フリスビー 3 走り回る 8 遊具あそび 2	<例> 同類の活動 時間帯 平日2 会話 32 移動あそび 4 活動内容 同一時間帯の合計人数

＊活動の多い時間帯を事例として取り上げている．通過・移動を除く．

図5.10 活動場所と活動内容

5.2.2 子ども個々人の活動軌跡―GPSによる子どもの行動軌跡の分析

以上、地域全体における時間断面ごとの観察調査によるデータの分析によって、子どもの活動場所の分布と、活動分布を促す街のつくりについて一定の理解ができた。一方、子ども個々人に目を転じると、ペデストリアンデッキを移動して至った一つの場所で活動を長時間継続する、活動場所を変えながら時間を過ごす、といった様々な選択肢があり、連続的な活動実態の把握も興味深いことと思われる。そこで以上の調査に加え、少数事例ながら、子どもに1日の屋外活動の間GPS機器を携行してもらって得た行動データの分析手法によって、個々人の活動を連続的・経時的に捉えることを試みる。調査対象は、

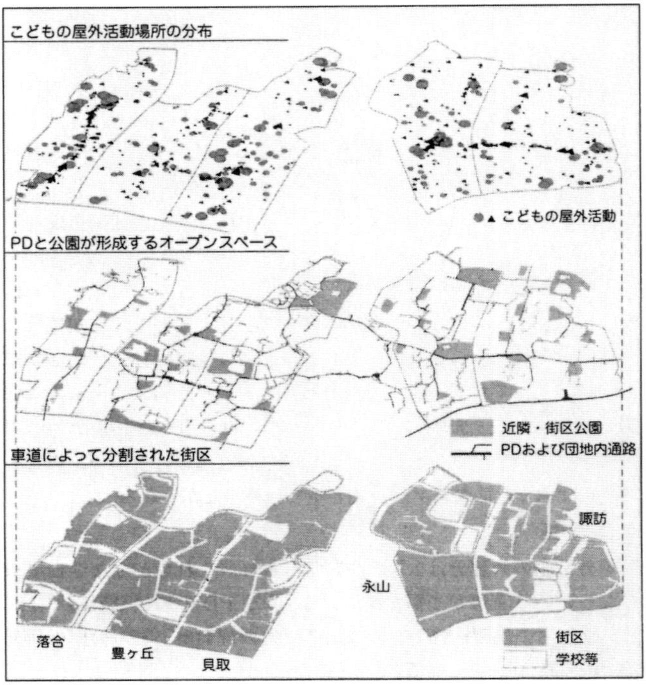

図5.11　街の構造と子どもの屋外活動の展開

車道とペデストリアンデッキの立体交差や公園をペデストリアンデッキのネットワークで繋ぐ街の構造が、多摩ニュータウンの中でももっとも典型的な永山地区に住む4名とした[*5]。

図5.12は、行動軌跡を累積したマッピング図と、活動の推移を時系列と累積移動距離の変化の関係を表すグラフ（右下）である。マッピング図では、対象の子どもが一定の距離を移動した場合、あるいは移動距離がこれに満たない場合には一定時間経過した時点で位置が記録されており、各時点における活動地点の連続として行動軌跡が示されている。グラフでは、傾きの緩い部分は滞留、急な部分は移動に対応しているものと理解できる。GPS機器には位置情報とともに各時点での移動速度も記録されるため、これらを組み合わせることで自転車利用の有無が判別できる。

以上を前提として個別の事例をみていくと、［事例a］では①住区センター付近の公園で活動し→②ペデストリアンデッキと

＊5　調査対象児の選定は、GPS機器の取扱いを理解できると思われる小学校5、6年生を条件として、永山地区にある地域交流活動を支援するNPO法人「福祉亭」を通して、本人と保護者の了解が得られた4名とした。

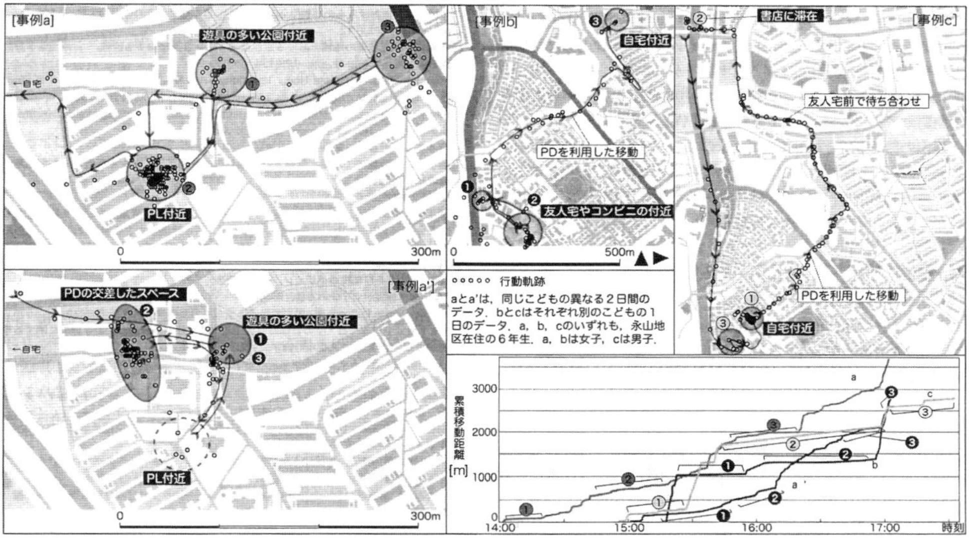

図5.12　子どもの行動軌跡と累積移動距離の時系列推移

団地内通路を使ってプレイロットへ移動してしばらく滞留した後→③再びペデストリアンデッキを使って活動場所を変えている、などが読み取れる。これにより、子どもが自転車での移動と各地点での滞留とあそび活動を繰り返す行動特性をもっていることが理解できる。

一方、別の子どもの［事例b］では、隣接する戸建て住宅地まで活動が広がっており、遠方への自転車での移動や店舗に出かける様子を読み取れる。また、同じ子どもの別の日を追った［事例a］と［事例a′］のグラフを比較すると、屋外活動の時間に相違はあるものの、異なる日でも類似した活動パターンをとっていることがわかる。

5.2.3　小括

屋外活動の大部分は公園やプレイロットでみられ、これらが主な活動場所となっている実態を把握できた。さらにペデストリアンデッキ網の形状や公園、住区センター等の配置構成といった街の構造の違いが、子どもの屋外活動の展開場所に大きく影響していることもわかった。一方、ペデストリアンデッキや団地構内の道路でも一定程度の活動があり、様々な活動が展開される‘道ばた空間’として子どもの活動に寄与している様子がうかがえる。

また、子ども個人の活動では、ペデストリアンデッキや団地内通路を活用した移動や、滞留と移動を繰り返す様子がみられた。この一連の活動には、豊富なあそび場の整備とこれらを組織的に結びつける歩行者空間のネットワークが大きく寄与していると理解できる。

5.3 多摩ニュータウンにおける子どもを巡る犯罪 ―安心安全の街づくりのために

以上、多摩ニュータウンの子どもたちの放課後活動の様子、外あそびの展開場所やその行動軌跡などについて考察してきた。多摩ニュータウンの子どもたちの健全な外あそびの様子に少し安心をしたのが正直な感想ではある。

しかしこうした研究の過程で、ちょっと困った事象に気がつくに至った。多摩ニュータウンでは、既成市街地に比べ子どもを狙った犯罪が無視できない程度に多いことに気づいたのである。

近年、子どもをターゲットにした犯罪の多発が社会的な問題となっている。建築計画や地域計画の研究によってこれらに対処しようとするには自ずと限界があろうが、それらが起こる場所の地理的特性・環境的要因について一定の知見が得られれば、子どものための安心・安全の街づくりのためにいくばくかの寄与が期待できよう。多摩市・多摩ニュータウンは、住居侵入盗やひったくり犯罪等の面では他都市に比べて発生件数が少なく、かなり安全な街と考えることができる。一方、子どもに対する露出・つけまわし・痴漢などの犯罪の発生は少なくなく、憂慮される事態といえる。しかもこれから詳しく述べるように、多摩市内の既成市街地区とニュータウン地区を比較すると、後者における発生件数が有意に多いという事実があり、環境要因との関係が予見される。

以下では、多摩市における子どもを巡る犯罪の発生実態を捉え、その生起する場所の環境要因を考察する中から、子どもたちが安心して屋外活動を展開できるための環境づくりのための知見を整理したいと考える。

5.3.1　子どもを巡る犯罪の情報収集と安心・安全マップ

この節における分析・考察は、以下の三つの調査に基づいている。

(1) 配信メール情報による犯罪発生実態の把握

多摩市では安心・安全の街づくりの一環として、あらかじめ登録を行った市民の携帯電話メールやパソコンメールに不審者出没や一般犯罪発生等の情報を配信する「不審者出没・犯罪発生等に関する情報メール配信サービス」(以下：配信メール情報）を行っている。このメール情報には、犯罪の発生した①日時、②場所、③被害者（対象者)、④事犯の内容、⑤不審者（犯罪者）の容貌・年代・性別等、⑥警察通報の有無、などの情報が記載されている。なお、被害者のプライバシー保護のため、被害にあった子どもの性別・年齢は公表されず、特定された犯罪発生場所は町丁までが示されている。

以下の分析・考察は、2005年4月～2006年11月の20カ月分の多摩市による配信メール情報に基づくものである。

(2)「地域安全マップ」による子どもの危険に対する意識の調査と分析

多摩市では、各小学校において児童、教師、保護者、地区のコミュニティーセンター、教育委員会が協働して「地域安全マップ」を作成する運動が展開されている。子どもや地域の安全意識を醸成する試みとして理解される。このマップでは、子どもが「危ない」と感じたり、実際に被害にあった校区内の場所が図示されており、子どもの意識の中に投影されている危険地点が表現されていると解釈される。ここでは、落合地区と諏訪・馬引沢地区の地域安全マップを分析対象としてとり上げ、配信メール情報による実際の発生場所との比較・検証、および子どもの意識のうえでの危険と感じる場所の環境要因を読み解こうと試みた。

(3) 犯罪発生場所の環境要因に関する現地観察調査

前記 (1)(2) の調査分析を行ってみると、①子どもを狙った犯罪の起こる場所に類似性があること、②同じ場所で複数回の発生がある場合があること、③配信メール情報による情報と地域安全マップで指摘された地点情報に重なりがある場合があること、などがわかってくる。そこで配信メール情報によって同一地点で２件以上の報告があった地点、および地域安全マップで指摘が複数集中している地点への現地観察調査を行い、その環境特性を抽出する試みを行った。

5.3.2　多摩市における子どもに対する犯罪の発生実態

配信メール情報から、2005年4月からの20カ月間における子どもに対する犯罪発生を抽出した結果、計169件の事例を採取し、以下の分析の対象とした。

(1) 時系列的特徴

子どもを対象とした事犯が起こった月・曜日、時刻等を時系列的に整理すると図5.13に示すようになる。

i　時刻変動

当然ながら、15～18時の間に明らかに集中して発生しており、学校の放課後の余暇時間、子どもが屋外活動を行う時間に一致している。もっとも件数の多いのは15時台であり、学校からの帰宅時刻に一致する。下校・帰宅時、家路に向かう途中で仲間と離れて１人になる瞬間が、犯罪者にとって狙いやすい場面と考えられる。

ii　週変動

明らかな周期性があり、月曜日から増え始め、水曜日にもっとも犯罪発生が多くなる。小学校では水曜日には高学年も

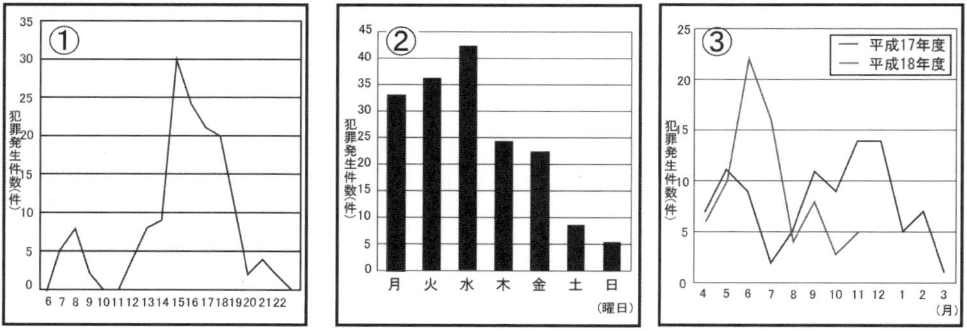

図5.13　犯罪発生の時系列変動（①時刻、②曜日、③季節）

5限までに終了し、早めの時刻に下校となる。必然、子どもの屋外活動の時間が水曜日にはもっとも長くなることが犯罪多発の原因と考えられる。週末には大人を含めて地域社会の眼がよく行き届いているためか、子どもに対する犯罪発生は少ない。

iii 季節変動

時刻変動、週変動ほど明瞭な変動の傾向はない。学校が長期休みになる8月、3月は発生が少なく、春から初夏および秋にかけて若干増加する傾向にある。

(2) 既成市街地とニュータウン地区の発生実態の比較

i 犯罪の発生率

配信メール情報によって子どもに対する犯罪の通報件数を多摩市の町別に整理した結果を表5.3に示す。ここではニュータウン地区と既成市街地の町別に、A：発生件数総数、B：人口1000人当たり件数、C：小学校児童数1000人当たり件数、D:町域面積当たり件数、の各指標別に表示した。この中から、通報件数と町別の小学校児童数との関係を抽出して図5.14に示した。

表5.3におけるA～Cのどの指標をとっても、ニュータウン地区の発生が有意に高いことが示される（t検定：有意差5%)。総人口当たり約2倍、児童人口当たりでも約1.5倍ということになり、子どもを狙った犯罪発生の確率は既成市街地に比してニュータウン地区で有意に高い、という結果が示される。

ii 犯罪種別の発生率

子どもに対する犯罪をその内容から、①痴漢、②露出、③声かけ・つきまとい、④写真撮影、⑤脅迫・暴言・暴力、の五つに分類し、町別にその発生件数を図示すると図5.15のようになる。どの地区でも多いのが②露出、③つきまとい・声かけ、の2種で、既成市街地区ではこの二つにほぼ限定される。ニュータウン地区では、これに①痴漢、⑤脅迫・暴言・暴行、も加わり多様性を帯びる。

表5.3　町別犯罪通報件数と人口・面積の関係

	A	B	C	D	A/B	A/C	A/D
	通報件数（件）	人口（千人）＊	小学生数（千人）＊	面積（十ヘクタール）			
諏訪	23	10.5	0.6	12.6	2.2	37	1.8
貝取	21	9.3	0.4	9.4	2.3	49	2.2
鶴牧	19	10.4	0.5	11.9	1.8	39	1.6
永山	18	16.2	0.7	18.2	1.1	26	1.0
豊ヶ丘	18	11.1	0.5	11.6	1.6	37	1.6
落合	12	13.2	0.6	16.6	0.9	20	0.7
愛宕	11	5.7	0.2	6.5	1.9	45	1.7
聖ヶ丘	10	7.4	0.3	9.8	1.4	31	1.0
NT平均	17	10.5	0.5	12.1	1.6	34	1.4
和田	10	8.1	0.6	11.6	1.2	17	0.9
連光寺	6	8.2	0.5	26.3	1.0	17	0.3
中沢	6	2.2	0.1	8.2	2.7	44	0.7
馬引沢	8	3.4	0.2	2.8	1.8	27	2.1
一ノ宮	6	5.7	0.2	9.1	1.1	27	0.7
東寺方	5	2.5	0.1	4.2	2.0	51	1.2
関戸	5	9.0	0.4	14.5	0.6	11	0.3
桜ヶ丘	2	6.1	0.2	9.2	0.3	9	0.2
既成平均	6	5.7	0.3	10.7	1.1	20	0.6
全体平均	9	6.8	0.3	10.0	1.2	26	0.9

＊人口と小学生数は平成18年9月1日の住民基本台帳より

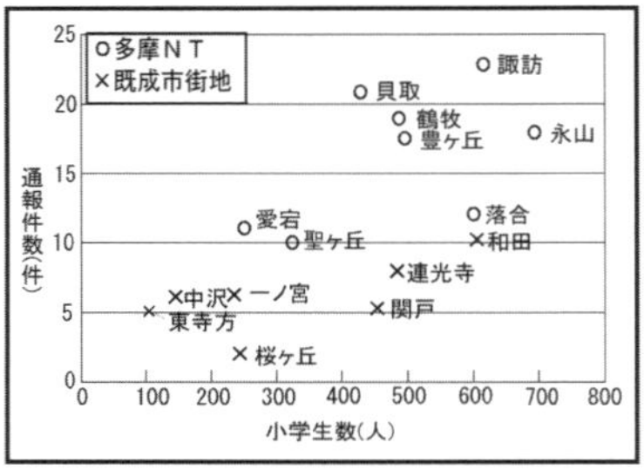

図5.14　犯罪通報件数と小学生数の関係

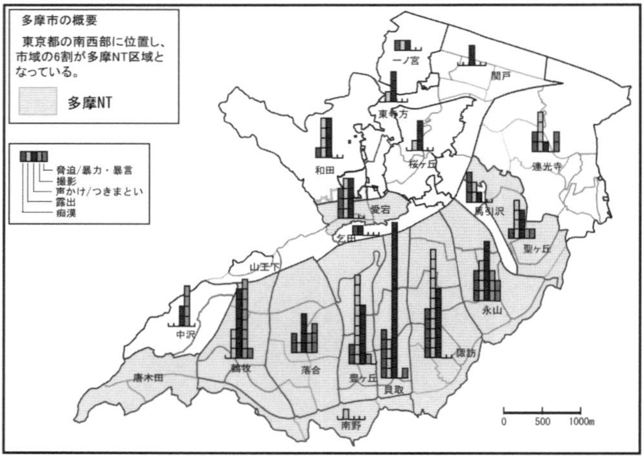

図5.15　町別犯罪種類別通報件数

5.3.3　ニュータウン地区における子どもに対する犯罪の発生場所と環境要因

前節において、ニュータウン地区では既成市街地より子どもに対する犯罪発生が有意に高いことが示された。ここでは、ニュータウン地区における犯罪発生場所とその環境要因を考察する。

(1) ニュータウン地区における犯罪発生場所

配信メール情報により子どもに対する犯罪の発生場所が具体的に特定できた事例について、その地点を地図上にプロットしたものを図5.16に示す。

概観すると、ペデストリアンデッキ上またはその近辺、および近隣・街区公園の中で多くの事犯が発生していることがわかる。

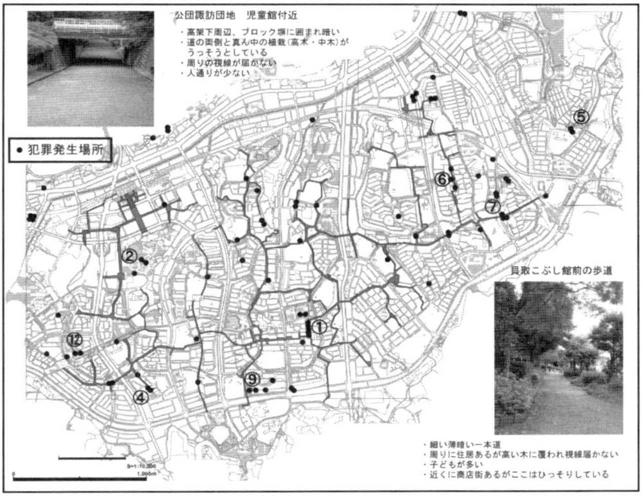

図5.16　ニュータウン地区における犯罪発生場所の分布

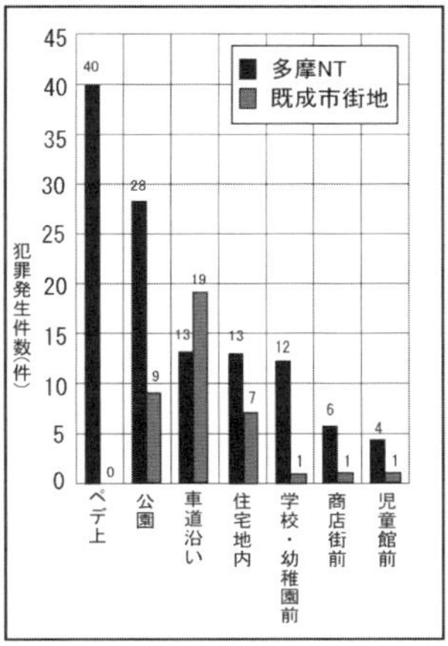

図5.17　場所別犯罪発生件数

犯罪発生場所をペデストリアンデッキ上、公園、車道沿い、住宅地内などの7種類に分類し、それぞれの発生件数をニュータウン地区、既成市街地区の別に集計してみると、結果は図5.17に示すとおりとなる。ニュータウン地区では、ペデストリアンデッキ上または公園における発生件数が群を抜いて多く、こうした空間が少ないかまたはない既成市街地区では車道沿い、ついで公園内となる。

前節で述べたとおり、多摩ニュータウン地区における子どもの屋外活動は、主としてペデストリアンデッキ上とその交差点、およびペデストリアンデッキでネットワーク状に繋がれる小公園・オープンスペースにおいて展開されている。すなわち、子どもを狙った犯罪の発生地点は、子どもの屋外活動の主たる展開場所と重なるか、またはそこからわずかに数メートル離れた地点に集中するものと考えられる。

犯罪者は子どもの集まる場所、または移動経路を巧みに嗅ぎ分け、周りに目撃者がいなくなる一瞬の隙を狙って犯行に及ぶものと推論される。

(2) 犯罪多発場所の環境特性と要因

子どもを対象とした犯罪が複数回以上起こっている場所に

ついて、現地観察調査を行った。配信メール情報、地域安全マップを手がかりにニュータウン地区内12地点を抽出して詳しい現地観察を行うものである。

これら地点に共通した場所特性として、子どもにとっても犯罪者にとっても、何ものにも妨げられず「入りやすい」場所であることが即座に了解できる。犯罪環境学に関する多くの著作や論考が「都市空間における犯罪の発生場所は、誰もが立ち入ることができる場所で、他人の視線にさらされない場所である」と指摘しているとおりである。

この他者の視線の届き具合と周囲の空間の様子の特性をいくつかに細分して、12地点の環境特性を判断した結果を表5.4に示す。犯罪多発地点は多くの場合、‘周囲からみえにくい’‘植栽が生い茂って周囲からの視線を妨げる’などの地点であることが指摘できる。‘近くに学校や児童館がある’場所も該当する場合が少なくなく、子どもが集まる場所、またはその移動経路は狙われる可能性が低くないことを示している。

なお‘その場所に入りやすいか’の観点については、①ペデストリアンデッキ上またはペデストリアンデッキ沿いか、に加え、②幹線車道からアクセスしやすいか、の観点も加えて評価してみた。いわば、犯罪者にとってのAccessibility（到達しやすさ・逃げやすさ）に関する評定である。多摩市における子どもを

表5.4　犯罪多発場所の環境要因

環境要因 ＼ 犯罪多発場所	入りやすい		人の視線が届かない				周囲の環境			
	ペデ上・ペデ沿い＊	車道からアクセスできる	周囲から見えにくい	植栽が生い茂っている	人通りが少ない	昼でも薄暗い	周辺に住居がない	近くに小学校・児童館がある	近くに商店街がある	高架下空間がある
① 貝取こぶし館前の遊歩道(5)	○		○	○		○		○	○	○
② 多摩中央公園(5)	△	○		○					○	
③ 一本杉公園(4)	△	○	○	○	○	○	○			
④ 荻久保公園(4)	△	○	○	○	○					
⑤ 聖ヶ丘緑地公園(3)	△	○	○	○		○		○		
⑥ 諏訪団地　児童館周辺(3)	○		○	○	○			○		○
⑦ 諏訪南学童クラブ付近(3)	○		○	○		○		○		○
⑧ 豊ヶ丘南公園(3)	△	○	○	○			○			
⑨ 豊ヶ丘第7公園(3)	△	○						○		
⑩ 宝野公園(3)	○							○		
⑪ 落合南公園(3)	△	○	○	○	○		○	○	○	
⑫ 奈良原公園(3)	○	○						○	○	

*○はペデ上、△はペデ沿い

狙った犯罪に関する一定程度有力な見解として、‘犯罪者は車で市外からやってきて、車を車道に置いて立体交差しているペデストリアンデッキに登り、犯行に及んだ後、車で逃走する’との説がある。表5.4によれば、犯罪多発地点の過半がこの条件に合致しており、この説の信憑性を裏付けているとも解釈できる。

5.3.4 地域安全マップにみる子どもの危険に対する意識と実際の犯罪発生場所

前述したとおり、地域安全マップには子どもの危険箇所に対する意識が表現されていると解釈できる（図5.18）。地域安全マップを読み取ると、子どもたちには、

①ペデストリアンデッキから離れた人通りの少ない場所

②暗い場所、外灯がない暗い場所

③落書きやゴミなど、汚れた場所

④樹木が生い茂って暗いか、周りからみえない場所

⑤人通りが少ない場所

などが危険な場所として認識されているようである。

これらと実際に子どもを狙った犯罪の発生場所との関係を相関図のかたちで整理してみると、図5.19に示すとおりである。前記④⑤は実際に犯罪が生起している場所と一致するが、①～③の子どもにとって嫌われている場所は、必ずしも犯罪発生場所とはなっていない事実を指摘できる。

一方、ペデストリアンデッキ上やペデストリアンデッキ沿い、または近くに学校や児童館がある場所は危険な場所として子どもたちには意識されていないものの、実際にはこうした場所でも犯罪は起きているという事実も指摘できる。こうした子どもの日常的な活動場所または移動経路上にあり、通常の状態では人通りによる視線の見守りが期待できる場所でも、そこからほんの数メートル離れた場所、または樹木などで視線が遮られた場所で、人通りが途絶えた瞬間、犯罪が起きる場合があることを示唆している。

5.3.5 小括

多摩市域全体を既成市街地とニュータウン地域に分けて分

図5.18　子どもが危険と感じる場所と実際の犯罪発生場所の対比

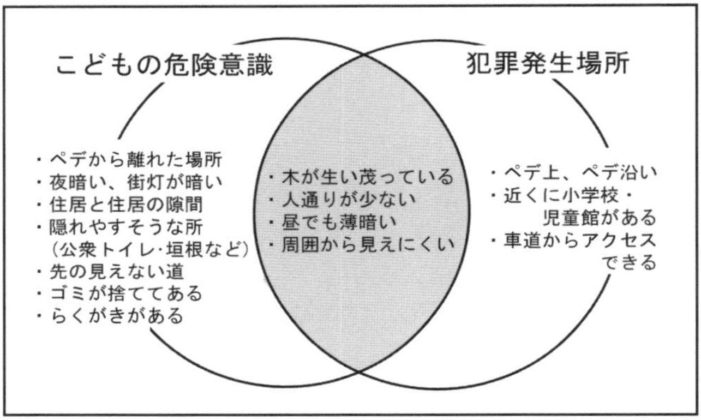

図5.19　子どもの危険に対する意識と実際の犯罪発生場所の対応関係

析考察すると、子どもを狙った犯罪の発生確率は後者において有意に高い実態を指摘した。‘ニュータウン’ という街の構造の匿名性が影響しているとも推察できる。

ニュータウン域の子どもは、ペデストリアンデッキ上とこれによってネットワーク状に繋げられる公園を主たる屋外活動の展開場所としていることは繰り返し述べてきた。ここには車による通過交通は存在せず、犯罪者の姿が通過交通などの不特定多数の視線に晒されることが少ない場所ともいえる。犯罪者は子どもの主な活動場所を嗅ぎ分け、ペデストリアンデッキ上の人通りが途絶えた瞬間を捉え、樹木などによって周りからの視線が届きにくい場所を本能的に選んで犯行に及んでいるものと類推できる。

安心・安全の街づくりのためには、こうした環境特性のある地点に防犯カメラなどで監視のネットワークを張り巡らせる手段などが有効となろう。

5.4 まとめと展望

多摩ニュータウンの子どもたちの学校外での生活は思った以上に健全と考える。いわゆる‘通いごと’は子どもたちの間で常態化してはいるが、これに追いまくられているほどでもなく、自由な時間を過ごすゆとりも一定程度もっている。余暇時間は家に籠もってコンピュータあそびかというとそれほどでもなく、一定の割合の子どもが外に出てきて‘外あそび’を愉しんでいるといえる。

全国的にも高い水準にある公園緑地率とこれをネットワーク状に繋ぐ‘ペデストリアンデッキの緑のネットワーク’が、子どもたちを外に誘い出していると考えられる。しかもこのペデストリアンデッキが住区を超えた子どもたちの移動経路になっており、さらに子どもたちの出会いの場を演出しているのである。子どもが育つ環境として、優れた特質をもっている街であると感じる。

これについてはちょっとした個人的な想い出話がある。小生（上野）の末息子は幼児期に多摩ニュータウンに移り住み、幼稚園・小学校・中学校とニュータウン内で育った。当然、このペデストリアンデッキのネットワークの環境を享受して育ったわけである。通学や外あそびにこの安心安全な環境を満喫して暮らしてきたのであるが、逆に自動車とのすれ違いを経験することが少ないので、車の通行に対して危険意識が薄いのである。このことに気づかされたのはしばらく経ってからではあるが、ニュータウン外へ連れて行くときなど歩車分離でない道も平気で道の真ん中を歩こうとする行動には閉口したものである。もちろん、ニュータウン外の高校に通うようになってすぐにこの癖は治まって、普通の暮らしに戻ってはいる。

なお、5.3に述べた‘子どもを狙う犯罪’には困ったものである。安心安全の街づくりのためにもっと英知を傾けねば、と願う次第である。

図版出典

図5.1～12、表5.1、2／多摩ニュータウンにおけるこどもの屋外活動に関する研究：近藤樹理、山田あすか、松本真澄、上野淳：日本建築学会計画系論文集、No.628, 2008.06., pp1251-1258

図5.13～19、表5.3、4／多摩ニュータウンにおけるこどもをめぐる犯罪の発生実態と環境要因に関する考察：上野淳、松本真澄、崎田由香：多摩ニュータウン研究、2008.03., pp50-55

第6章

多摩ニュータウンの地域活動

人々が多摩ニュータウンに移り住んでから40年余の歳月が流れ、当初は低かった木々もいまや建物の高さを超える枝ぶりのよい樹木に成長している。街の様子も、住宅が建設され、鉄道が敷設され、学校やコミュニティーセンターなどの施設が整備され、街としての完成度が高まると同時に、初期に開発された地域では学校の統廃合や団地の建替えなどの更新がすでに始まっている。

こうした地域環境の変化は街の成熟過程そのものといえるが、街が成熟していくために忘れてはならないのが、住民の様々な活動が地域に果たした役割ではないだろうか。人々の営みがあって初めて街に息吹が与えられ、その足跡が街の記憶となり、その街らしさ、ニュータウンらしさが生まれてくる。そこで本章では、多摩ニュータウンにおける地域活動について焦点をあてることにする。

6.1　活発な多摩市の地域活動

地域での活動とひとくちにいっても様々なタイプがある。地域的な要素の強い活動としては、自治会や管理組合といった地域組織や老人会やPTAといったものが代表的である。分譲集合住宅が約半数を占める多摩ニュータウンにおいては、街づくりの観点からみても管理組合の果たす役割は今後ますます大きくなると思われる。多摩ニュータウンでは管理組合の連絡会があり情報共有など横の連携がはかられているが、まさにニュータウンならではの活動といえよう。また、趣味のサークルやスポーツ団体などの共益性の高い団体の活動も盛んに行われている。第３章で詳説した10カ所の「居場所」においても、多種多様なサークルや団体が趣味活動を盛んに行っている様子がうかがえる。

しかし、なんといっても多摩ニュータウンの地域活動を特徴づけているものは、市民活動ではないだろうか。第４章でとりあげた高齢者の居場所｛福祉亭｝も、市民活動によって成り立っている。内閣府の調査では、市民活動団体を「継続的、自発的に社会貢献活動を行う、営利を目的としない団体で、特定非営利活動法人及び権利能力なき社団（いわゆる任意団体）」と定義しているが、こうした団体が多摩ニュータウンには数多く存在している。ちなみに、多摩市のNPO法人数は平成22年4月時点で76団体あり、多摩地域の26市の中では人口あたりのNPO法人数は最多となっている。

そこで多摩市の市民活動の内容を簡単にみてみたい。「多摩市NPOセンターにおける市民活動支援に関するアンケート集計結果（平成19年11月）」（多摩市ホームページ）をみると、回答のあった106団体の内訳は、NPO法人が37、任意団体が32、ボランティア団体が56、その他（自治会、社団法人等）が13であった。活動分野（複数回答）は、福祉、社会教育、街づくり、学術・文化・芸術、子どもの健全育成などがあげられている。

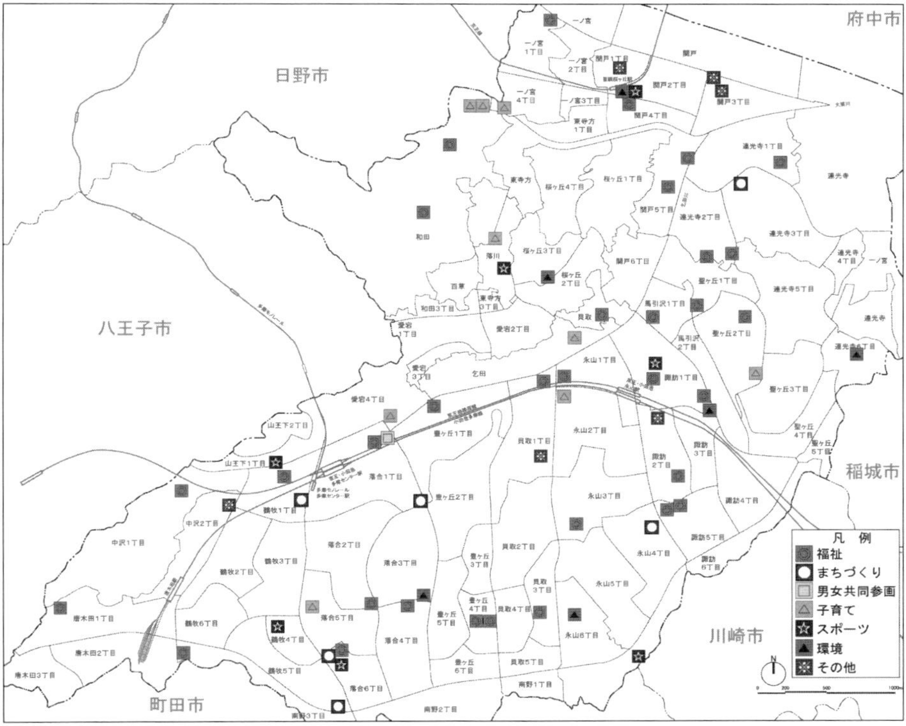

図6.1　多摩市NPO団体の所在地（2007年10月時点）

街づくりを活動分野としてあげる団体の割合は、全国調査（平成20年度市民活動団体等基本調査報告書、内閣府国民生活局、平成21年3月）に比べて多くなっている。多摩市内の街づくり関係のNPO団体の所在地をみると（図6.1）、ニュータウンエリア内に多くあり、計画された街だからこそ街づくりへの関心が高いことが推察できる。

活動の拠点である事務所の有無については、事務所をもっているのは23団体、代表者等の自宅を活用しているのは21団体、代表者等の自宅を名義利用しているのは34団体、残りの23団体はボランティアセンターやコミュニティー施設、共同で事務所などを利用している。また、会議や作業の場の提供や共同利用できる事務機器の提供への要望が高いことからも、今後こうした市民活動のサポートには、活動拠点の整備が求められていることが読みとれる。

6.2 女性を中心とした地域活動としての文庫活動

ところで、日本のニュータウンはベッドタウンだといわれている。これはイギリスなどのニュータウンと違い、職場がニュータウンの中に少ないため、都心に通勤して夜寝に帰るだけの場所となっているということを意味している。これは男性サラリーマンの視点からみれば真実なのだが、女性の視点からみると必ずしも的を射ていない。特に、ニュータウンの始動・大量供給期にあたる1970年代は、夫婦と子どもからなるいわゆる核家族が多く暮らしており、子育て世代の女性就業率は低く、諏訪・永山地域では8割が専業主婦だった。つまり多くの女性はニュータウンの中で1日を過ごしていたのであり、彼女たちにとってニュータウンは寝に帰るだけの場所‘ベッドタウン’ではなく、日常生活のみならず社会的な活動を行う場所でもあったのだ。

現在は、高齢化が進みリタイア世代がニュータウンで過ごす時間が増え、女性の就業率も高まるなど、地域活動の主体が以前とは様相を異にしているが、ニュータウンの始動・大量供給期は、女性の地域活動なくしてはニュータウンを語ることはできない。そこで多摩ニュータウンの中でもっとも活動歴が長く、女性を中心として現在も活動を続けている文庫活動を事例としてとりあげ、その活動の変遷を通してニュータウンの移りかわりをみてみたい。

6.2.1　全国の文庫活動

はじめに、文庫活動について簡単に説明をしておくことにする。文庫活動とは、民間人や有志が、地域の子どもたちに本の貸出しや、読書ができる図書館的な場を提供する活動である。活動の担い手の多くは母親たちであった。

文庫活動の歴史は明治期にさかのぼるが、活動が急速に隆盛し全国に広まったのは、1970年代〜1980年代であった。その背景には、日本経済の復興・高度経済成長、戦後の児童書出版の確立、公立図書館の発展・図書館観の転換などの影響がある。また、この時期は核家族が増加し、第二次ベビーブーマー世代が学童期を迎えるなど、地域での子育てが量的にも増大し、それにともない子ども文庫や子ども劇場などの教育文化活動が盛んになったといわれている。多摩ニュータウンに人々が暮らし始めた時期と、こうして文庫活動が全国に広まっていく時期とはちょうど重なりあっている。

全国の文庫の設立数は、1960年代まではそれほど多くなかったが、1970年から年間50団体を超え、1970年代半ばに年間150団体となり、1980年にかけては年間250団体にとどきそうな勢いで増加していった。また、文庫活動に関する様々な団体が、1960年代〜70年代にかけて組織されている。たとえば、日本親子読書センター（1967年）、子ども文庫の会（1967年）、親子読書・地域文庫全国連絡会（1970年）、東京子ども図書館（1974年）などが設立され、文庫活動をバックアップしている。本章で事例としてとりあげる「なかよし文庫」は、日本親子読書センターを立ち上げた斎藤尚吾氏から大きな影響を受けている。

6.2.2　多摩市の文庫活動

次に、多摩市での文庫活動をみてみたい。多摩市にも多く

写真6.1　文庫展での活動紹介の様子

の地域文庫があり、それらを繋ぐ役割の団体として、1981年に多摩市文庫連絡協議会が発足している。これは「なかよし文庫」の呼びかけにより発足したもので、活動内容は各文庫の情報交換、子どもの本の学習会の開催、文庫展での活動紹介などである（写真6.1）。1988年に始まった文庫展は回を重ね、2011年には23回目を開催している。

この協議会にこれまで所属していた文庫は14団体あり、1970年代に２団体、1980年代に７団体が活動を始めているが、10年程度で活動を休止した団体もあり、2007年時点では９団体が所属している。多摩市の主な公共施設と文庫連絡協議会に所属する地域文庫の活動場所を図6.2に示した。これらの地域文庫は図書館やコミュニティーセンターなどを主に利用して活動している。

1970年代は、図書館がなく子どもによい本を与えたいという切実な想いから手探りで文庫活動が始まっているが、近年では図書館の講座などがきっかけとなり文庫を発足するケースもあり、ニュータウン開発初期の活動状況とは様相を異にしている。

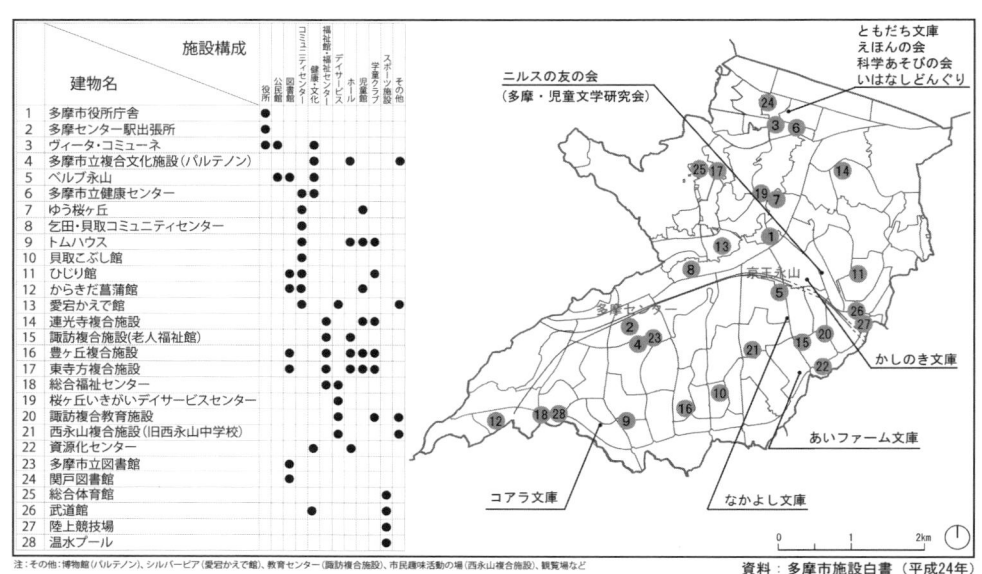

	施設構成／建物名	役所	公民館	図書館	コミュニティセンター	健康・文化	福祉館・福祉センター	デイサービス	ホール	児童館	学童クラブ	スポーツ施設	その他
1	多摩市役所庁舎	●											
2	多摩センター駅出張所	●											
3	ヴィータ・コミューネ	●	●			●							
4	多摩市立複合文化施設（パルテノン）					●			●				●
5	ベルブ永山		●	●		●							
6	多摩市立健康センター				●	●							
7	ゆう桜ヶ丘				●					●			
8	乞田・貝取コミュニティセンター				●								
9	トムハウス				●				●	●	●		
10	貝取こぶし館				●								
11	ひじり館			●	●						●		
12	からきだ菖蒲館			●	●					●			
13	愛宕かえで館				●			●					●
14	連光寺複合施設						●			●	●		
15	諏訪複合施設(老人福祉館)						●		●				
16	豊ヶ丘複合施設			●			●		●	●	●		
17	東寺方複合施設			●			●		●	●	●		
18	総合福祉センター						●	●					
19	桜ヶ丘いきがいデイサービスセンター							●					
20	諏訪複合教育施設							●			●		●
21	西永山複合施設（旧西永山中学校）							●					●
22	資源化センター					●			●				
23	多摩市立図書館			●									
24	関戸図書館			●									
25	総合体育館											●	
26	武道館					●						●	
27	陸上競技場											●	
28	温水プール											●	

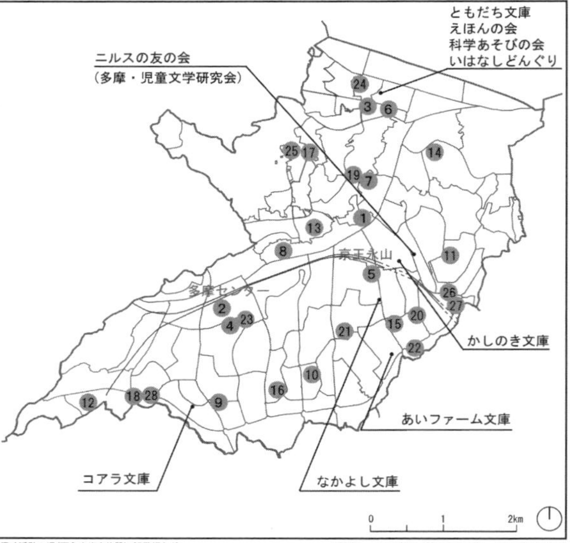

注：その他：博物館（パルテノン）、シルバーピア（愛宕かえで館）、教育センター（諏訪複合施設）、市民趣味活動の場（西永山複合施設）、観覧場など

資料：多摩市施設白書（平成24年）

図6.2　多摩市の公共施設と地域文庫

6.3 多摩ニュータウンの文庫活動：「なかよし文庫」を例として

多摩市諏訪・永山地区の入居が始まってまもなく、文化的な施設がほとんどない状態の中で、1972年2月、雪の日に「なかよし文庫」は誕生した。現在も活動を続けている多摩ニュータウンでもっとも古いこの文庫活動は、まさに多摩ニュータウンとともに歩んでいるといえる。

6.3.1 街の整備状況と「なかよし文庫」

「なかよし文庫」の発足から現在までの活動の変遷を、多摩ニュータウンの街の発展とあわせてみていくことにする。大まかな流れをつかむために、多摩市の図書館、小中学校の整備状況と文庫活動の展開を図6.3に示す。1970年代前半の図書館も学校も少ない状況からスタートし、1970年代後半から1980年代にかけて小中学校が次々と開校し図書館も整備され、さらに1990年代中頃からは児童数の減少にともない学校の統廃合が進んできた様子がわかる。また、文庫活動の対象となる児童・生徒・幼稚園児数の推移（図6.4）をみると、多摩市では1970年代は特に小学生の数が急増しており、図書館を始めとした子どもたちが利用する施設の整備が、子どもの増加に追いついていない状況を読みとれる。

6.3.2 「なかよし文庫」の誕生

地域文庫を立ち上げるきっかけは、南永山小学校にできた「子どもたちに良い本を読む会」の席上で、母親が勉強会を重ねるだけでなく、子どもたちへの実践活動を進めることを話しあったことによる。40年続いている文庫活動も、第1回目は母親7名と子ども11名が集い、風呂敷に包んで自分たちの本を持ち寄り、お互い好きな本を借りて帰るというものだった。その後、貸出し図書を増やし、会員数は半年で60名、1年で200名近くにふくれあがった。地域施設が整わないニュータウン初期、週1回の「なかよし文庫」が提供する読書環境やそれを通したつながりをいかに子どもたちが渇望していたかがわかる。

開催場所は、当初は永山団地の集会所だったが、何か行事

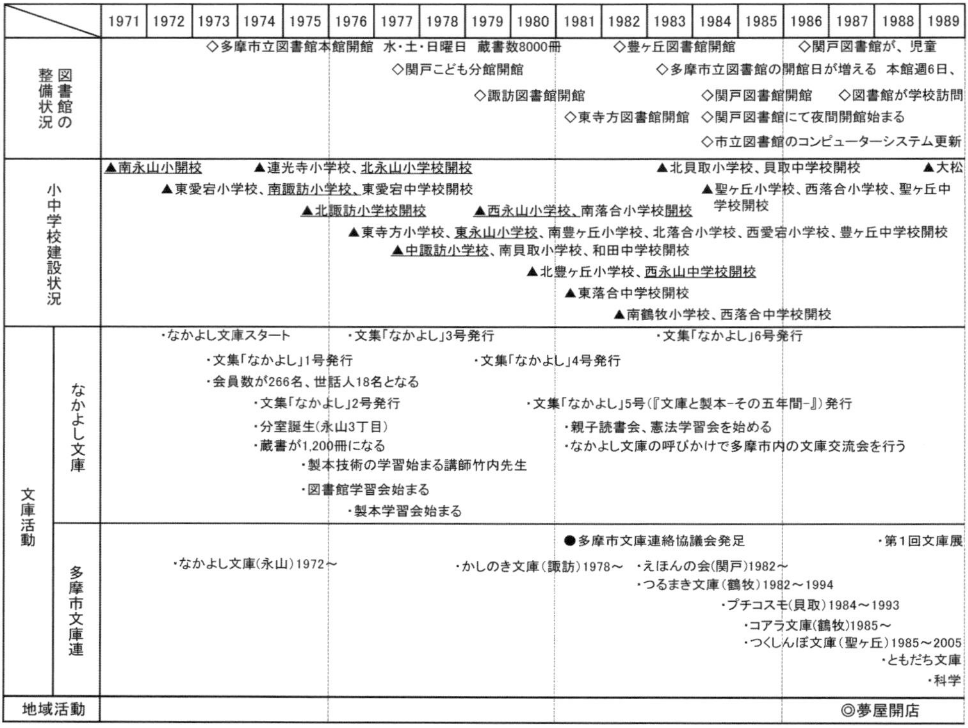
1971 1972 1973 1974 1975 1976 1977 1978 1979 1980 1981 1982 1983 1984 1985 1986 1987 1988 1989
図書館の整備状況
◇多摩市立図書館本館開館　水・土・日曜日　蔵書数8000冊
◇豊ヶ丘図書館開館
◇関戸図書館が、児童
◇関戸こども分館開館
◇多摩市立図書館の開館日が増える　本館週6日、
◇諏訪図書館開館
◇関戸図書館開館
◇図書館が学校訪問
◇東寺方図書館開館
◇関戸図書館にて夜間開館始まる
◇市立図書館のコンピューターシステム更新
小中学校建設状況
▲南永山小開校
▲連光寺小学校、北永山小学校開校
▲北貝取小学校、貝取中学校開校
▲大松
▲東愛宕小学校、南諏訪小学校、東愛宕中学校開校
▲聖ヶ丘小学校、西落合小学校、聖ヶ丘中学校開校
▲北諏訪小学校開校
▲西永山小学校、南落合小学校開校
▲東寺方小学校、東永山小学校、南豊ヶ丘小学校、北落合小学校、西愛宕小学校、豊ヶ丘中学校開校
▲中諏訪小学校、南貝取小学校、和田中学校開校
▲北豊ヶ丘小学校、西永山中学校開校
▲東落合中学校開校
▲南鶴牧小学校、西落合中学校開校
文庫活動
なかよし文庫
・なかよし文庫スタート
・文集「なかよし」3号発行
・文集「なかよし」6号発行
・文集「なかよし」1号発行
・文集「なかよし」4号発行
・会員数が266名、世話人18名となる
・文集「なかよし」2号発行
・文集「なかよし」5号(『文庫と製本－その五年間－』)発行
・分室誕生(永山3丁目)
・親子読書会、憲法学習会を始める
・蔵書が1,200冊になる
・なかよし文庫の呼びかけで多摩市内の文庫交流会を行う
・製本技術の学習始まる講師竹内先生
・図書館学習会始まる
・製本学習会始まる
多摩市文庫連
●多摩市文庫連絡協議会発足
・第1回文庫展
・なかよし文庫(永山)1972～
・かしのき文庫(諏訪)1978～
・えほんの会(関戸)1982～
・つるまき文庫(鶴牧)1982～1994
・プチコスモ(貝取)1984～1993
・コアラ文庫(鶴牧)1985～
・つくしんぼ文庫(聖ヶ丘)1985～2005
・ともだち文庫
・科学
地域活動
◎夢屋開店

図6.3　地域施設の整備と文庫活動の変遷（1）

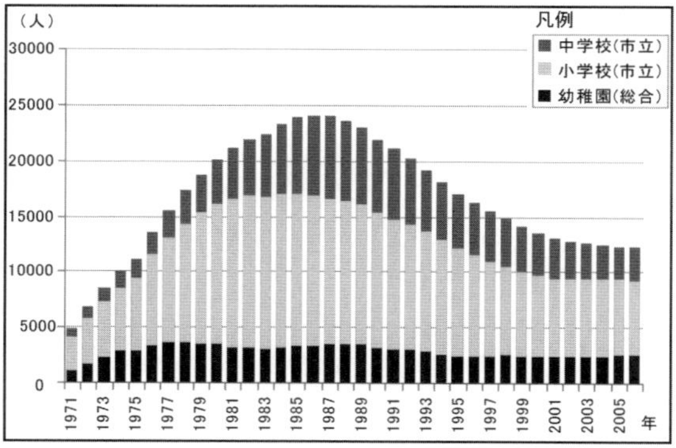
（人）
凡例
中学校(市立)
小学校(市立)
幼稚園(総合)
30000
25000
20000
15000
10000
5000
0
1971
1973
1975
1977
1979
1981
1983
1985
1987
1989
1991
1993
1995
1997
1999
2001
2003
2005
年

図6.4　多摩市の児童・生徒・幼稚園児数（資料　統計たま）

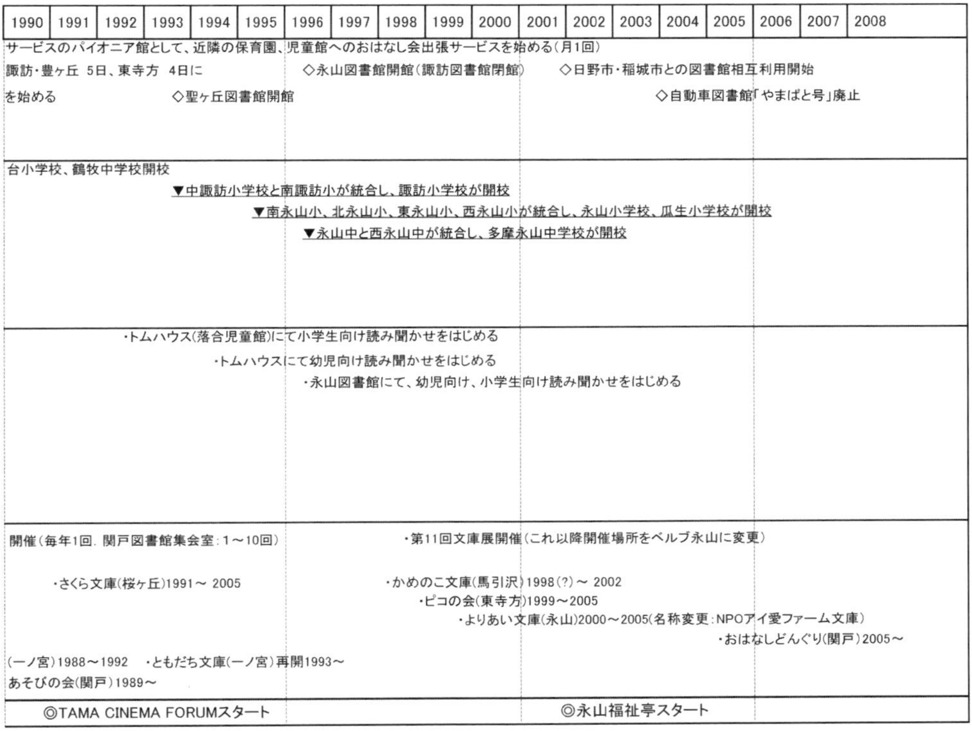

図6.3 地域施設の整備と文庫活動の変遷(2)

があると使えず本も置けないため、4月からは諏訪商店街にある新聞販売店の3階を厚意により使わせてもらい、活動が地域で認知されてきたこともあり、翌年1月に再び永山団地の集会所に場所を移している。10月付けの規約では、会の目的として「子どもたちに本を読む喜びを与え、あわせて子どもの文化創造に役立つ活動」が掲げられ、活動内容として本の貸出しと読み聞かせ、子どもの本に関する勉強会、文庫だよりの発行、クリスマス会などのイベントを通じた交流などがあげられている。

貸し出す本は、月に一度来る都立八王子図書館の「むらさき号」から100冊単位で借り、さらに自治会に要望して基金を募り「いちょう図書」として購入するなどしていた。そして、世話役の1人が地域の中で引っ越したことにともない、1973年7

月に文庫の分室が新たにでき、ここも常時40名前後の子どもたちが集まり活況を呈していた。手探りで有志が始めた文庫活動も、ようやく軌道に乗りはじめてきた様子がうかがえる。

6.3.3　多摩市立図書館と諏訪図書館の開館

「なかよし文庫」が始まった翌年の9月に多摩市立図書館がオープンし、ここから図書の団体貸出しを受けられるようになるなど、文庫活動へのバックアップや子どもの読書環境も少しずつ整えられていくが、文庫活動を行う中で図書館への要望も同時に強まっていったようである。市立図書館は市役所の隣に位置し、「なかよし文庫」がある諏訪・永山地区から子どもが利用するにはほど遠い。世話人の母親を中心に、多摩市議会に対して諏訪・永山地域に図書館を建設する陳情や誓願が繰り返し行われている。

こうした行動の背景には、彼女たちが文庫活動を通じて、学習会などを開き図書館への理解と関心を深めたことがある。地域の社会・教育環境への疑問を感じる中で、行政への働きかけが行われ、住民運動へと展開していったといえる。こうした運動が結実し、1979年に諏訪図書館が開館した。これにより「なかよし文庫」の主要な活動の一つであった図書の貸出しは役目を終えることになった。

6.3.4　「なかよし文庫」の展開

「なかよし文庫」の特徴は、図書の貸出しと読み聞かせ以外に、多様な活動が行われていたことにある。当初から、他の地域文庫や図書館見学や、○○先生を囲んでといった大人だけの学習会が頻繁に行われており、1974年頃からは児童文学者や絵本作家などを招いて講演会も開催されている。中でも特徴的なのが、1975年から始まった図書館学の専門家による製本の学習会である。

1979年以降は、私設図書館としての役割はなくなった「なかよし文庫」だが、親子読書会、多摩市文庫連絡協議会の設立と運営、憲法学習会、といった活動へと転換していった。

親子読書会は、高校、中学、小学生の部と年代ごとに分かれ、とりあげた本について大人と子どもと皆で意見交換して記録を残す形式で活動が10年ほど続けられた。ここでは地域の中学教諭が大きな役割を果たしている。

さらに1990年代以降は、コミュニティーセンターが整備され、その一方で子ども数の減少による学校の統廃合が進んだ。こうした状況に対応し、「なかよし文庫」の活動もコミュニティーセンター内の児童館でおはなし会を行うという展開をみせていく。1993年から児童館トムハウス、1997年から永山図書館でおはなし会を行い、読み聞かせの活動を行っている。児童館トムハウスは多摩市落合にあり、「なかよし文庫」が当初の諏訪・永山地区の活動地域を超えて、幼児や小学生という読み聞かせの対象にあわせて活動をしていることがうかがえる。

6.3.5　小括

1970年代の「なかよし文庫」は、地域に図書館がなく、集会所の利用もままならない中で、有志の母親たちが立ち上げたものだが、またたくまに地域の子どもたちが大勢集まるようになり、分室もできるなど活発に活動を展開していた。1980年代は、諏訪図書館が開設されたこともあり、本の貸出しから、大人向けの学習会と親子読書会へと活動の重心が移ってきている。さらに1990年代以降、学校の統廃合が進み、コミュニティーセンターが整備されると、活動の場を発祥の地である永山から他の地域へと拡大していった。

こうしてみると、この地域活動が、地域施設の整備状況と密接に関わりながら展開してきたことがあらためて読みとれる。

6.4　文庫活動への思いと関わり方

次に、「なかよし文庫」に参加していた方々へのインタビューと「なかよし」という記録集をたよりに、当時の思いや活動への関わり方について紐解いてみたい。

6.4.1　子どもによい本を

「なかよし文庫」を立ち上げた動機は、地域に文化的な施設がほとんどない状況の中で、子どもたちに少しでもよい本を与えたい、よい環境を提供したい、という願いであった。1周年

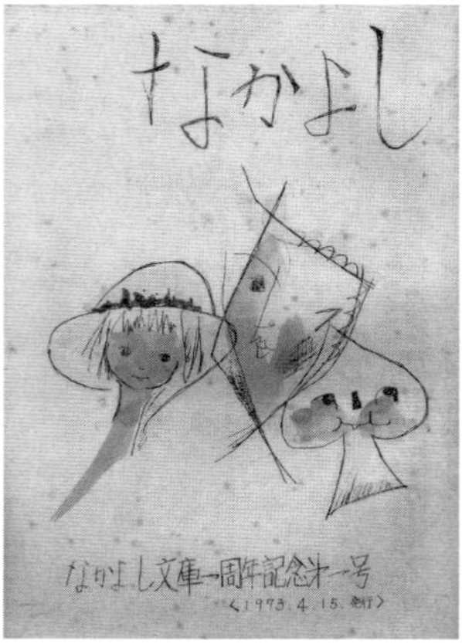

写真6.2 「なかよし」第1号

記念として発行した「なかよし１」（写真6.2）には、「お互い充分読書欲を満たす環境に置かれていない（図書館がない）ことや、これまで単純な常識で良しとしてきた子どもの本が、必ずしも良いだろうかという疑問、今花盛りとも思える程、子どもの本の氾濫している中で、私たちはいかに主体性を持って本を選ばなければならない立場にあるか、などの認識の上に立ってつくられました」と初代会長が記している。また、活動を始めた思いが、「これからもずっと子供たちに読みつがれるものが何冊あるでしょうか。また親はその中からどのようにして選び与えたらよいか大きな問題です。雑誌、新聞の書評や先生方の推せんされる本をまず手にとって目で確かめたいと思っても身近に図書館もなく、ちっぽけな本屋の店頭では不可能、まったくあせってしまいます」と綴られている。このように、子どもの本をいかに選択するか、ということが差し迫った関心事であった様子がうかがえる。

6.4.2 成長する母親たち

しかし、文庫活動に参加することは子どものためだけではなく、自身の成長につながったと語る人が多い。「なかよし１」には次のような言葉が寄せられている。「このような童話を私も知ることによって、それまでまったく考えてみることのなかった子どもの感じ方を知ったり、何となく日々をすごすなかで我がはは親像も変化してきました」

また、本が好きという共通点のある母親同士のつながりが生まれている様子もうかがえる。「文庫の日が楽しみである。本が好きで通って来る子供達との接触や、お母さん達との交わりがこの文庫で生まれ、又、何かそう云う人達の集まる雰囲気と云うようなものが好きだからである」

1980年以降の憲法学習会が始まった時期に「なかよし文庫」に参加した母親は、より自覚的に自身の知的欲求が満たされたことを意識しており、「『エミール』なんて、学生時代の何かで聞いただけでしたから、地域で聞くとは思っていなかったんですよね。……それ（「なかよし文庫」で学習会に参加したこと）がね、自分の中に何か満たされなかったパズルの１ピースだったんですよ。私にとってね。…」とインタビューで語っている。

自分の子どものためだけでなく、地域の子ども、次世代を担う子どもすべてに意識が広がり、学習機会を通じて自らの成長を感じながら活動に参加していた母親たちの姿がここにはある。

6.4.3　地域社会への働きかけ

さらに文庫を運営する過程で、子どもの教育環境への関心や、地域社会の課題について意識が高まり、特に図書館設立については住民運動へと発展している。「なかよし 1」に次のような考えが語られている。「図書館も、児童館も、子ども会らしい寄り合いの場も持たない地域の矛盾をもろに被って、本を求め、仲間をしたって文庫へ来る子どもたちを、つい随時入れてしまう私たち。しかし文庫が、そのまま地域の施設の肩代わりをして歩みつづけるには、当然限界があります」「わが国の児童図書館の貧しさを補うものとして発足した各地の文庫もさまざまな問題（資料、労働、経費の不足）で限界に達しているといわれています。生涯における人間形成のもっとも重要な時期を迎えている子どもに対し読書のよろこび、たのしみを知るチャンスを与えることをもっと真剣に考えていかねばならないと思います」

文庫活動を通して地域の課題に気づき、それについて真剣に学び、仲間で討議しそして行動する、こうした一連の活動を通して地域住民としての自覚が生まれ、その後の活動の下地づくりがなされていったと考えられる。

6.4.4　文庫活動と家庭の両立

地域活動をする彼女たちを悩ませていた問題の一つは、家庭とのバランスであった。専業主婦が主流の時代、家事が疎かになることへの後ろめたさだけでなく、実際に夫の抵抗も少なくなかったという。少し長いが「なかよし 3」(1976 年）から引用しよう。

「文庫活動を続けていると当然のことながら子どもをとりまく多様な文化状況を考えることになり、教育環境などすべてにがまんがならない状況が見えてくるわけで、そこを何とかしなければという正義感が私たちを運動の深みへと誘い込ませるのだが、その足を引っ張るのは常に家庭であった。…『私は趣味で子どものための文化運動をやっております』と斜に構えて言ってはみるが、親子映画運動がはじまった当時は苦しくて何度もやめたいと思った。その中で私は少しずつ変わっていったのだと思う。いつやめようか、という消極的な思いが、今はやめられない、というところになり、そして、今は、もうやめられないということになってしまった。…」

葛藤しながら時代とともに自身も変化し、変容していく文庫活動に関わってきた様子がうかがえる。子どものために始めた文庫活動は、同時に活動している母親自身にとっても意義のあるものへとなっていたことがわかる。

6.5 地域活動への展開

多摩ニュータウンで活躍している「なかよし文庫」の関係者が、現在までどのような活動を行ってきたのか、地域活動との関わりを図6.5にまとめた。

インタビューを行った6名のうち2名は、文庫連絡協議会の活動などを中心に現在も文庫活動を主軸に据えており、図書館に関する理解も深く、社会教育分野での活動を継続している。

また、文庫活動を継続しつつも、他の活動に主軸を移して

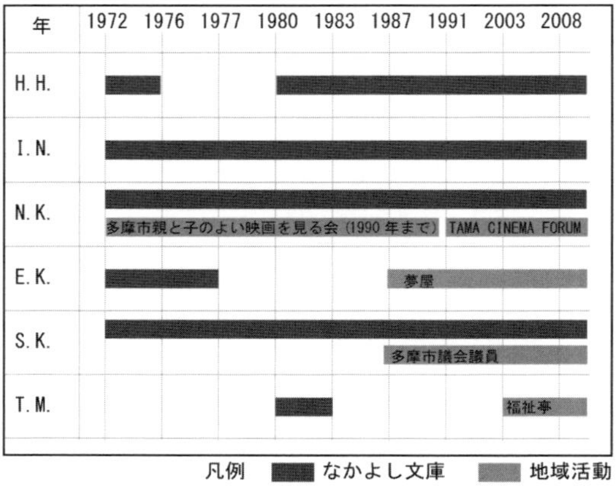

図6.5　なかよし文庫関係者と地域活動

いる2名のうち、1人は多摩市市議会議員を1987年から務めており、文庫活動の初期に自治会とのパイプ役を果たし、図書館建設運動にも熱心に取り組んでいた。もう1人は、文庫活動に携わりながら「多摩市親と子のよい映画を見る会」に関わり、その後、「TAMA CINEMA FORUM」の副実行委員長を務め、民生委員としても活躍している。

文庫活動からは離れている2名のうち、1人は第4章でとりあげた{NPO福祉亭}の理事として地域の福祉活動に関わっている。もう1人は、多摩市内で転居したことから文庫活動からは遠ざかるが、後に鶴牧商店街の中に手芸店を開き、物を売るだけではなく地域のコミュニティースペースづくりを目指している。実際にインタビュー中も、昔の文庫活動仲間や、相談をもちかける女性が訪れていた。

文庫活動に関わった母親たちは、読書を通した社会教育への理解を深め、関係する全国組織と繋がることで視野を広げ、図書館行政を通じて地域社会への関心を高め、さらに活動の立上げと運営を通して行政や地域社会とやりとりする実践的なノウハウを身につけていった。さらにこうした活動を通して、仲間づくりをし、人脈を広げていったのである。

現在も文庫活動に関わっている人と、それ以外の地域活動を行っている人がいるが、いずれにせよ、文庫活動で世話人を務め、積極的に活動をしていたメンバーは、その後も様々なかたちで地域に深く関わり続けている。

6.6 まとめと展望

多摩ニュータウンの地域活動は、NPO活動が盛んなことからもわかるように活発に行われている。こうした地域活動に積極的に取り組む人々へのインタビューでたびたび耳にするのは、「ニュータウンはしがらみがないので、やりたいと思って本気で手をあげれば実現できる」といった声である。出る杭が打たれない、ことがニュータウンのよさであり特徴だという。

本章の事例でとりあげた「なかよし文庫」も、母親たちの切実な思いが原動力となり活動が始まっている。開発当初から地域への働きかけを積極的に行い、少なからぬ影響を地域へ及ぼし、そして同時に多摩ニュータウンが整備されていく状況や時代の変化とともに、「なかよし文庫」の活動内容が変容してきている。現在は穏やかに活動を続けており、この活動自体がかつての熱気を再びとりもどすことはないだろう。しかし、ここで培われたネットワークや覚醒された市民としての意識など多くの財産があり、すでに花開いている。

地域活動については、人口構成からみても多摩ニュータウンは新しいステージに入っている。日本全国がそうであるように、団塊世代が後数年で本格的に地域に戻ってくるからだ。この街をまさに‘ベッドタウン’としてきた多くの男性にとって、この街がベッドタウンでなくなるとき、どのような地域活動を展開し、街がどのように深化するのだろうか。

さらに、文庫活動を通して母親たちの地域活動を傍らでみながら、好んで本を読み、考え、表現し、仲間と意見交換してきた子どもたちも30代、40代となっている。この街で育った彼らが、多摩ニュータウンに新しい風を起こすことが期待される。

参考文献

1) 頼あゆみ・松本真澄「住画住宅地における住民の“居場所づくり”について―多摩ニュータウンにおける活動事例―」PRI Review 第18号、pp18-25、2005年11月

2) なかよし文庫編『なかよし1』1973

3) なかよし文庫編『なかよし2』1974

4) なかよし文庫編『なかよし3』1976

5) なかよし文庫編『なかよし4』1979

6) なかよし文庫編『文庫と製本―その五年間―文集なかよし5』1980

7) なかよし文庫編『なかよし6』1983

図版出典

図6.1／田中まゆみ「多摩ニュータウンにおける地域活動の展開―母親層を中心とした文庫活動を事例として―」首都大学東京・修士論文：2007年度

図6.3～5／多摩ニュータウンにおける地域活動の展開―母親層を中心とした文庫活動を事例として：田中まゆみ、松本真澄、上野淳：多摩ニュータウン研究、No.12, 2010.03., pp73-80

第7章

近隣センター商店街の栄枯盛衰

写真7.1　入居開始当初の永山名店街

写真7.2　シャッター街となった現在の永山名店街

写真7.3　ミニデイサービスとして再度の店開きも

写真7.4　入居開始当初の諏訪名店街

写真7.5　シャッター街となった現在の諏訪名店街

はじめの章で述べたとおり、多摩ニュータウンは「近隣住区論Neighborhood Unit」に則ってつくられており、各住区の中央には郵便局や交番、コミュニティーセンター、保育所、老人福祉館などの地域公共施設と商店街などからなる近隣センターが設けられている。ニュータウン地域住民のもっとも身近な位置にある公共施設群であるが、ここの商店街もご多分にもれず近年になって衰退が目立ちはじめている。地域住民の高齢化と少子化、そして人口減などによる地域購買力の低下が大きな要因であるが、当初はあまり想定していなかったモータリゼーションの興隆や郊外型大規模店舗の矢継ぎ早の開店などで、そちらに客を奪われているといった状況が拍車をかけている。

とはいえ3、4章で明らかにしたように、いったん閉鎖された店舗がコミュニティーカフェとして再度の店開きをしたり、後に述べるように高齢者を主たる対象としたミニデイサービスなどの医療・福祉系の店舗や、住宅リフォームなどを手がける街づくり系事務所が開店するなど、新しい兆候もみえはじめている。徒歩圏利用を基本とする本来の意味での近隣住区に回帰する兆しかもしれないとも考えられる（写真7.1～5）。

この章では、多摩ニュータウンの中でもっとも永い歴史を刻む諏訪・永山地区の近隣センター商店街（図7.1）に焦点をあて、その栄枯盛衰を辿ってみたい。

7.1　諏訪・永山近隣センター商店街の店舗構成の変化と現況

まず、前提となる諏訪・永山住区の人口と人口構成の推移を図7.2にまとめておく。ニュータウン入居開始当時の入居者は30～40歳の世代が中心となり、人口構成には若年層への著しい偏りがあることがわかる。当時、全国の住宅団地で繰り返された現象である。若い夫婦とその子どもの世帯を中心とした構成であり、購買力は旺盛だったと想像される。人口は1995年を境に減少に転じている。2000年の時点の人口構成は世帯主年齢の中心が50～60歳代へとシフトしており、現在では60～70

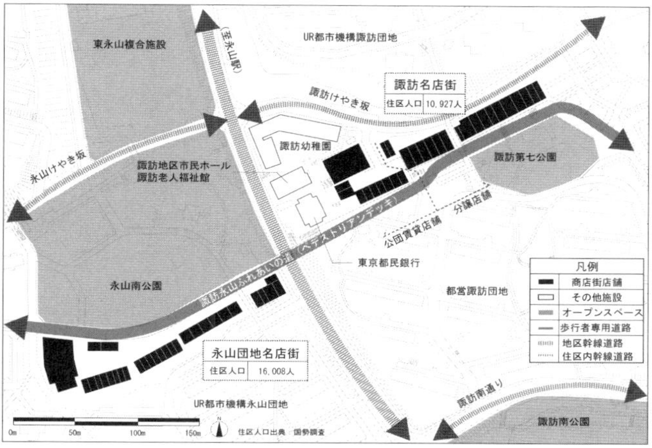

図7.1 諏訪・永山地区近隣センター商店街の周辺図

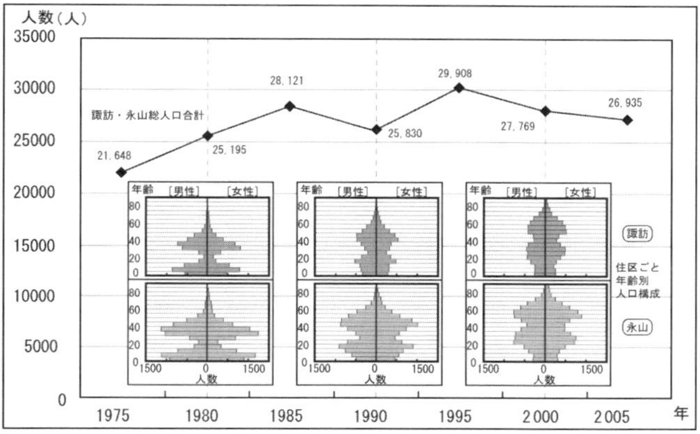

図7.2 諏訪・永山地区の人口と人口構成の推移

歳代が中心となっている。高齢化への兆しが色濃く、購買力の相対的低下は明らかである。

さて、これらを背景として認識しつつ、諏訪・永山近隣センター商店街の業種別店舗構成の変化と現況を調べてみる。店舗構成の変化を捉えるため、10年ごとの住宅地図の分析によって店舗業種を把握した。また、現地調査を行い現況を詳細に捉えた。

諏訪名店街は29店舗と一つのスーパーマーケット店舗(現在は閉鎖中)で成り立っており、そのうちの17店舗が分譲店舗である。永山団地名店街は高層賃貸住宅の足下に位置し、同じく29店舗と一つのスーパーマーケット店舗で成り立っており、そのすべてが賃貸経営である。開設当初から商店街内では競合を避けるため、1業種1店舗の原則が置かれている。なお、それぞれが後背地に駐車場を有しているが、駐車キャパシティーは十数台程度と多くない。当時はモータリゼーションの興隆を想定しておらず、徒歩圏利用を基本に考えていたことがわかる。まさしく‘近隣センター’である。

図7.3に、開設直後の1974年から各10年おきの各店舗の業種を示した。開設当初から同じ業種で続けているものもあれば、刻々と店舗業種が変化しているものもあることが観察できる。また、諏訪名店街を中心として、空き店舗が顕在化してきている様子も確認できる。

店舗業種を表7.1のように分類し、商店街の店舗構成の経年変化をまとめると図7.4に示すようになる。1996年までは青果店・精肉店などの最寄り品店舗［A］が全体の約4割を占めていたが、この時期を境に減少に転じ、現在では2割弱程度に減少している。そば、中華、寿司などの飲食店［C］も2000年以降に減少しはじめ、当初の7店舗から現在ではわずか1店舗となっている。一方、薬局や接骨・針灸などの医療・福祉系店舗［F］は1974年の2店舗から2006年の8店舗へと増加傾向にある。この中には高齢者デイサービス施設やNPO法人による在宅高齢者支援施設などが含まれる。第4章で詳しく述べた福祉亭などもこの分類に含めた。また、住宅改造コンサルや住宅仲介などの街づくり系の店舗［E］が2006年には3店舗となり、新たな業態となったと考えられる。なお、クリーニングや理美容店などのサービス業［D］は、商店街開設当初からの店舗がほとんど残っている。このことは、実は多摩ニュータウン以外の街でも共通的な事象らしく、時代の変化に耐える業種と考えられる。

空き店舗は2000年代に入って増えはじめ、現在では約2割の12軒となっている。諏訪・永山の双方に一つずつ開かれていたスーパーマーケットは、経営主体を替えながらなんとか存続してきたが、2004年に諏訪のスーパーマーケットが閉店し、

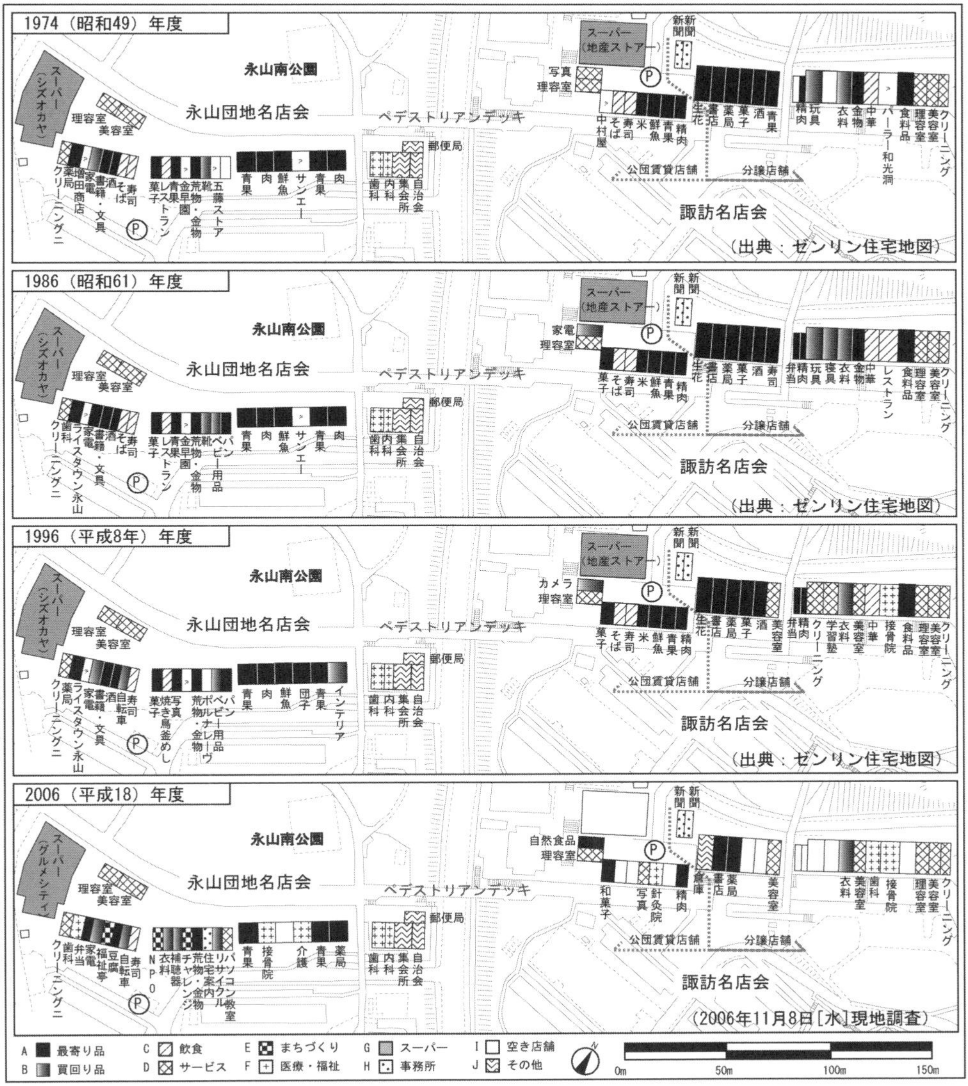

図7.3　諏訪・永山地区近隣センター商店街の店舗種類の推移

表7.1　店舗業種の分類

表記	業種	詳細
A	最寄り品	食品や日用雑貨など， 身近なところで高頻度で購入される商品を扱う店舗
B	買回り品	ファッション商品や家具など，購入頻度が低く いくつかの店を回って購入するような商品を扱う店舗
C	飲食	そばや寿司など，飲食のサービスをおこなう店舗
D	サービス	理容・美容や趣味娯楽といったサービス業を行う店舗
E	まちづくり	NPOなど，まちづくりに関係する活動を行う店舗
F	医療・福祉	歯科，内科，接骨院，鍼灸院，デイサービスなど
G	スーパー	グルメシティなどのスーパーマーケット
H	事務所	企業などが営業所や事業所として使用している店舗
I	空き店舗	どの業種も入っておらず，使用されていない店舗
J	その他	郵便局や管理事務所，集会所，倉庫など

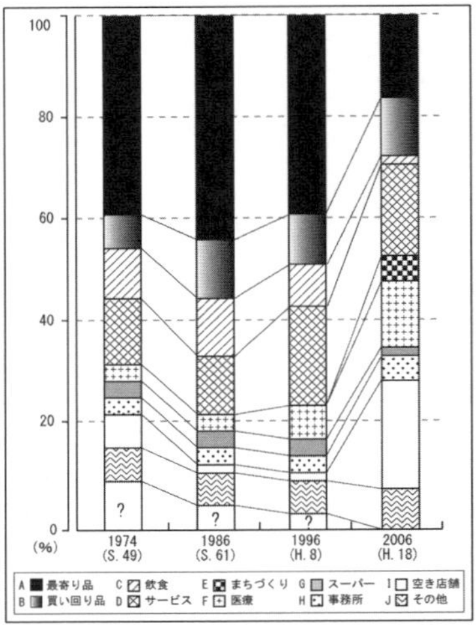

図7.4　商店街の店舗構成の変化

現在では永山の１店舗のみとなっている。なお、このような近隣センターの中のスーパーマーケットの撤退は、諏訪・永山地区以外でも多摩ニュータウンのあちこちで現象するようになってきている。

以上みてきたように、人口減少や高齢化による地域の購買力の低下と施設老朽化や小規模経営による競争力の低下などによって、諏訪・永山商店街には今世紀に入って大きな転機が訪れていると考えられる。

7.2　諏訪・永山商店街の経営実態と店舗経営主の意向

永山団地名店街の店舗経営主20名を対象に、表7.2に示すような内容の経営の現状や将来見通しの意識等に関するアンケート調査を、個別訪問配布・回収の方法で行ってみた（2007年１月）。これにより、以下に商店主からみた出店の経緯・店舗経営の状況、商店街への要望と印象・評価、今後の意向、などの把握を試みる。

(1) 店舗経営に関する基本的事項（図7.5）

商店街は主として50歳以上の経営者によって運営されており、客層も50～60歳代が中心である。経営者も客層も高齢化

表7.2　商店街店舗経営主に対するアンケート調査概要

名称	諏訪・永山商店街に関するアンケート調査
目的	店舗経営の現状や今後の見通し等の把握
対象	永山団地名店街に出店している店舗 29店
方法	配布 ： 訪問配布 回収 ： 個別訪問回収
調査期間	配布日 ： 2007年1月31日 回収日 ： 2007年2月10日（兼 説明会），13日，14日
調査内容	基本属性 ： 業種，経営年数，年齢，営業時間，後継者，住居など 店舗概要 ： 権利形態，営業状況，商店街評価など 展望 ： 経営計画，希望店舗，あり方など
回収率	回収数：20件　　回収率：69.0%

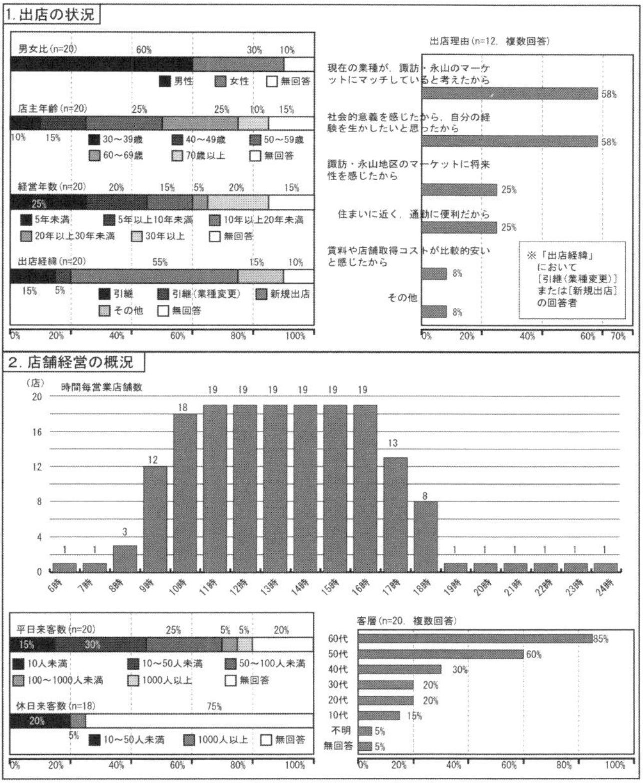

図7.5　店舗の基本属性と営業の状況

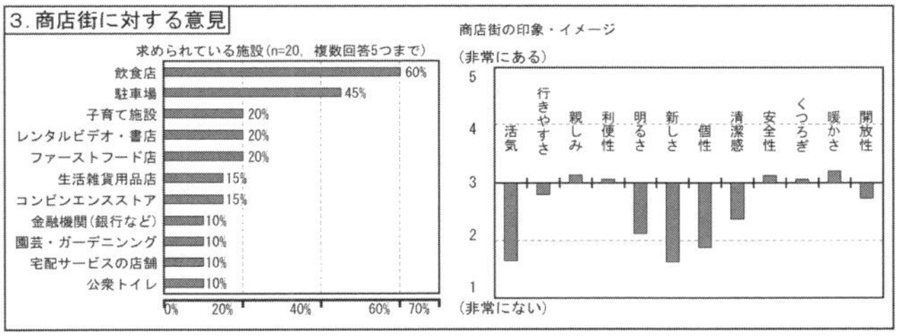

図7.6　店舗経営主による商店街に対する意見・評価

しているわけである。来客数は7割の店舗で平日1日平均100人未満と多くない。日々の店舗営業は2、3人の少人数の従業員で行い、閉店時間は午後6時前後と全体的に早い。夕刻以降、ほとんどの店が閉まってしまうのである。

出店年代が新しい店舗経営主の動機では、街づくりに参画したいとの意識がみられる。

(2) 店舗経営主による商店街に対する意見・評価（図7.6）

店舗経営主は、商店街に対して飲食店の出店や駐車場の整備を望んでいる。現在の商店街に対する印象として、‘親しみ・利便性・安全性’などの近隣商店街としての特徴をメリットとして感じていることがうかがえる。

(3) 店舗営業に関する今後の意向（図7.7）

20店舗中11店舗が、最近の10年間で経営状況が悪化した

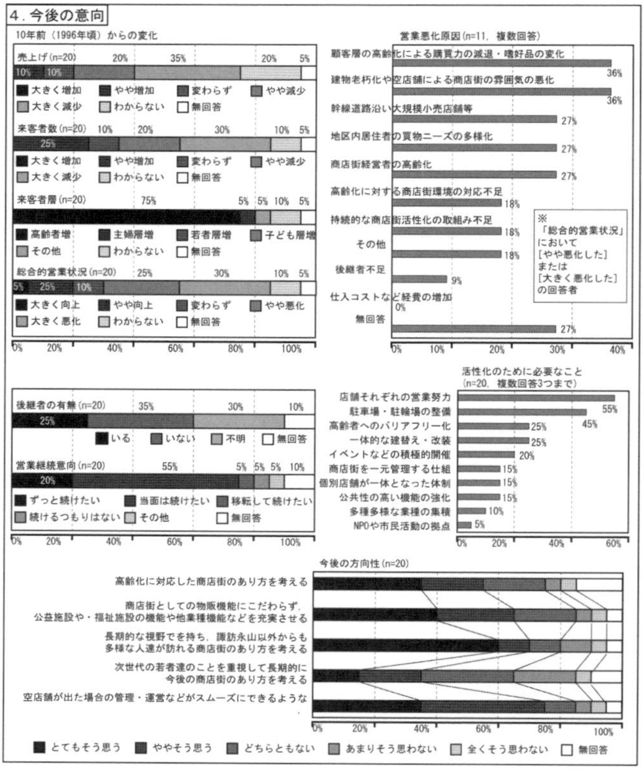

図7.7　店舗経営主の意向

としている。要因として、住民の高齢化や店舗の老朽化、空き店舗の発生による雰囲気の悪化、などをあげている。16店舗が経営を続けたいと考えているが、同時に‘後継者が決まっていない’ことを指摘している。活性化のために‘個々の店舗の努力により広域から多様な客層を捉えることが必要’と指摘している。

(4) 小括

店舗経営主の見解として、経営状態や将来見通しは決して明るくない。後継者未定や店舗老朽化、空き店舗の増加、地域の購買力の低下など、将来展望を見出せない状況と考えられる。

7.3 住区住民による諏訪・永山商店街の利用の実態

商店街の主たる利用者である諏訪・永山住区住民に対して、表7.3にその概要を示すような商店街利用頻度、商店街に対する印象・評価、日常の買い物行動の実際などを尋ねるアンケート調査（戸別配布・郵送回収）を実施した（2007年8月）。この調査では、商店街周囲の8のゾーンごとに、回答者の居住地を識別できるように調査票を設定した（図7.8）。有効回答503件、回収率18％を得た。以下にその結果の概要を述べる。

(1) アンケート回答者の基本属性（図7.9、10）

回答者属性として、主婦（29％）や無職・リタイア（24％）が多く、また、年齢階層では高齢者が41％を占め、性別は女性が72％と高い結果となった。世帯人数では2人暮らしが多く（41％）、年収は100～300万円がもっとも多い。世帯収入についてやや詳しくみると、若年・子育て世代は低く、40～50歳代になると相対的に高くなる。さらに年齢層が60歳以上になると、年齢段階があがるとともに年収は低くなっている。年齢が高くなるに従い、自家用車を手放す傾向にあることがわかる。住居に関しては、若年層は賃貸住宅に居住し、中年層では分譲住宅に居住している割合が高い。また、高齢者ほど賃貸住宅の居住の割合が高くなり、後期高齢者において都営住宅居住の割合が高い。

表7.3　諏訪・永山地区住民に対する
アンケート調査概要

名称	多摩ニュータウン 諏訪・永山地区 近隣センター商店街利用に関するアンケート調査
目的	近隣センター商店街の利用と普段の買物場所などの把握
方法	配布 ： 全調査対象住戸の郵便ポストへの投函 回収 ： 郵送
調査期間	配布日 ： 2007年8月18日 回答期限 ： 2007年8月31日
調査内容	基本属性 ： 性別，年齢，職業，世帯，居住地区，住居形態など 商店街利用 ： 頻度，目的，印象，希望など 買物場所 ： 品目別の買物場所と交通手段
回収率	回収数：503件　　回収率：18.1%

		永山住区	諏訪住区
北 [n]	400m外 [F]	永nF	諏nF
	400m内 [N]	永nN	諏nN
南 [s]	400m内 [N]	永sN	諏sN
	400m外 [F]	永sF	諏sF

諏訪・永山住区内の団地世帯を対象とする。
居住地により近隣センター商店街の利用の仕方が異なると考え，配布方法を計画した。
住区の中心部に位置する諏訪・永山団地名店街から北と南に分け，さらに両名店街から遠い居住地と近い居住地（400mを基準とする）に分けることにより，8ゾーンに分割した。
それらに全体的に均等になるように，私意的に配布住戸及び配布数を設定した。

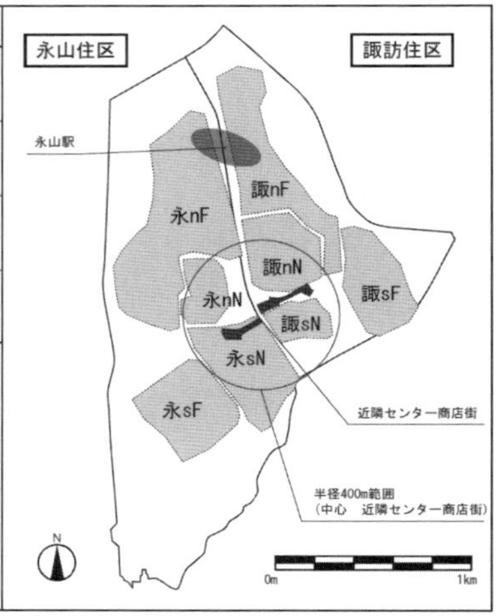

図7.8　アンケート調査配布状況

(2) 住区居住者による諏訪・永山商店街の利用状況（図7.11）

全体的な利用頻度をみると、双方の商店街とも‘ほとんど利用しない’‘月に数日程度の利用’が中心で、地域住民による近隣センター商店街の利用は低調といえる。永山団地名店街に比べ諏訪名店街の利用度がいっそう低い。年代別でみると、20～40歳代にかけて利用の割合がやや高く、50歳代では低くなるが、65歳以上の高齢になると年齢段階があがるほど利用頻度があがる傾向にある。利用目的としては、食料品の買い物やサービス系店舗の利用度が高い。居住地別にみると、商店街から遠い居住者は利用の割合が全般的に低い。諏訪名店街については、近くの居住地から利用がある程度あり、永山団地名店街については、商店街以南（永山駅へ向けて反対方向）の居住者の利用が一定程度みられる。両住区とも、商店街以

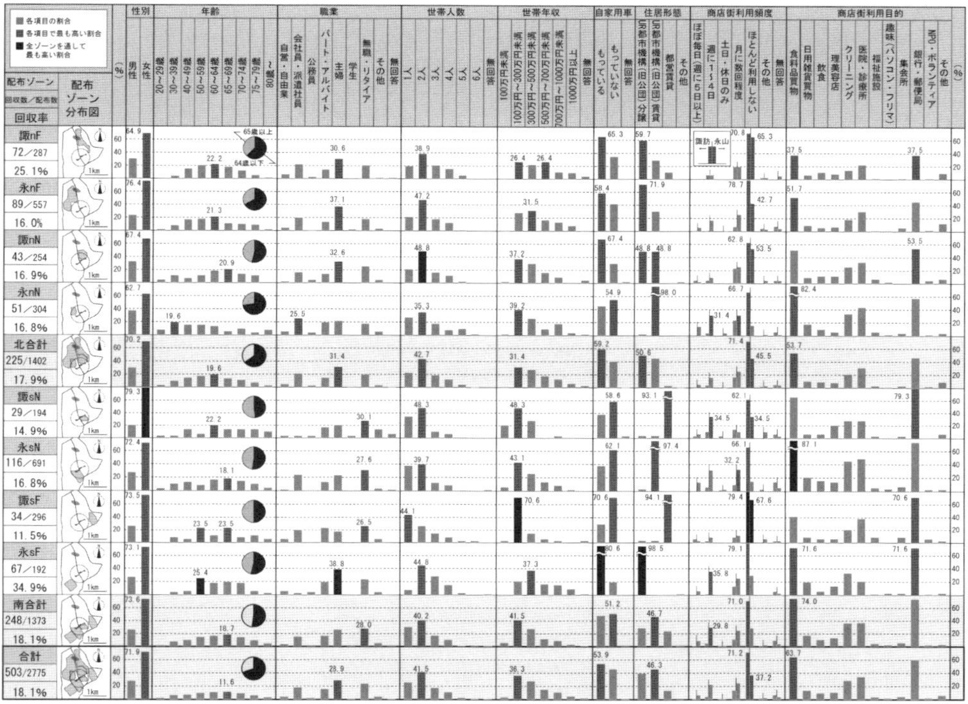

図7.9 アンケート回答の居住者の基本属性

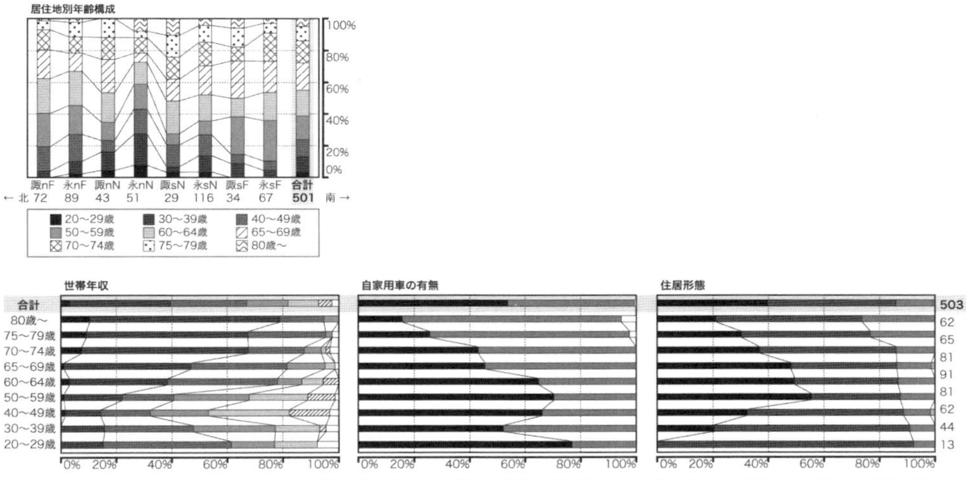

図7.10 年齢階層別にみた居住者生活像

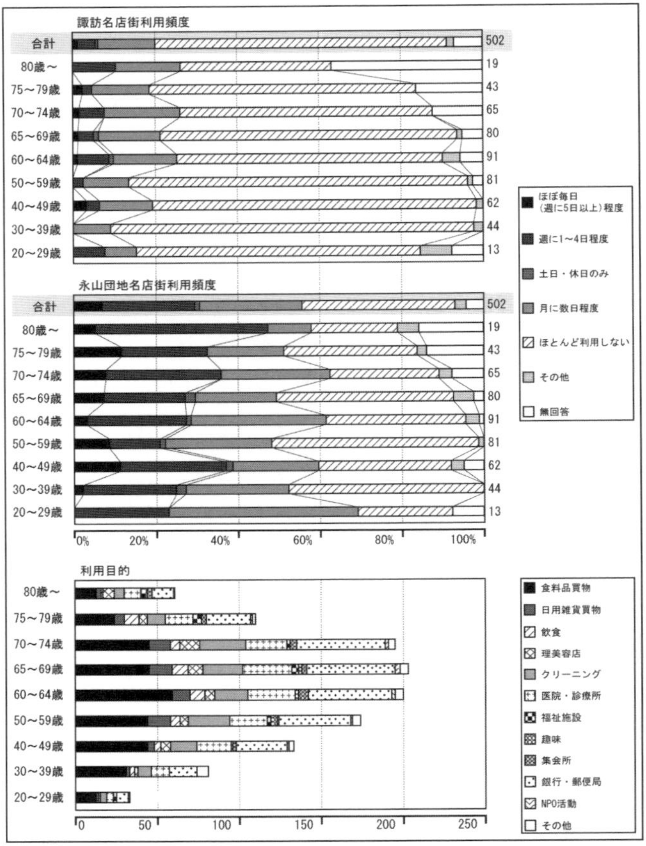

図7.11　地域住民による近隣センター商店街の利用状況

南の居住者に銀行・郵便局利用が多い。

(3) 日常の買い物行動における買い物場所選択の特徴（図7.12）

生鮮食品の買い物先は、商店街から北へ徒歩15分ほどの距離にある永山駅周辺が中心であり、商店街と商店街内のスーパーマーケットは若干選択されている程度となっている。米・酒の買い物先は、生鮮食品に比べ商店街、商店街内スーパーマーケットの利用が多い。特に商店街に近い居住地および南側の居住地で多く、65歳以上においてその傾向が強い。かさばったり少し重くなる買い物は地元を選ぶ傾向があるといえる。医薬品、書籍・雑誌の買い物先は永山駅が中心となる。外出着の買い物先は、聖蹟桜ヶ丘、多摩センターなどやや遠い繁華街

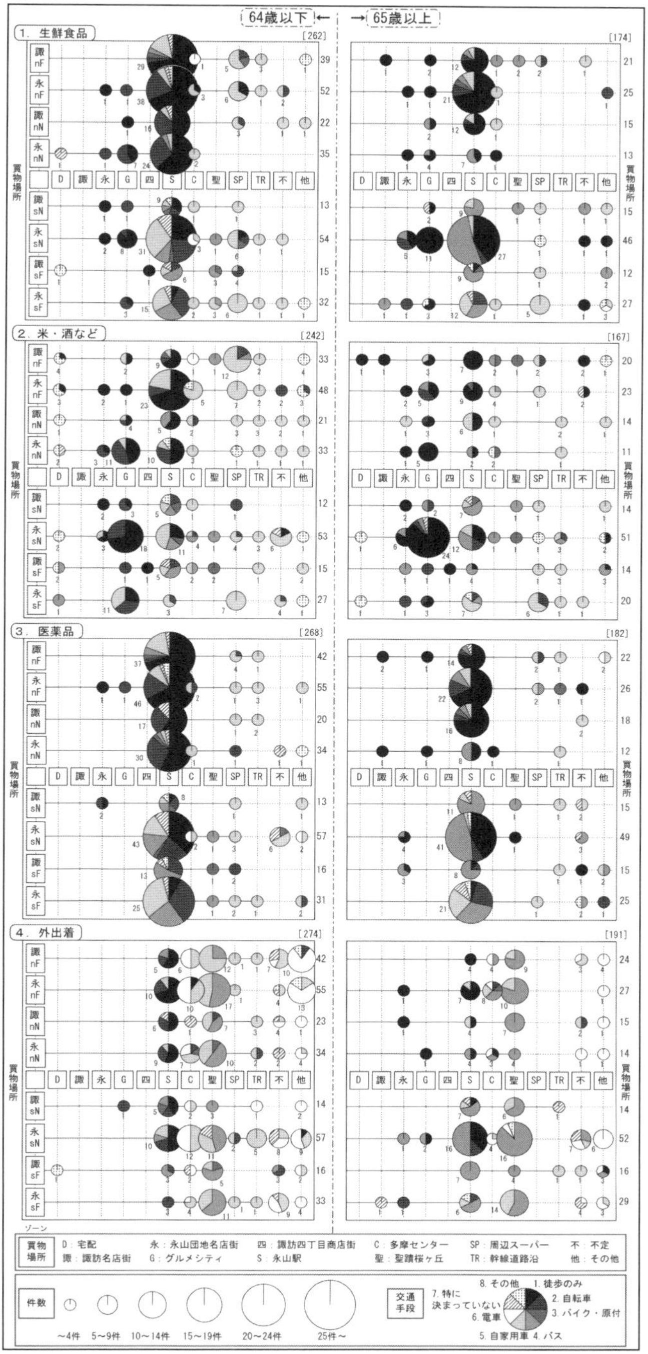

図7.12　品目別にみた買い物場所選択の特徴

が選択され、64歳以下においては都心なども選択される。年齢別でみると、64歳以下において商店街の利用は近隣居住者にのみみられ、65歳以上において各品目で商店街は一定程度利用されている。

(4) 住民からみた商店街に対する印象・評価 (図7.13)

全体としては経営者側による評価よりも低い結果となっている。商店街に対して、大型スーパー・飲食店・大型書店などの出店や行政窓口の開設を要望している。住民には商店街活性化のために、新しいイメージの店舗、公共性の高い施設などの誘致が必要と考えられている。

(5) 小括

住民による商店街の利用は低調といえる。商店街から徒歩15分程度の永山駅周辺には大型スーパーや量販店などが立地し、購買行動がそちらに引き寄せられている傾向が顕著である。高齢世帯および商店街以南の居住者は、品目によっては商店街を選択する傾向もある。

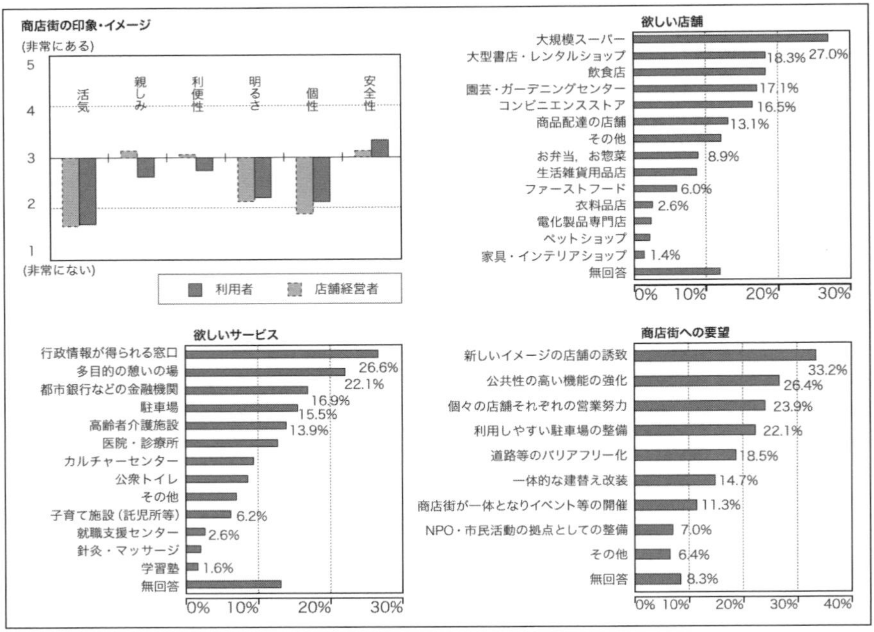

図7.13　地域住民からみた近隣センター商店街に対する印象・評価

7.4 まとめと展望

以上、多摩ニュータウンでもっとも永い歴史をもつ諏訪・永山近隣センター商店街の系譜と現状についてみてきた。① 空き店舗が顕在化し、②店舗経営主は将来に対して明るい見通しをもっておらず、③住民に主たる買い物先として選択されていない、などの実態が明らかになった。以下、展望について私見としての見解を述べておく。

①以上の分析を総合すると、約60の現有店舗数は過剰と考えられる。店舗数集約への模索が必要と考えられる。

②医療・福祉系や街づくり系の店舗が増加傾向にあることは一定の可能性を示唆する。徒歩圏内で利用できる高齢者支援施設などへの転換は一つの方策となろう。社会的サポートを目的とするNPO法人などに対しては、家賃減免などの措置が必要となろう。

③高齢になると自家用車を手放し、一定割合の高齢者が徒歩で近隣センター商店街を利用している事実は、超高齢社会の今日、近隣住区論・徒歩利用への回帰の一定の可能性をうかがわせる。

④店舗数が過剰だとしたら、デイサービスセンターやグループホーム、または小規模多機能高齢者支援施設などへの思い切ったコンバージョンを企画することもあり得よう。

⑤第3章で詳しく述べたように、閉鎖された店舗にコミュニティーカフェや高齢者の居場所が自立的につくられている姿は未来を予兆する。子育て支援の機能や若い母親たちが気軽に集まることのできるスペースづくりなども検討されてよかろう。

図版出典

図7.1～13、表7.1～3／多摩ニュータウン近隣センター商店街の系譜と現状に関する考察：清原一紀、松本真澄、上野淳：日本建築学会技術報告集、No.28, 2008.10., pp561-566

第8章

住宅・都市公共施設の賦活・再生

写真8.1　室内のギャップ・段差

写真8.2　入れなくなった浴槽

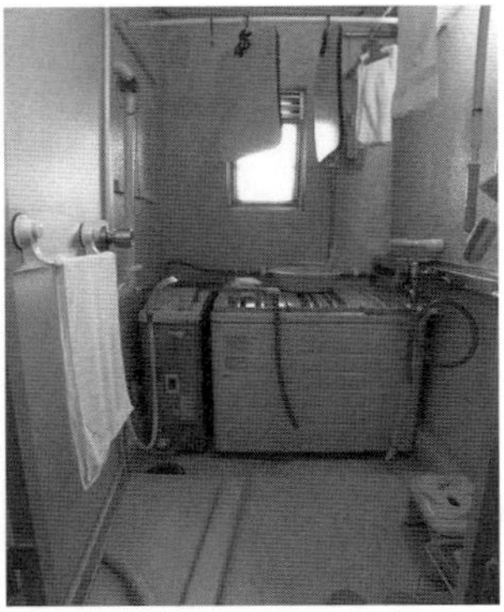

写真8.3　浴室に直置きにされた浴槽

写真8.4　老朽化したトイレ

今まで住民、高齢者、子ども、女性などの生活者の立場に立脚して多摩ニュータウンをみてきた。しかし考えてみると、多摩ニュータウンは20万人を越す人々の生活を支える膨大な住宅群と、これらの人々の生活を支える地域公共施設群の膨大な建築ストックの場であるとの見方もできる。

何度も繰り返してきたように、初期入居から40年以上が経過し、一部ではこれら膨大な建築ストックに‘老朽化’の影が忍び寄りつつあることも、多摩ニュータウンの今後を考えるにあたって大きな課題といえる。前世紀的な考え方でいえば、この‘40年’という経年はそろそろ‘建替え’を考える時期でもあり、事実、「諏訪２丁目分譲住宅」では団地丸ごと建替えプロジェクトが進行している。しかし、サステナブルな地球環境を考えるべきこの世紀にあって、今までのように‘造っては壊し’を繰り返すことは許されない状況であることも確かである。‘40年’を建築寿命と考えないでこれを可能な限り長寿命化し、既存ストックを賦活・再生しながら多摩ニュータウンを蘇らせる視点も今後重要性を増すものと考えられる。

この章では、住宅・都市施設の賦活・更新の方法について考えていきたい。

8.1　多摩ニュータウン住宅ストックのリフォームとリファイニング

多摩ニュータウンの初期開発団地を中心とした住戸環境の現実をここでみておきたい（写真8.1～7）。住宅内の大きな段差・ギャップ（写真8.1）、浴室の床に直置きされた浴槽（約70㎝の立ち上がりは高齢者でなくとも跨ぎが大変で、入浴に困難がともなう。写真8.2、3）、老朽化した狭いトイレで元々は手摺りも設置されていない（写真8.4）、などの現実がある。写真8.5は、奥様が要介護５のご主人を介護しながら生活している２DKの賃貸住宅の様子であるが、奥様の趣味スペースとご主人のベッドルームの間の間仕切りを一部撤去して見守りやすくしたいというニーズがありながら、賃貸住宅の原状復帰義務によって間取り変更が行えない事例である。このようなバリアが、地域継続居住を希望している団地居住高齢者の自立生活の妨げになりはじめている事実を第2章では詳しく指摘した。加えて、エレベータのない住棟と住棟1階から道までの段差（写真8.6）、街の階段・坂道などがバリアになっている。

写真8.5　間取りのバリア

写真8.6　住棟から道に至る段差

多摩ニュータウンにはこれらをリフォームやリファイニングの手法で順次辛抱強く改善していく営みが強く求められており、またこのことは多摩ニュータウンに限らない全国普遍の課題であることをこれまで繰り返し記してきた。ここでは、以下に多摩ニュータウンを場とした住戸改善の現実と展望について述べてみたい。

8.1.1　多摩ニュータウンにおける住民自身による住宅リフォーム

少し前の調査になるが、ここでは多摩ニュータウンにおいて住民の自発的な意思によってなされている住宅リフォームの実態について調べた結果（2003年）について紹介してみたい（写真8.8）。

写真8.7　電動カート

写真8.8　リフォームされた住戸の事例

調査は多摩ニュータウンの初期開発団地で、1970年代初頭から後半にかけて入居が実現した諏訪、永山、豊ヶ丘、落合の各住区の賃貸・分譲住宅を対象として、郵送アンケート調査と訪問ヒアリング調査によって行った。表8.1に各団地の概要と典型事例の住戸平面を、表8.2にアンケート調査回収状況と回答者の住戸リフォームの経験の有無についてまとめた。

表8.2のアンケート回収状況をみると、回答者のうちリフォーム経験者は、賃貸住宅で約半数にとどまっているが分譲住宅では約9割となり、何らかのリフォームを行った居住者からの回答が多くなっている。そもそもこの調査は「住宅リフォームに関するアンケート調査」と題して行ったものなので、リフォーム経験者からの回答が多かったものと考えておく必要があるが、建築後約30年を経過した時点で分譲住宅を中心として住民による住宅リフォームが相当程度行われていることが確認できる。

(1) 住宅リフォームの内容

アンケート調査から得られた住宅リフォームの内容について、その傾向を団地別および賃貸・分譲の別に分析してみると、

表8.1　住宅リフォーム実態調査。調査対象地区と住棟・住戸の概要

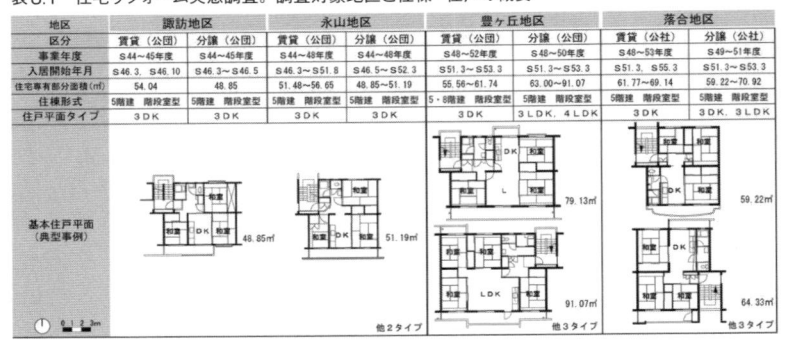

地区	諏訪地区		永山地区		豊ヶ丘地区		落合地区	
区分	賃貸（公団）	分譲（公団）	賃貸（公団）	分譲（公団）	賃貸（公団）	分譲（公団）	賃貸（公社）	分譲（公社）
事業年度	S44～45年度	S44～45年度	S44～48年度	S44～48年度	S48～52年度	S48～50年度	S48～53年度	S49～51年度
入居開始年月	S46.3、S46.10	S46.3～S46.5	S46.3～S51.8	S46.5～S52.3	S51.3～S53.3	S51.3～S53.3	S51.3、S55.3	S51.3～S53.3
住宅専有部分面積（㎡）	54.04	48.85	51.48～56.65	48.85～51.19	55.56～61.74	63.00～91.07	61.77～69.14	59.22～70.92
住棟形式	5階建　階段室型	5階建　階段室型	5階建　階段室型	5階建　階段室型	5・8階建　階段室型	5階建　階段室型	5階建　階段室型	5階建　階段室型
住戸平面タイプ	3DK	3DK	3DK	3DK	3DK	3LDK、4LDK	3DK	3DK、3LDK

基本住戸平面
（典型事例）

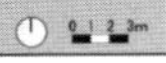

表8.2　アンケート回収状況とリフォーム経験の有無

賃貸地区

	諏訪賃貸	永山賃貸	豊ヶ丘賃貸	落合賃貸	賃貸合計
住戸数(アンケート配布数)	170	1183	219	993	2565
回答数	13	86	18	57	174
回収率(%)	7.6	7.3	8.2	5.7	6.8
リフォーム経験　有り／無し					

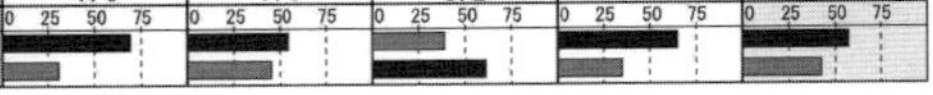

分譲地区

	諏訪分譲	永山分譲	豊ヶ丘分譲	落合分譲	分譲合計
住戸数(アンケート配布数)	593	566	755	658	2572
回答数	87	68	188	92	435
回収率(%)	14.3	12.0	24.9	14.0	16.9
リフォーム経験　有り／無し					

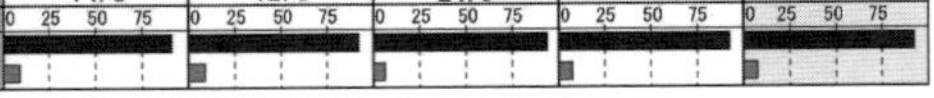

団地による差異はほとんどみられず、賃貸・分譲の別による差異が顕著に認められた。そこで図8.1に賃貸・分譲の別に集計した住宅リフォームの内容について示すことにする。

リフォーム内容の設問では複数回答としているが、各世帯で複数種類のリフォームを行っている場合が多いので［a：内装・建具のみ］［b：設備のみ］［c：内装・建具＋設備］［d：間取りの変更］、のように４分類してリフォーム形態を整理した。

結果を要約すると以下のようになる。

①賃貸、分譲ともに、壁紙・ふすまの張替えなどの表面的な補修と、トイレ・浴室などの水廻りのリフォームが多くみられる。建築後30年程度を目途に内装材の汚れなどが目立つようになるとともに、水廻り設備の老朽化が避けられない事態になることを示唆している。

②理由としてあげられている点として‘いたみ・汚れ（古くなった）’が大半を占めており、水廻りでは‘品質や性能をよくし

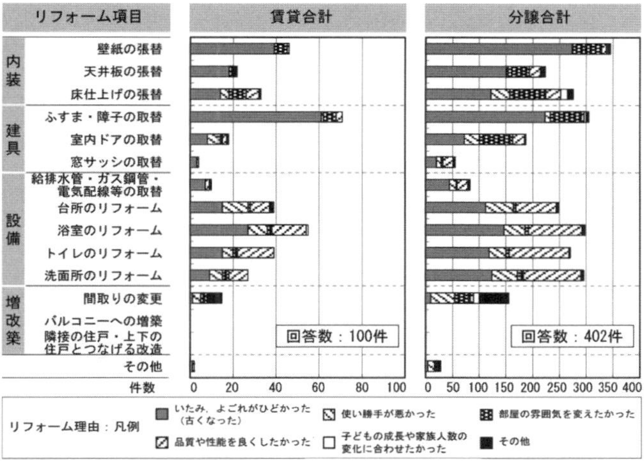

図8.1　住宅リフォームの内容

たかった’が多い。住宅設備の品質と性能の向上は日進月歩で、経年とともに既存設備の陳腐化も進むものと理解される。集合住宅計画において水廻り設備部分の更新性能を高めておくことの重要性があらためて確認できる。

③賃貸住宅では相対的に全体のリフォーム件数や内容ごとの件数が少ないのに対し、分譲住宅では全体の件数および内容ごとの件数も多い。

④分譲住宅では天井板や床の張替えなどもかなり多くなされているが、賃貸住宅ではこうしたリフォームはあまり行われていない。

⑤リフォーム内容について、賃貸住宅では［d：間取りの変更］をともなうリフォームは15%程度と少なく、［a：内装・建具のみ］または［b：設備のみ］のリフォームが約3割を占める。

⑥これに対し分譲住宅では［d：間取り変更］をともなうリフォームが約4割、［c：内装・建具+設備］も5割を占め、大規模なリフォームが多く行われていることがわかる。

(2) リフォーム内容とリフォームに要した経費との関係

リフォーム内容とこれに要した経費との関係を図8.2に整理してみた。賃貸住宅では50万円未満が約6割を占めるのに対し、分譲住宅では100～300万円が約4割、300万円以上のリフォームも約3割となっている。

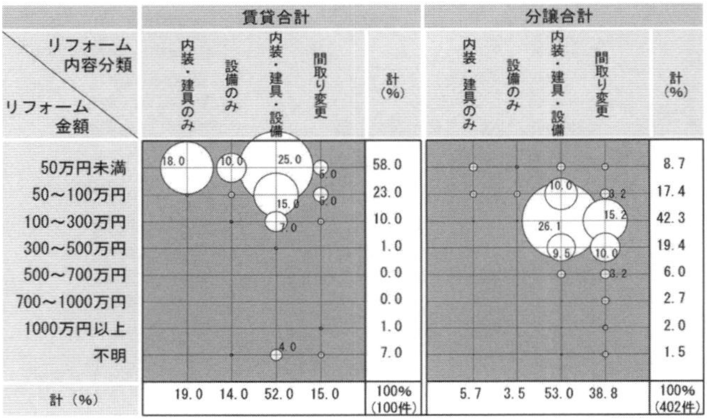

図8.2　リフォーム内容と経費

表8.3　住宅リフォームに関する賃貸・分譲の比較

区分	賃貸団地	分譲団地
リフォームに関する規制	・原状復帰義務がある ・管理主体の推奨するものであれば更新可能	・共用部の変更は不可 ・大規模修繕の際，管理組合の承認が必要
リフォーム件数	少ない	多い
リフォーム内容	・壁紙やふすまの張替 ・管理主体が推奨する設備機器の交換	・内装やふすま，室内ドア，設備等が均等に行われている ・間取り変更ケースが，約4割
リフォーム内容と経費	・内容は内装・建具のみが2割，内装・建具・設備が5割 ・100万円未満が8割	・100～300万円が4割であり，内訳は内装・建具・設備，間取り変更が主 ・300万円以上も3割を占め，間取り変更が主である
間取りの変更を伴うリフォーム	・原則として不可 ・事例も極めて少ない	・多様な変更が行われている ・ＤＫと和室をつなげるケースが多い ・理由としては好みの間取りやインテリアにするため，が3.5割，その他の理由も比較的均等にある

賃貸住宅では50万円未満の［a：内装・建具のみ］が約20%、［c：内装・建具+設備］が25%となっており、比較的安価で小規模なリフォームがほとんどである。対して分譲住宅では100～300万円での［c：内装・建具+設備］が26%、［d：間取り変更］が15%みられ、500万円以上の［d：間取り変更］も約1割みられるなど、リフォームの規模、経費とも大きくなっていることが読み取れる。

(3) 賃貸住宅と分譲住宅のリフォーム上の差異

以上の分析をふまえて、賃貸住宅と分譲住宅のリフォーム内容の特性とその差異を表8.3に整理した。

賃貸住宅では原状復帰義務などから個人でリフォームできる内容に制限があり、リフォーム事例は相対的に少ない。実際の事例では管理主体が許可する設備機器の交換、もしくは原状回復が可能な［a：内装・建具のみ］にとどまる事例が大半である。一方で長期継続居住者を中心として、‘リフォームをしたい’との回答が3割位からあがってきていることから考えると、賃貸住宅でも積極的な個別リフォームに対応できる仕組みの検討が必要であると感じられる。

分譲住宅では多様なリフォームがかなり積極的に行われており、［a：内装・建具のみ］に加え［b：台所・洗面所・トイレ・浴室の設備更新］が同程度の件数行われており、［d：間取りの変更］をともなうリフォームも積極的に試みられていることがわかる。

(4) 間取りの変更をともなう住宅リフォームについて

ここでは間取りの変更をともなう積極的なリフォーム事例について、訪問ヒアリング調査の結果を元に考察してみる。間取りの変更をともなうリフォームは、当然ベースとなる既存戸の規模・平面と家族構成の変化がその内容に大きく影響するので、それぞれの住戸規模別の典型事例を家族構成の変遷とともに図8.3〜6に示してみた。以下、住戸規模別にその傾向をみてみる。

i 50㎡前後

［Case.1］(図8.3) は、3DKの住戸に32年継続居住して何回かに分けて段階的にリフォームをしている事例で、子どもが育って別居に移行し夫婦のみ居住となった家族の事例である。この住戸規模では、一般的にDKと和室を繋げて洋風のLDK化するケースが大半を占めるが、この事例もその典型である。居室を拡大するため、収納スペース (和室の押入れ) を減らす事例も多い。［Case.1］ではトイレ、浴室・洗面所の設備更新、台所のシステムキッチン化も行われている。

ii 60㎡前後

この住戸規模でもDKと和室を繋げてLDK化するケースが主となるが、収納変更や間仕切り壁の位置変更などもみられる。［Case.2］(図8.4) は転居してくる際に大幅なリフォームをしたケースで、①南側の二つの和室の間の壁を撤去して洋室化、

Case. 1

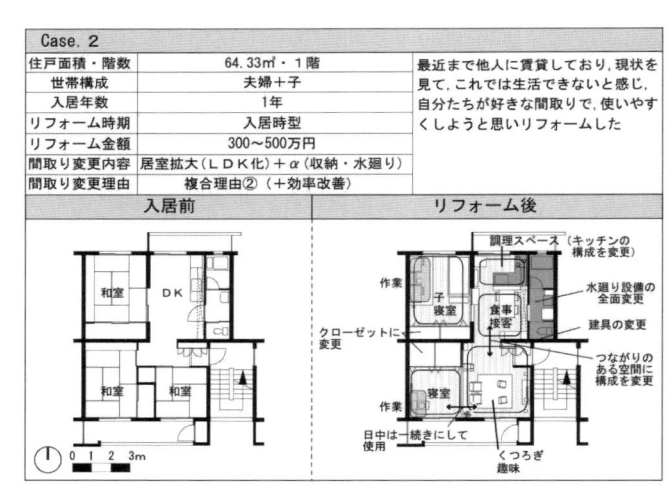

住戸面積・階数	48.85㎡・3階	段階的にリフォームを行ったケース 夫婦2人となり，部屋の雰囲気を変え趣味とくつろぎの空間にするため また，広くゆったり使いたいと思いリフォームした
世帯構成	夫婦のみ→夫婦＋子→夫婦のみ	
入居年数	32年	
リフォーム時期	入居後（順次）型	
リフォーム金額	500～700万円	
間取り変更内容	居室拡大（ＬＤＫ化）＋収納減	
間取り変更理由	複合理由①	

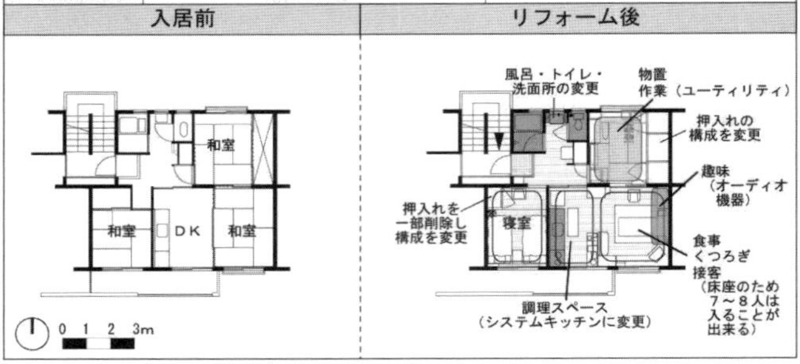

図8.3　間取りの変更をともなうリフォーム（1）：50㎡前後

Case. 2

住戸面積・階数	64.33㎡・1階	最近まで他人に賃貸しており，現状を見て，これでは生活できないと感じ，自分たちが好きな間取りで，使いやすくしようと思いリフォームした
世帯構成	夫婦＋子	
入居年数	1年	
リフォーム時期	入居時型	
リフォーム金額	300～500万円	
間取り変更内容	居室拡大（ＬＤＫ化）＋α（収納・水廻り）	
間取り変更理由	複合理由②（＋効率改善）	

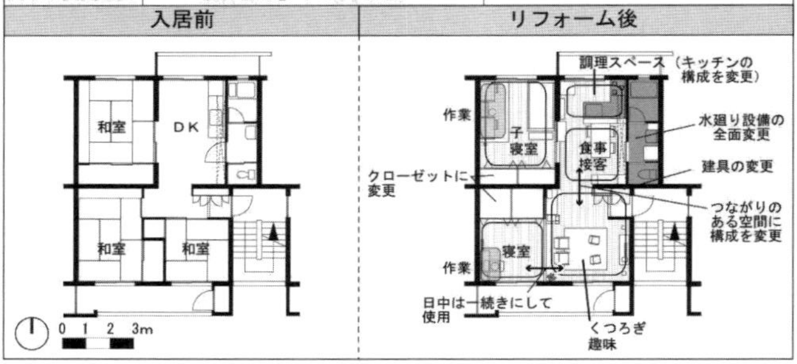

図8.4　間取りの変更をともなうリフォーム（2）：60㎡前後

②同時に北側のDKとリビングのつながりを改善してLDK化、③北側和室を子どもの個室として洋室化、などのかなり大幅なリフォームが行われている。

iii 80㎡前後

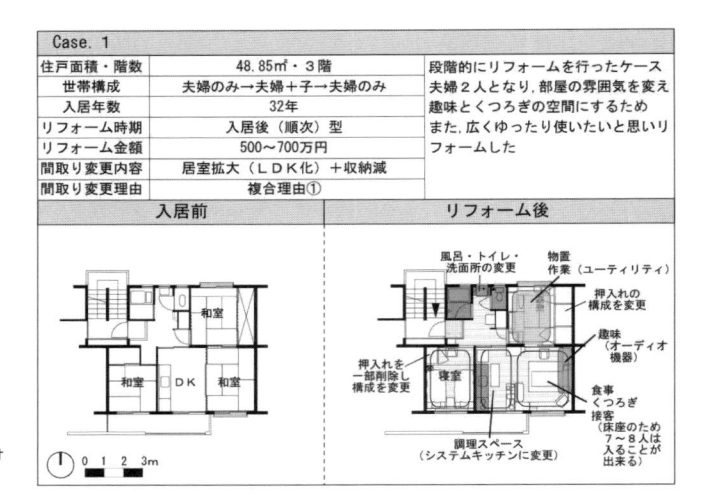

この規模になると収納スペースの変更が主となりつつも、居室を分割するケースもみられるようになる。逆に子どもの独立などで家族人数が減少する場合、家族共用スペースを拡大する事例も2割程度となる。[Case.3]（図8.5）は、元々の三つの和室を収納スペースの変更（クローゼット化）をしながら子ど

Case. 3		
住戸面積・階数	79.13㎡・3階	入居時と，入居後に段階的にリフォームしたケース １回目は雰囲気を変え，新しくするため，その後は子どもの個室にし，個人の空間を作るため，４回目が台所と収納の変更で，使い勝手を改善するため
世帯構成	夫婦＋子	
入居年数	17年	
リフォーム時期	複合型	
リフォーム金額	300～500万円	
間取り変更内容	収納変更のみ	
間取り変更理由	効率改善	

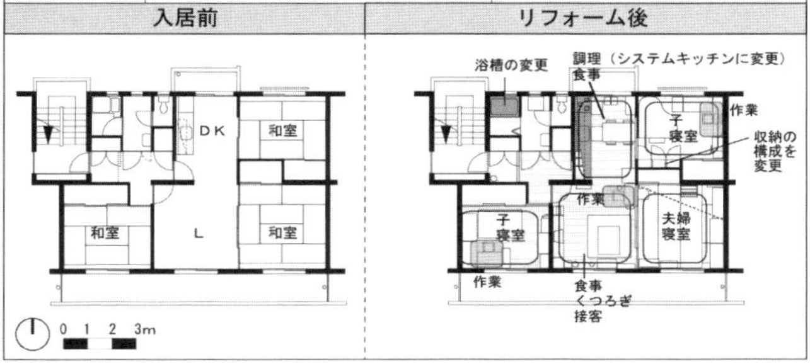

図8.5　間取りの変更をともなうリフォーム（3）：80㎡前後

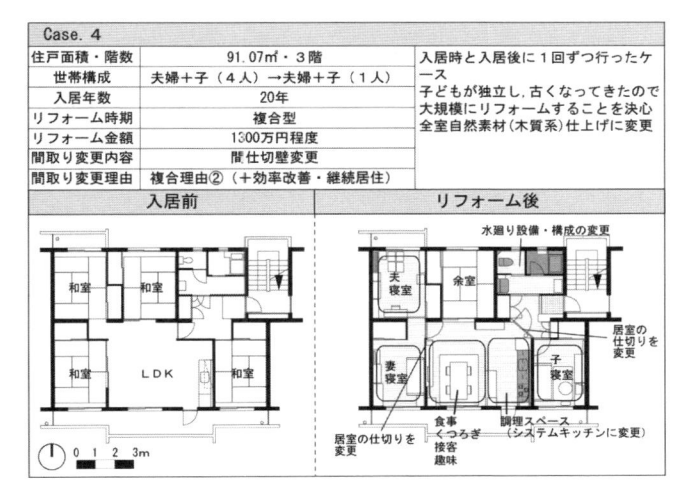

Case. 4		
住戸面積・階数	91.07㎡・3階	入居時と入居後に１回ずつ行ったケース 子どもが独立し，古くなってきたので大規模にリフォームすることを決心 全室自然素材（木質系）仕上げに変更
世帯構成	夫婦＋子（４人）→夫婦＋子（１人）	
入居年数	20年	
リフォーム時期	複合型	
リフォーム金額	1300万円程度	
間取り変更内容	間仕切壁変更	
間取り変更理由	複合理由②（＋効率改善・継続居住）	

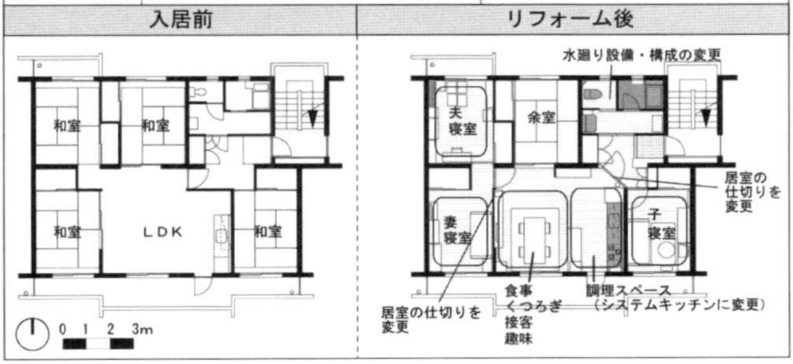

図8.6　間取りの変更をともなうリフォーム（4）：90㎡前後

もの個室（2室）と夫婦就寝室を洋室化したものである。浴槽の取替えや台所のシステムキッチン化も実現させている。

iv 90㎡前後

居室の拡大と間仕切り壁の変更がともに3割程度みられ、その他の変更も幅広くみられるなど、多様なケースが登場する。住戸規模が大きいことから、リフォームの内容に自由度が高いことがうかがえる。①リビングの広さにゆとりがあるのでそのままの広さで使用し、②キッチンとリビングの間に間仕切りを設けて分割する、③世帯人数の縮小にともない余室とリビングを繋げてLDKをさらに広くする、などの多様なケースが見受けられた。[Case.3]（図8.6）では、子の独立による家族人数の縮小を期に三つの和室を洋室化し、内装をすべて木質系（天然素材）に変更し、かつ水廻り設備も一新するかなり大規模なリフォーム事例である。なお、この事例では夫婦別就寝になっているが、和室・布団就寝からベッド就寝に移行する際、従来の和室6帖の広さではベッドが二つ並ばないためこのように別就寝になるケースはこの事例に限らず多い。

v 共通の傾向

全体的に共通する傾向として、①食事、くつろぎ、接客などの家族共通スペースの一極化（DKと隣接の和室をつなげて洋室化するLDK化など）、②衛生設備（トイレ・洗面・風呂）やキッチンスペースの現代化、③共通スペースと個室空間の明確な分離、④床の全面的なフローリング化、などがあげられる。また、家具や家財を集約し、なるべく広く伸び伸びと住める工夫をしている事例が多いといえる。

(5) 小括：まとめと展望

分譲住宅を中心として、住民によってかなり積極的な住宅リフォームが行われていることがわかった。長期継続居住者を中心として、賃貸住宅にも潜在的なリフォームニーズは多いと考えられる。原状復帰義務などの制約について、基本的なところから見直しを図ることが必要と考えられる。住民自身の努力でリフォームによって住宅を長寿命化していく営為は街全体として大切なことといえ、社会システムとしてこれらを支援する仕組みの構築が重要であると考える。

8.1.2 住宅・住棟のリファイニングの可能性

第2章でやや詳しくみてきたように、多摩ニュータウンの住戸・住棟はその多くがエレベータのない5階建て階段室型住棟である。たとえば、脳血管障害による片麻痺（車椅子生活）などに陥った場合、この住棟環境は致命的なバリアになってしまう。事実、団地居住高齢者の多くが問題点としてあげるエレベータのない不便さや街の階段・坂道は、多摩ニュータウンの大きな課題である。また、初期入居団地を中心として、住戸規模は2DK・3DK、50㎡内外と小さく2世代居住を許容できないことから、子どもの成長にともない独立・転出による家族人数の縮小が多摩ニュータウン全体の高齢化や人口減少に拍車をかけるという事態に帰結している。加えてトイレ・風呂などの老朽化が、高齢者の自立的な在宅継続居住を難しくする要因になりはじめている点も、第2章で指摘しておいた。

さて……、どう対処すればいいか。

住民が自立的に行っている住宅リフォームはそのための有力な解決策の一つに違いないし、たとえば都市再生機構が徐々に進めている空き住戸のバリアフリー改修による「高齢者向け優良賃貸住宅」への転換もその模索すべき手段の一つといえよう。多摩ニュータウンは「諏訪2丁目分譲住宅団地の全面建替え」というビッグプロジェクトを経験しつつあるが、これほど大規模な丸ごと建替えは、たとえば住民の意思統一に膨大な時間とエネルギーが必要となるほど、今後このような事例が相次ぐとは考えにくいのである。

そもそも多摩ニュータウンの住戸・住棟ストックはもっとも古いものでせいぜい40年で、持続可能社会を目指して建築ストックの長寿命化を強力に推し進めるべき今日、全面建替えを前提に都市の更新を考える時代ではないと強く認識される。

そこで今後は、住棟単位で既存ストックをベースにしながら徹底したリファイニングの手法で街を蘇らせる方法論を真剣に模索すべき時代にきていると考える。実はこうした既存住棟をベースビルディングとして、柱・梁・壁・床の基本躯体のみを残して徹底したリファイニングを行う賦活・更新はすでに多くの実例があり、民間マンションや公団住宅でもみられはじめている。小生の同僚で建築家の青木茂（首都大学東京特任教授）はこの道で多くの秀作を発表している。ここでは以下に、多摩ニュータウンの特質にあわせてこうした住棟単位のリファイニングを提案している事例を紹介してみたい。このプロポーザルは、多摩ニュータウンをフィールドとして活躍する建築家・都市計画家の集団である「多摩ニュータウン・まちづくり専門家会議」の中心メンバーである戸辺文博氏と大場則夫氏の協働によるものである。

(1) 住棟丸ごとリファイニングの対象モデル

多摩ニュータウンを中心として、もっとも供給量が多いのが3階段室型中層5階建て住棟である。3階段室5階建てなの

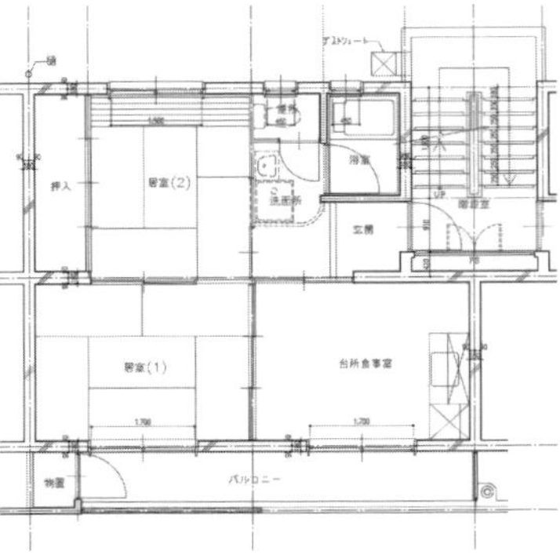

図8.7　リモデルの元の住戸平面：階段室型・2DK

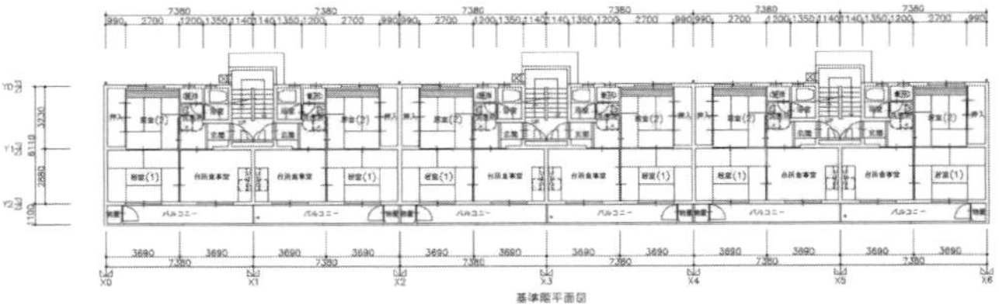

図8.8　リモデルの元の住棟平面：階段室型・2DK・6戸

図8.9　住棟立面

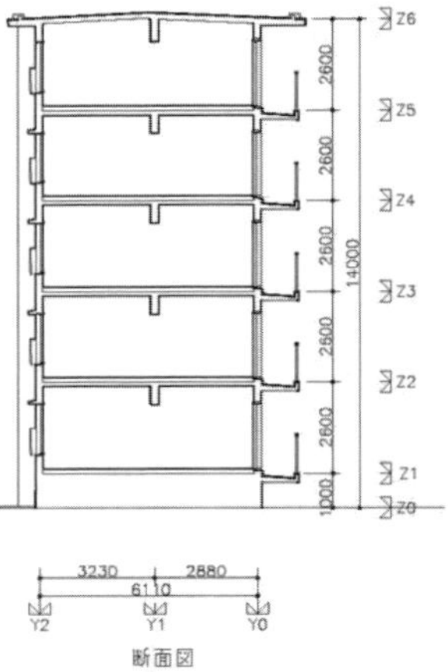

図8.10　住棟断面

で住戸数30戸、これをリファイニングの対象モデルと設定する。住戸平面は2DK（約45㎡）であり、多摩ニュータウン初期にもっとも数多く供給された住戸型であるが、今日的状況からみれば住戸面積は狭小で、フルファミリー居住には適しておらず、高齢期の夫婦のみ居住もしくは高齢単身にも不適な間取りといえる。ベースビルディングとなる住戸平面を図8.7に、住棟平面を図8.8に、立面、断面をそれぞれ図8.9、10に、団地内配置の状況を図8.11に示しておく。

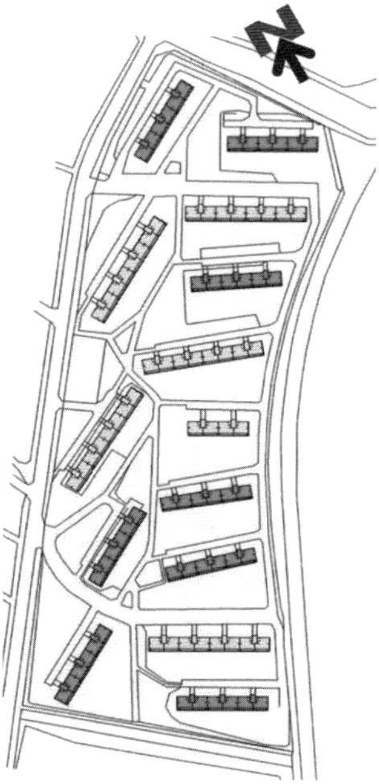

図8.11　団地構成

(2) 住戸・住棟リファイニングの目標

この‘団地ルネサンス’と名づけられたプロポーザルの目標は、①若い子育て中のフルファミリー世代を再び多摩ニュータウンに呼び戻すこと、②高齢期に入った夫婦居住もしくは高齢単身の世帯に安心して地域居住が継続できる住戸環境を提供すること、の二つを実現することにある。もちろん既存ストックの躯体部分は残し、耐震補強をしながら建築ストックの長寿命化を図ることも目標としている。前者に対しては2DK住戸の2戸一化によって住戸規模を拡大提供すること、後者に対しては2DK既存住戸を水廻りを含めて完全にバリアフリー化された1LDK住戸を提供すること、を提案内容としている。

(3) 団地ルネサンス：住宅・住棟リファイニングの提案

プロポーザル内容を図8.12～14に示す。この建築提案の骨子を要約すると以下のようになる。

①住棟南側中央にエレベータを1基設置する。このエレベータから各住戸に南側廊下でリビングアクセスのルートを確保し、階段室型のバリアを解消する。リビングアクセスは若い子育て世帯による高齢世帯の見守りにも寄与することを意図する。

②住棟両端部には2DKの2戸一化によるファミリー世帯用の3LDK住戸（約90㎡）を供給する。

③住棟中央の2戸は高齢者用の1LDK住戸（約45㎡）とし、水廻りを含めた完全なバリアフリー住戸とする。高齢期には、食事・くつろぎ・接客・趣味活動の場をなるべく一極化して広く使えるようにしたほうがライフスタイルに合っているという

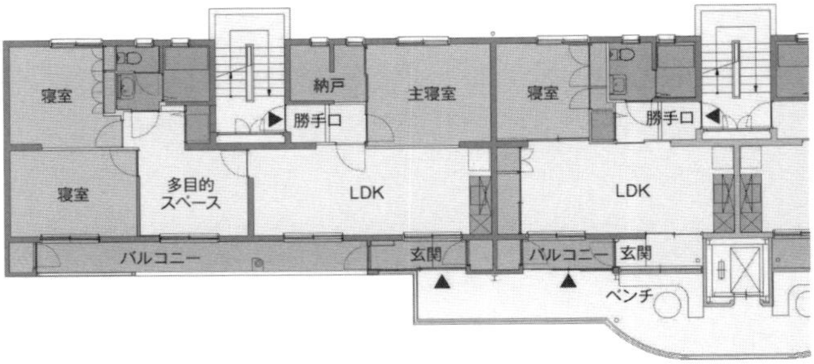

図8.12　リモデルの住戸改造提案

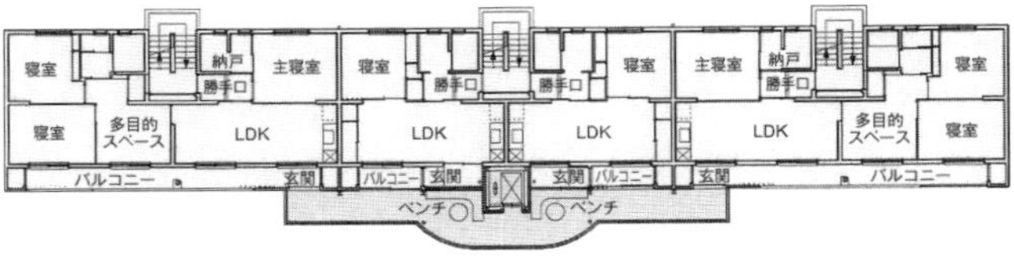

図8.13　リモデル後の住棟

図8.14　リモデル提案：外観パース

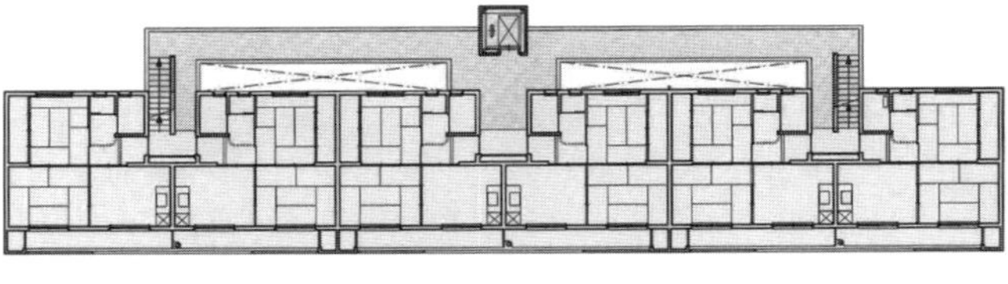

図8.15　北側エレベータ設置の考え方

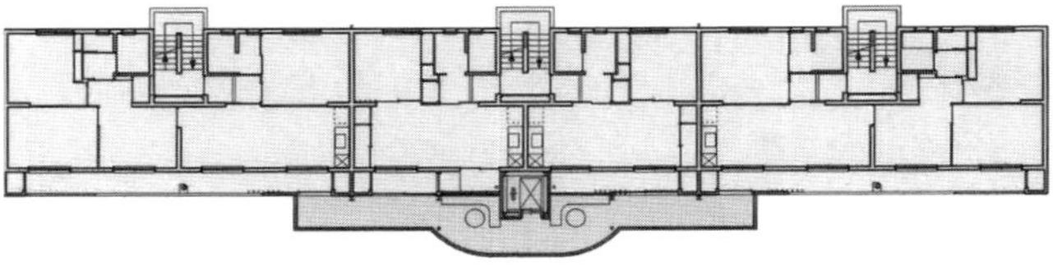

図8.16　南側エレベータ設置の考え方

第２章で導かれた提案とも一致しているといえる。

なお、階段室型住棟へのエレベータの増設には、図8.15のように北側設置の考え方と、本提案の図8.16のように南側設置の考え方の二つがあり、それぞれに実現例もある。後者のほうが廊下設定の面積が節約できることと、この提案のようにリビングアクセスを高齢世帯の見守りに活用しようとのユニークな提案は優れていると考える。

以上、フルファミリー世帯の呼込みと高齢世帯の継続居住の見守りを兼ね備えた提案は、多摩ニュータウンの特性や課題によく適合したものといえ、ぜひこうしたプロジェクトが次第に実現していく社会的仕組みを構築していきたいと考える次第である。

8.2　廃校校舎の地域公共施設へのコンバージョン

全国的に小・中学校の廃校、統廃合が進みつつある。少子高齢化の現象にとどめがかからないのである。加えて多摩ニュータウンのような集合住宅団地には、団地固有の著しい児童生徒数の経年変動がある。図8.17は上野の学位論文（1977年）の成果の一つのグラフであるが、都営住宅団地の入居開始からの小学校児童数の経年変化をモデル推計したものである。若い子育て世代が入居後小学校児童数は急速に増加し、おおむね７～８年後に住戸数当たり0.6～0.7人／戸程度のピークに達し、その後急速な減少に転じるというものである。全国の団地でこうしたことが繰り返されてきたのである。したがって多摩ニュータウンのような団地住宅都市では、全国的な少子化の波に加えてこうした団地住宅固有の児童生徒変動の影響が加

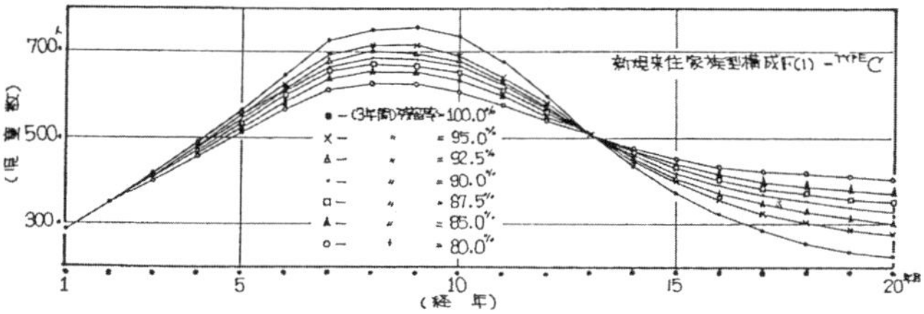

図8.17　住宅団地における児童数変動（住戸数1,000戸当りの児童数：都営1種）

わり、入居開始からおおむね15～20年後に学校の閉鎖・統廃合が相次ぐことになる。

都市の地域公共施設の中でも「学校建築」は地域社会の中心にあり、特に多摩ニュータウンのように近隣住区論によって構成されている街にあっては大切な存在といえる。しかも建築後20年前後といえば､構造躯体はまだまだ健全なはずといえる。この学校建築ストックをどのように活用するか、ここではいくつかの方策について考えてみたい。

8.2.1　横浜霧が丘団地の廃校校舎コンバージョン

多摩ニュータウンから話題が逸れてしまうが、同じような団地住宅で学校校舎コンバージョンによって新しい機能をもった「コミュニティーセンター」を計画する経験をしたので、それをまず紹介してみたい。

横浜市緑区霧が丘団地は、土地区画整理事業の手法によって集合住宅、戸建て住宅の建設を中心に1972年から開発が進んだ街である（図8.18）。児童生徒数の増加にあわせ、団地内に3小学校、1中学校が整備され、ピーク時にはそれぞれが全校18～24クラスの規模になっていた。ところが前述した

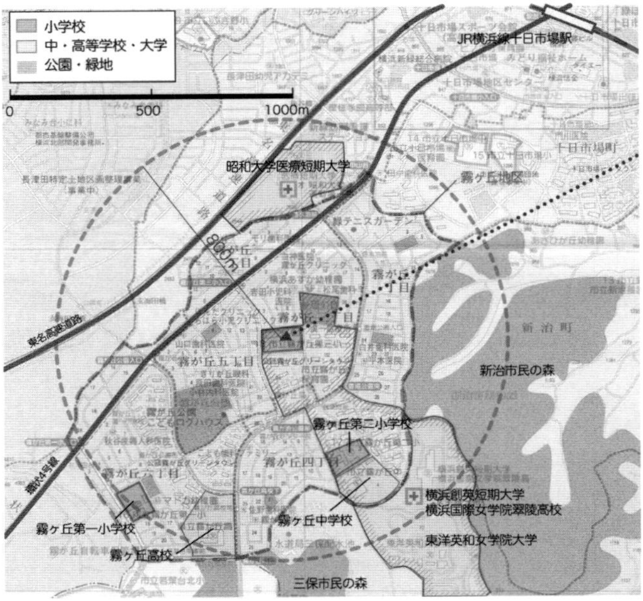

図8.18　霧が丘団地（横浜）の概要

ような事態がここでも現象し、平成に入ってどの学校も学年１クラス程度の小規模校化してしまうことになってしまった。

そこで首都大学東京・上野研究室を中心とする「学校建築再生プロジェクトチーム」と横浜市教育委員会、緑区との共同プロジェクトが発足し、霧が丘団地地区の学校再生の検討が行われるに至ったのである。

結果、①第二小学校に三つの小学校を統合する（教室数などに相当のゆとりがあるので、建築にほとんど手を加えなくとも実現できる）、②街の中心にある第三小学校を高齢者デイサービスを含むコミュニティーセンターにコンバージョンする、③第一小学校は土地・建築の長期貸与のかたちで私立の学園に譲渡する、を内容とした再編成を行うこととなった。この廃校校舎のコミュニティーセンターへのコンバージョン計画を小生らのチームが担当することになったのである。

ベースビルディングとなった既存校舎の平面を図8.19に、コンバージョン計画の内容を図8.20に示す。設計を経験してみて、①学校建築は構造計画のスパン割が規則的で単純であり、非構造壁を撤去するなどで自由度の高い空間計画・デザインが可能であること、②学校建築の天井高は３ｍに設定されているので（当時の建築基準法・施行令）、通常の建築にコンバージョンする場合、断面方向にゆとりがあり床下配管と切り回し

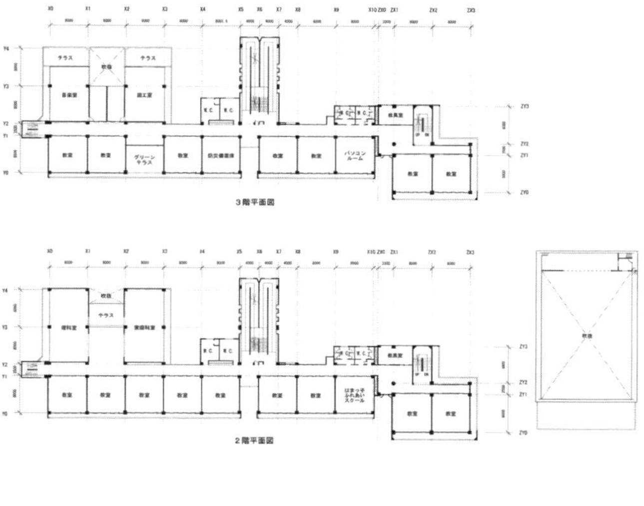

図8.19　ベースビルディング（霧が丘第三小学校）の平面概要

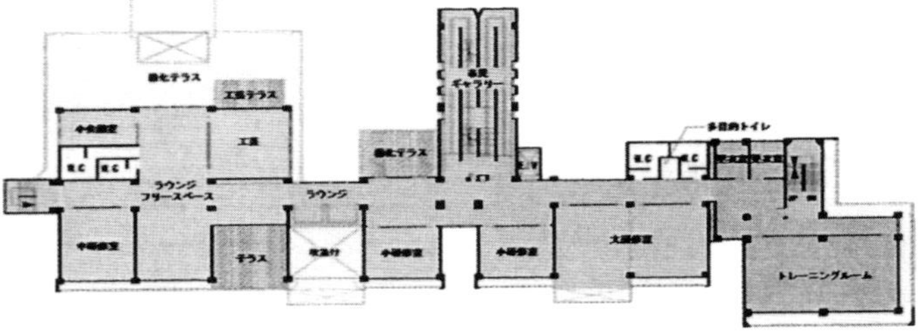

[3階平面]

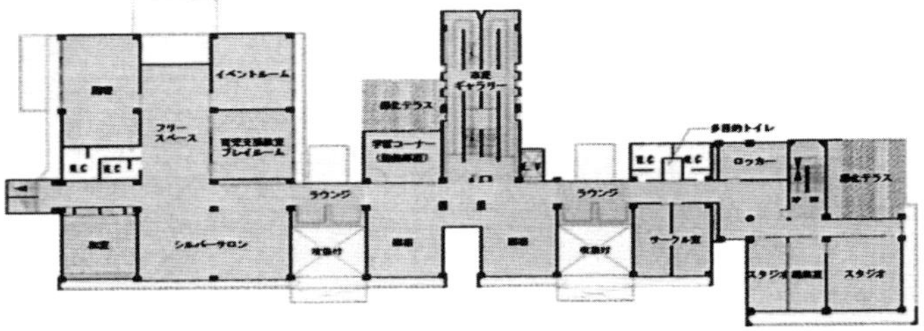

[2階平面]

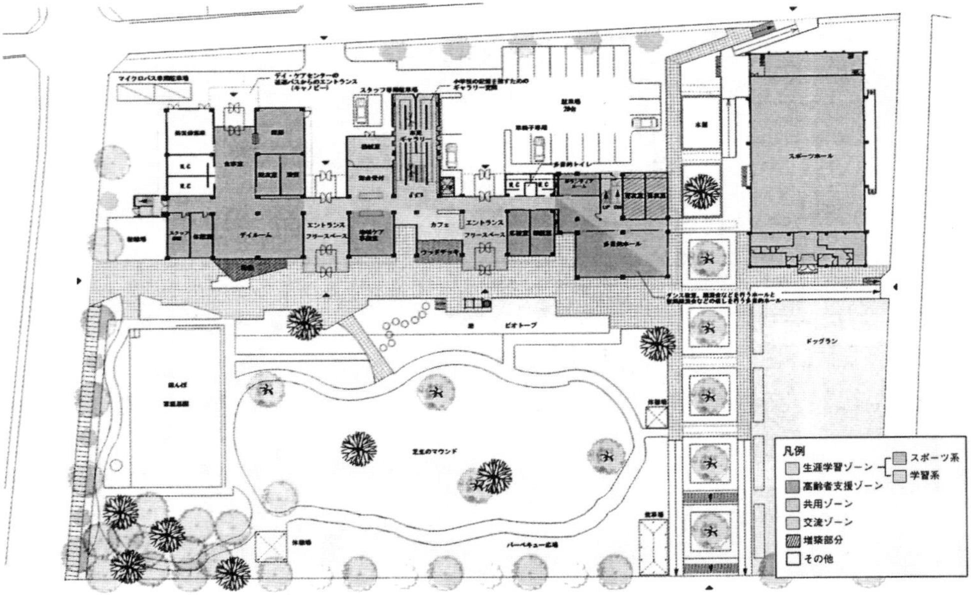

図8.20　廃校校舎のコミュニティーセンターへのコンバージョン計画［配置・1階平面］

などの設定が容易に行えること、などの有利な特性をもっていることが実感できた。そもそも街の中心であった学校建築が、地域住民の身の寄せ場所としてのコミュニティーセンターとして蘇ることの意義は大きいものと考えられる。

結果として、この提案はほぼそのまま受け入れられ、数年後に竣工して現実のコミュニティーセンターとして機能しているのである。

8.2.2 多摩ニュータウン・東永山小学校のコンバージョン計画

こうした経験をした後、‘廃校になった学校校舎のコンバージョン計画’を大学院の計画演習の課題に設定し、さらにその可能性を模索することを続けることにした。

モデルとするのは、例によって多摩ニュータウン諏訪・永山地区である。

諏訪・永山地区では1996～7年度にかけて、諏訪住区では3小学校が2小学校に、永山住区では4小学校が2小学校に、2中学校が1中学校に統合再編成されている（図8.21、22）。この2住区のみで四つの小・中学校の廃校校舎ストックがあることになる。これらのストックの他の公共用途への転換の可能性を大学院生とともに考えることにしたのである。計画モデルの対象として、諏訪・永山地区の中心にある「東永山小学校」を選ぶことにした（図8.23、写真8.9）。

(1) 東永山小学校のコミュニティーセンターへのコンバージョン計画

前述したように東永山小学校は諏訪・永山住区のほぼ中心にあり、ここを中心に半径800mの円（すなわち徒歩利用圏域）を描くと両住区のほとんどがすっぽりと収まる。加えて永山駅から徒歩15分ほどの立地にある。

さらに多摩市にはこの時期までに7カ所のコミュニティーセンターが整備されており、そのそれぞれの80％利用圏域を調べてみると結果は図8.24に示すようになっている。これによると諏訪・永山地区がこの利用圏域で覆われていないことが確認できる。その後、市の西端部「唐木田」に新しいコミュニティーセンターが開館しているので、市域ではこの諏訪・永山地区のみがコミュニティーセンターのサービス網から漏れている

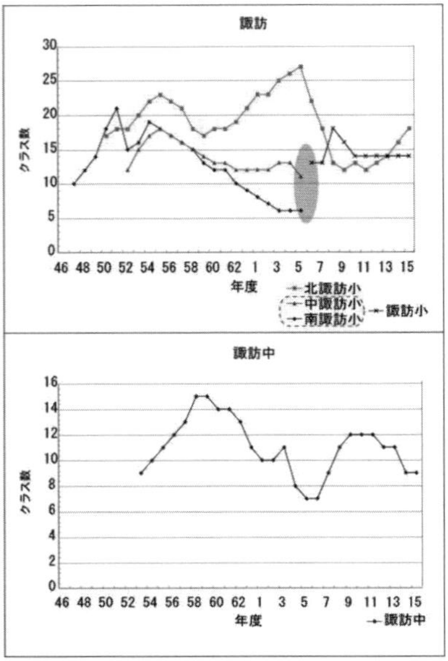

図8.21（1）　諏訪住区の児童生徒数の推移と学校の統廃合

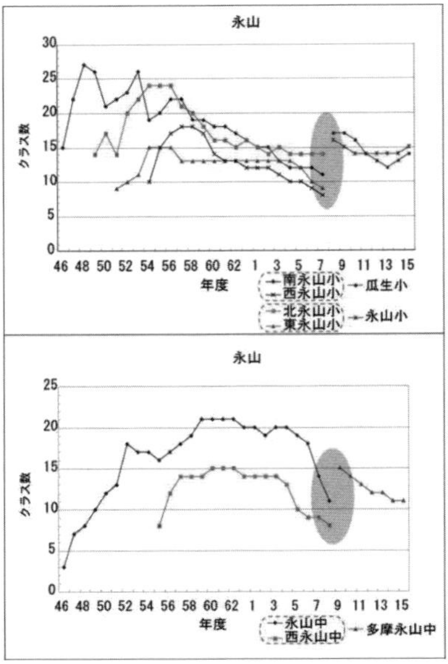

図8.21（2）　永山住区の児童生徒数の推移と学校の統廃合

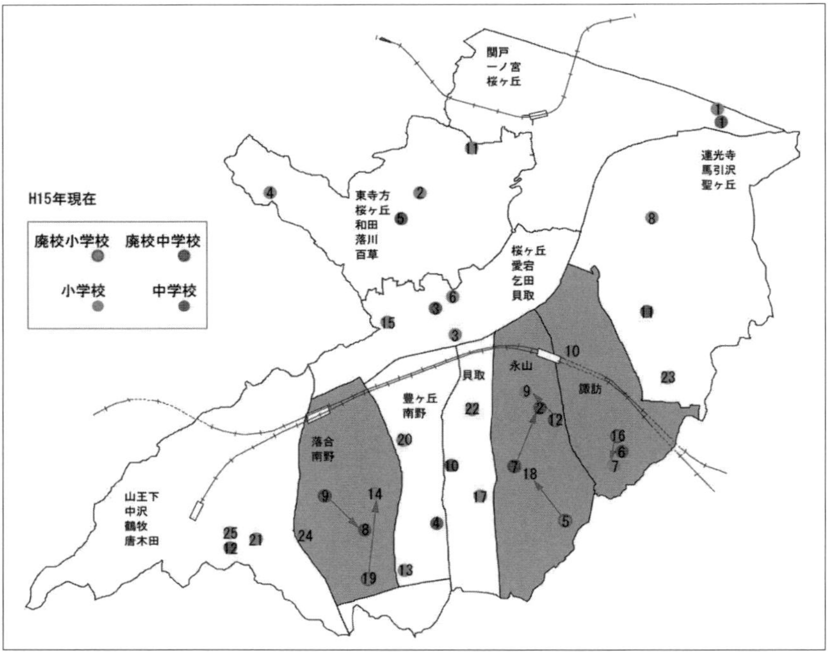

図8.22　多摩市（多摩ニュータウン地区）の学校の統廃合と再編成

写真8.9　ベースビルディング：東永山小学校

図8.23　諏訪・永山地区の地域公共施設の立地

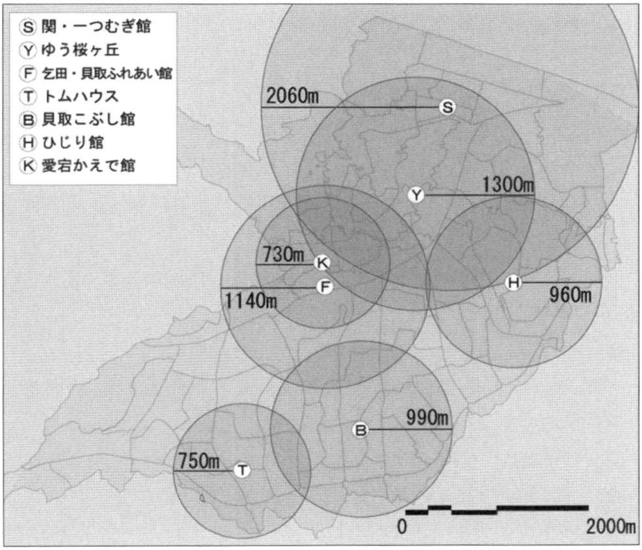

図8.24　多摩市のコミュニティーセンターの80％利用圏域

のである。現実にも市の将来計画として、ここに最後のコミュニティーセンターを設けることになっているが、財政上の理由などで実現していない。正に、この廃校校舎をコンバージョンによってコミュニティーセンターに蘇らせることには、現実味が備わっていることになる。

　こうした背景から、このコンバージョン計画の目標を大学院生との議論を経て以下のように設定することにした。

◇利用者像について

●多世代交流型

→高齢者を特別なものとせず、人々の成長とともに連続的に利用できる機能の内包

→大人40、50代男性、青年層の利用促進

●近隣立寄り型+中遠距離型利用圏

→NT内の従来のコミュニティーセンターのような近隣立寄りに加え、駐車場の整備（30台）等により、より広い利用圏を想定

◇機能について

●福祉

・段階的サポート…自立高齢者（いきがいデイサービス）から要支援要介護高齢者（デイサービス）

●学習

・多世代的な学習スペース…勉強部屋、パソコン設備、ミーティングを開催できるセッティング

●収益性

・インキュベーション…SOHO、情報発信

●交流

・軽食喫茶、パブ、居酒屋…時間帯ごとの表情の違い、すみわけなど

・コミュニティーの中心…お祭り、年齢層の区別をしない人々の利用の促進

●その他

・グラウンド…芝生広場、林と森の雰囲気、家庭菜園、ビオトープ池など

◇デザインについて

●バリアフリーデザイン…エレベータの設置、障害者トイレ、多機能便房の設置（南北棟各1カ所）等

●福祉サービスへの建築的対応…高齢者送迎用のキャノピー等
●デザイン性の充実…くつろげる雰囲気、第二の居間、住居のような雰囲気、住居の延長
●ファサードの変化…デザインされたファサードの計画
●北棟と南棟の間のデザイン
●グラウンドの活用

結果として大学院生から様々な生き生きとした提案書が出されたが、その一つを図8.25に紹介する。大学院生の計画提案であり未熟なところももちろん多々あるが、その可能性の大きいことを感じ取っていただければ幸いである。

(2) 東永山小学校の高齢者居住施設へのコンバージョン計画

コミュニティーセンターへのコンバージョン計画のほか、ケアハウスや高齢者居住施設へのコンバージョンの可能性も同時に検討してみた。

学校建築の教室単位空間は、古くは4間×5間（7.2m×9.0m）、今日的には8m×8m程度で、その半スパンはちょうどケアハウスの1居室、1スパンは夫婦居住の高齢者住宅、1／3スパンは特別養護老人ホームの個室、などに相当する大きさである（図8.26、28）。しかも前述のように学校建築の階高は通常の建物より高く、床を嵩上げすることにより給排水の配管を容易に設定できる特性ももっている。

東永山小学校をベースビルディングとして、A：コミュニティーセンター＋高齢者ケアハウス、B：コミュニティーセンター＋高齢者住宅、の2種類のコンバージョンを計画した事例を図8.27、29に示しておく。廃校校舎は居住施設への転換にも大きな可能性をもっていることがわかる。

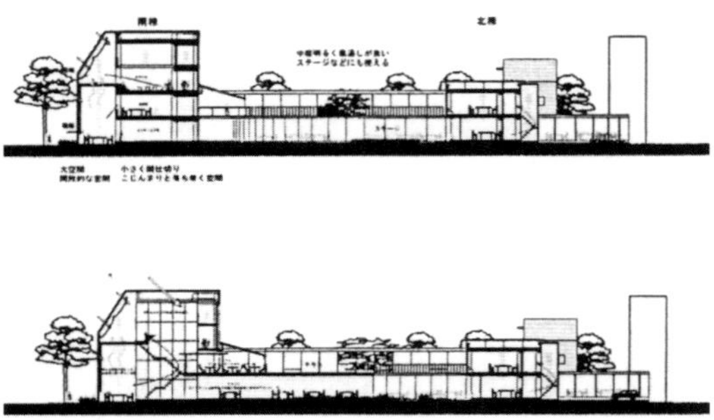

断面図

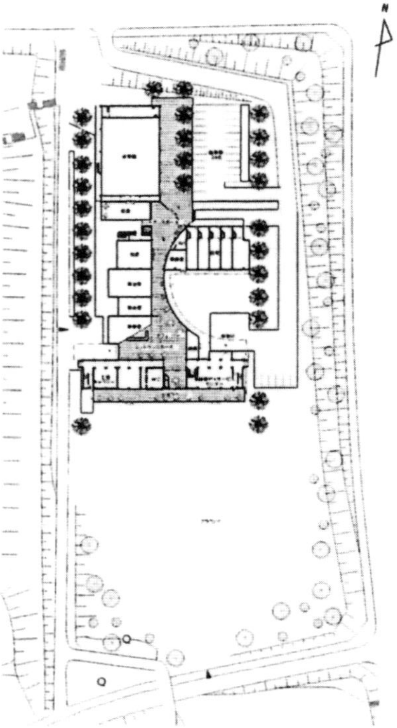

配置図

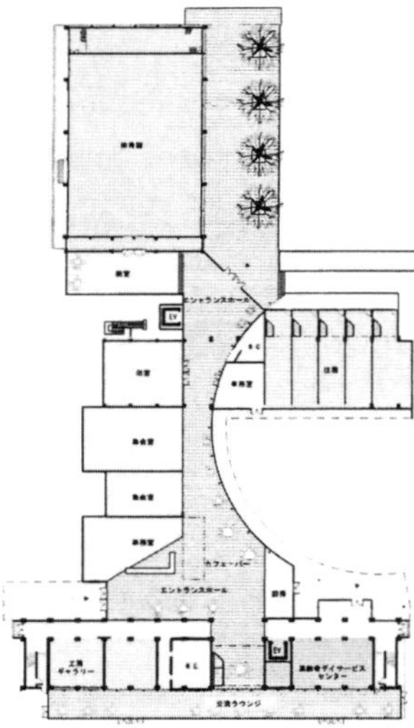

1階平面図

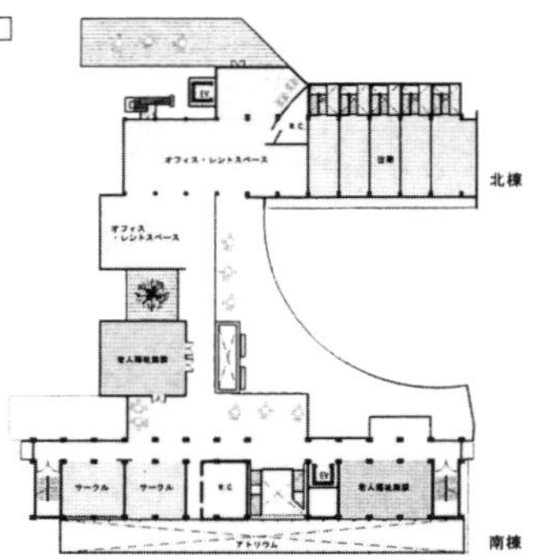

2階平面図

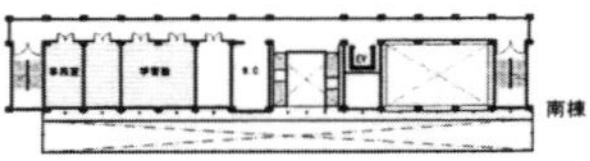

4階平面図

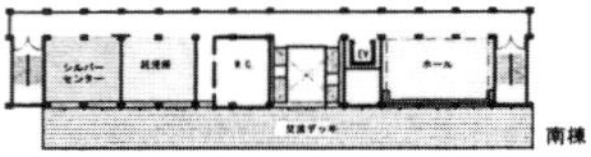

3階平面図

図8.25　東永山小学校のコミュニティーセンターへのコンバージョン計画

図8.26　学校の教室のケアハウス住戸へのコンバージョン

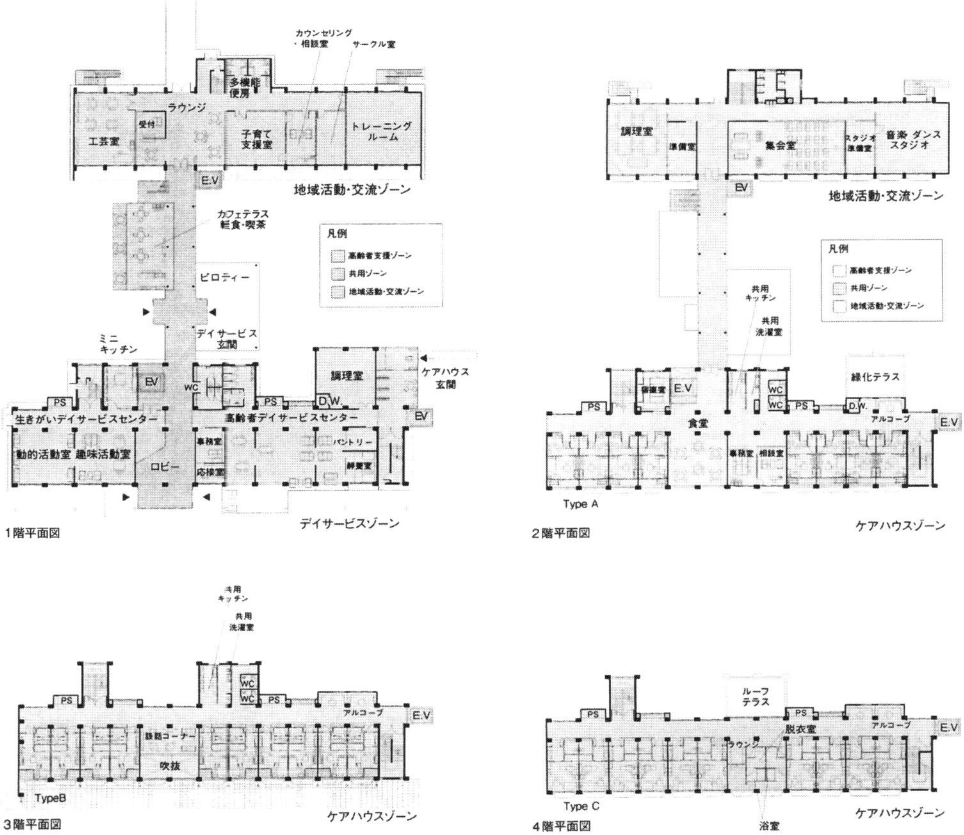

図8.27　東永山小学校のケアハウスへのコンバージョン計画

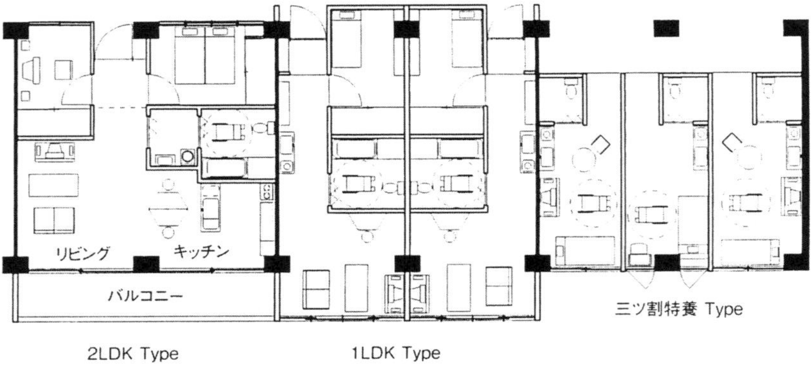

図8.28　学校の教室の高齢者住宅へのコンバージョン

8.3　まとめと展望

他の大都市と同様に、多摩ニュータウンも膨大な住宅・都市施設のストックを抱える巨大都市である。しかし‘老朽化の影が忍び寄る’といっても、いまだたかだか40年を経過したばかりのストックである。ここをリニューアル、リフォーム、リモデル、リファイニングなどの様々な手法で賦活・更新していくことが求められている時代ということができる。

残念ながら、多摩ニュータウンではこれらのうち少しの実例しか実現をみていないが、今後、住宅供給主体（都市再生機構、都営、東京都住宅供給公社）や市自治体、民間が共同して様々なプロジェクトを実現していくことが期待される。このことは新たな地域産業の創世にも寄与する可能性をもっているものとも考えられる。

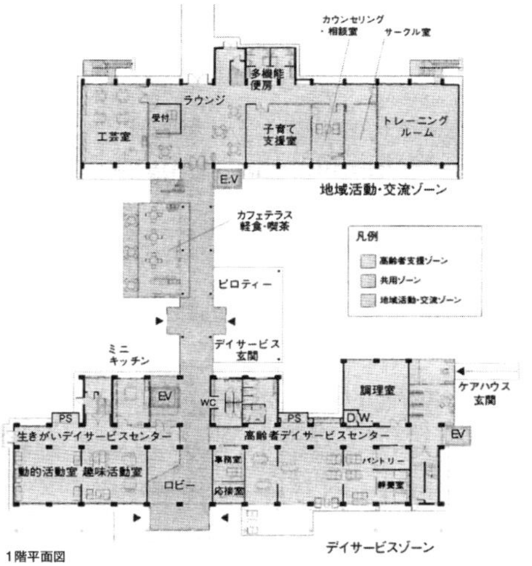

1階平面図

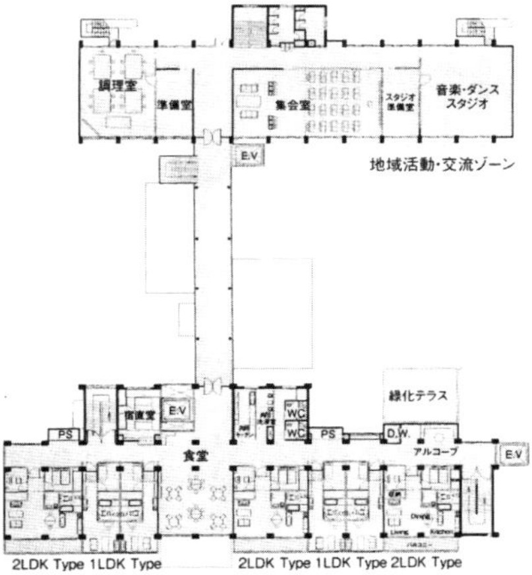

2階平面図

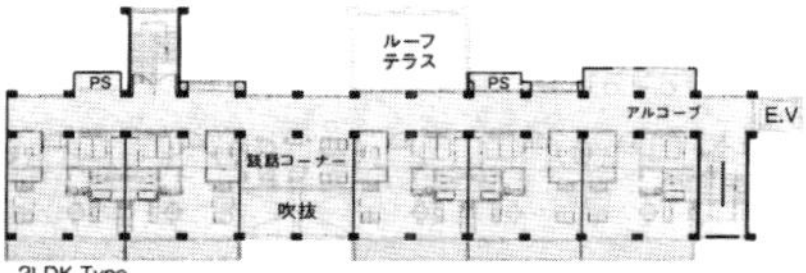

3階平面図

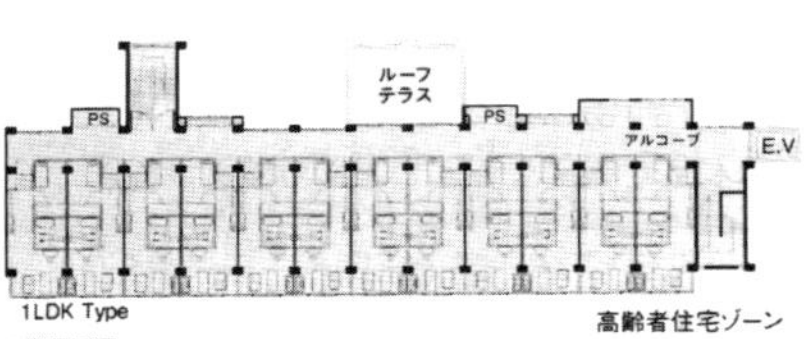

4階平面図

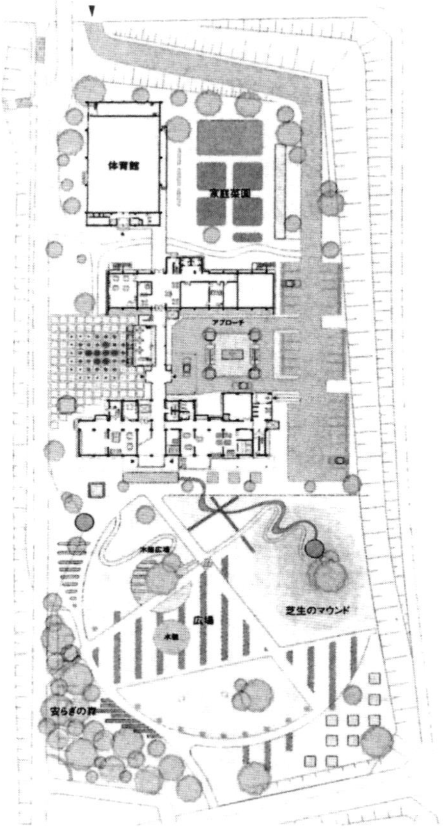

配置図

図8.29　東永山小学校の高齢者住宅へのコンバージョン計画

図版出典

図8.1～6、表8.1～3／多摩ニュータウン初期開発団地における住宅リフォームの実態に関する調査：福本哲二、山田あすか、松本真澄、上野淳：日本建築学会技術報告集、No.20, 2004.12., pp227-232

図8.7～16／多摩ニュータウン・まちづくり専門家会議：戸辺文博氏「団地ルネサンス」の提供による

図8.17／上野淳：公的集合住宅における人口変動の推計方法と人口計画の可能性について（その2）：日本建築学会論文報告集、No.269, 1978.7., pp139-144

図8.18～23、25～29／上野淳、倉斗綾子他「学校建築を活かす—学校の再生・改修マニュアル」首都大学東京21世紀COEプログラム・学校再生プロジェクトチーム

あとがき

‘多摩ニュータウン研究’という正式な学術上の研究フィールドがある訳でもなく、筆者が勝手にそう名付けているに過ぎないが、この研究を始めてからおおむね15年余りが過ぎようとしている。この間、研究室の優秀な学生たちが沢山の卒業論文、修士論文、博士論文を多摩ニュータウン研究の分野でまとめてくれ、学会に発表した査読審査論文は10編を超え、博士号を取得した学生も3名となった。いうまでもなくこの本が上梓できたのはその蓄積によるところが大きく、その意味で正式なこの本の著者は‘上野・松本研究室’とすべきところである。代々の研究室のメンバーに深甚なる謝意と経緯を表したい。

鹿島出版会・相川幸二氏には遅筆な筆者を辛抱強く待ち続け、適確なアドバイスをいただいた。氏のご尽力と忍耐がなければ本書は世に出なかったといえる。末筆ながら心よりの謝意を表する次第である。

本書では読者の読み易さを考慮して詳細についてはかなりの省略をせざるを得なかった部分も多いが、興味をお持ちいただいた読者が原典をあたりたいとお考えの場合の便宜を考慮して、以下に、各章において元にした論文を示すとともに、末尾に学会に発表した学術論文のリストを掲げておく。

（上野淳・松本真澄）

第1章

開発年代別にみた多摩ニュータウン分譲集合住宅の居住実態と環境評価に関する研究：鈴木麻耶：首都大学東京大学院建築学域修士論文・2012年度

第2章

多摩ニュータウン団地居住高齢者の生活像と居住環境整備に関する研究：加藤田歌：博士論文・2008年度

第3章

多摩ニュータウン諏訪永山地区における高齢者の居場所形成と利用実態に関する研究：國上佳代：修士論文・2009年度

第4章

多摩ニュータウンの高齢者支援スペースと利用者の地域生活様態に関する研究：余錦芳：博士論文・2012年度

第5章

多摩ニュータウンにおけるこどもの屋外活動に関する研究：近藤樹里：修士論文・2005年度

こどもをめぐる犯罪の発生実態と環境要因との関係について―多摩市・多摩ニュータウンのケーススタディー―：崎田由香：卒業論文・2006年度

第6章

多摩ニュータウンにおける地域活動の展開―母親層を中心とした文庫活動を事例として―：田中まゆみ：修士論文・2007年度

第7章

多摩ニュータウン近隣センター商店街の系譜と展望：清原一紀：修士論文・2007年度

第8章

多摩ニュータウン初期開発団地における住宅リフォームの実態に関する研究：福本哲二：修士論文・2003年度

■多摩ニュータウン研究：論文リスト■

1）自立高齢者の地域生活支援施設のあり方に関する研究　―多摩市コミュニティーセンター内の高齢者スペースにおけるケーススタディー：共著・田中裕基、登張絵夢、上野淳、竹宮健司：日本建築学会計画系論文集、No.562, 2002.12, pp165-172

2）多摩ニュータウン初期開発団地における住宅リフォームの実態に関する調査：福本哲二、山田あすか、松本真澄、上野淳：日本建築学会技術報告集、No.20, 2004.12., pp227-232　［第８章］

3）多摩市における高齢者デイサービスセンターの運営プログラム・活動の実態と利用構造：坊上南海子、山田あすか、上野淳：日本建築学会技術報告集、No.22, 2005.12., pp409-414

4）団地住宅における高齢者居住の様態と居住環境整備条件について　―多摩ニュータウン団地居住高齢者の生活像と居住環境整備条件に関する研究　その１：加藤田歌、松本真澄、上野淳：日本建築学会計画系論文集、No.600, 2006.02., pp9-16　［第２章］

5）自立高齢者の地域支援施設のあり方に関する考察　―多摩市いきがいデイサービスセンターの利用実態と利用者の特性：鄭ソイ、山田あすか、上野淳：日本建築学会計画系論文集、No.608, 2006.10., pp35-42

6）自立高齢者を支える地域環境整備の条件に関する研究　―多摩市「いきがいデイサービス」利用者の地域生活に着目して―：鄭ソイ、上野淳：日本建築学会計画系論文集、No.616, 2007.06., pp55-62

7）生活スタイルと住まい方からみた団地居住高齢者の環境整備に関する考察　―多摩ニュータウン団地居住高齢者の生活像と居住環境整備に関する研究　その２：加藤田歌、上野淳：日本建築学会計画系論文集、No.617, 2007.07., pp9-16［第２章］

8）多摩ニュータウンにおけるこどもをめぐる犯罪の発生実態と環境要因に関する考察：上野淳、松本真澄、崎田由香：多摩ニュータウン研究、2008.03., pp50-55　［第５章］

9）多摩ニュータウンにおけるこどもの屋外活動に関する研究：近藤樹理、山田あすか、松本真澄、上野淳：日本建築学会計画系論文集、No.628, 2008.06., pp1251-1258　［第５章］

10）多摩ニュータウン近隣センター商店街の系譜と現状に関する考察：清原一紀、松本真澄、上野淳：日本建築学会技術報告集、No.28, 2008.10., pp561-566　［第7章］

11）多摩ニュータウンにおける地域活動の展開―母親層を中心とした文庫活動を事例として：田中まゆみ、松本真澄、上野淳：多摩ニュータウン研究、No.12, 2010.03., pp73-80　［第６章］

12）自立都市をめざす多摩ニュータウンの再生・活性化：上野淳、松本真澄：都市住宅学会、Vol.69, 2010.04., pp16-21　［指定招聘論文］

13）多摩ニュータウン諏訪・永山地区における高齢者のための居場所形成とその利用・認知に関する分析：國上佳代、余錦芳、松本真澄、上野淳：日本建築学会計画系論文集、Vol.76, No.663, 2011.05., pp973-981　［第３章］

14）多摩ニュータウン高齢者支援スペース・福祉亭の活動と利用の実態について―多摩ニュータウン高齢者支援スペースと利用者の地域生活様態に関する研究（その1）―：余錦芳、松本真澄、上野淳：日本建築学会計画系論文集、Vol.77, No.671, 2012.01., pp9-18　［第４章］

15）多摩ニュータウン高齢者支援スペース・福祉亭利用者の地域生活様態とその地域社会における意義―多摩ニュータウン高齢者支援スペースと利用者の地域生活様態に関する研究（その２）―：余錦芳、松本真澄、上野淳：日本建築学会計画系論文集、Vol.77, No.679, 2012.09., pp2025-2034　［第４章］

著者略歴

上野 淳（うえの・じゅん）

1948年生まれ。首都大学東京副学長、同大学大学院建築学域・都市システム科学域教授。1977年東京都立大学大学院博士課程修了、工学博士。建築計画学、環境行動研究、学校、病院、高齢者施設などの地域公共施設計画を幅広く手がけ、計画指導・コンサルタントとしても活躍。

1995年「生活者に立脚した地域公共施設の建築計画に関する一連の研究」で日本建築学会賞（論文）を受賞。

主な著書に、「未来の学校建築」（岩波書店）、「高齢社会に生きる」、「学校建築ルネサンス」（鹿島出版会）など。

主な建築作品（コンサルタント）に、いにはの小学校、若葉台小学校、豊北中学校、特別養護老人ホーム美しの丘など。

松本真澄（まつもと・ますみ）

1989年日本女子大学住居学科卒業。首都大学東京大学院建築学域助教。青山学院女子短期大学非常勤講師。高齢者・単身者・女性の居住、団地の生活環境などを研究テーマとする。著書に、「奇跡の団地　阿佐ヶ谷住宅」（共著：王国社）など。

多摩《たま》ニュータウン物語《ものがたり》
オールドタウンと呼《よ》ばせない

発行：2012年9月20日　第1刷発行

著者：上野《うえの》 淳《じゅん》・松本《まつもと》真澄《ますみ》
発行者：鹿島光一
発行所：鹿島出版会
〒104-0028　東京都中央区八重洲2丁目5番14号
電話 03-6202-5200　振替 00160-2-180883
DTPオペレーション：田中文明
カバーデザイン：工藤強勝＋デザイン実験室
印刷・製本：三美印刷

ISBN978-4-306-04581-1　C3052

本書の内容に関するご意見・ご感想は下記までお寄せください。
URL：http://www.kajima-publishing.co.jp
E-mail：info@kajima-publishing.co.jp